普通高等教育应用型人才培养重点教材

空间解析几何

主　编○陈光祖　刘丽红　刘二根
副主编○盛梅波　蒋志勇

西南交通大学出版社
·成 都·

内容提要

空间解析几何无论对数学专业还是各个工科专业而言都是一门非常重要的课程，且在研究生招生考试中占有一定的比例。本书按照普通高等院校“解析几何”课程的教学大纲，基于教学实践，结合学生的学习情况，并吸取了同行们的宝贵意见，在原有讲稿的基础上编写而成。全书分为 4 章：向量代数、平面与空间直线、曲面与空间曲线以及平面二次曲线的分类。书后附录包括行列式、矩阵以及线性方程组的简介。

本书可供高等院校数学专业作为“解析几何”课程的教材使用，亦可作为其他相关专业的参考书目。

图书在版编目（CIP）数据

空间解析几何 / 陈光明，刘丽红，刘二根主编. --
成都：西南交通大学出版社，2024.5
ISBN 978-7-5643-9834-7

Ⅰ. ①空… Ⅱ. ①陈… ②刘… ③刘… Ⅲ. ①立体几何－解析几何 Ⅳ. ①O182.2

中国国家版本馆 CIP 数据核字（2024）第 107368 号

Kongjian Jiexi Jihe
空间解析几何

主　编 / 陈光祖　刘丽红　刘二根
责任编辑 / 何明飞
封面设计 / 何东琳设计工作室

西南交通大学出版社出版发行
（四川省成都市金牛区二环路北一段 111 号西南交通大学创新大厦 21 楼　610031）
营销部电话：028-87600564　028-87600533
网址：http://www.xnjdcbs.com
印刷：四川森林印务有限责任公司

成品尺寸　185 mm × 260 mm
印张　11.25　字数　268 千
版次　2024 年 5 月第 1 版　印次　2024 年 5 月第 1 次

书号　ISBN 978-7-5643-9834-7
定价　38.00 元

课件咨询电话：028-81435775
图书如有印装质量问题　本社负责退换

PERFACE 前言

“几何”一词是拉丁语中“Geometria”的译文，由我国明朝时期科学家徐光启和意大利传教士利玛窦（Matteo Ricci）予以确定，最早出现在他们共同翻译的《几何原本》（前 6 卷）之中①。公元前 3 世纪左右，古希腊数学家欧几里得（Euclidis）创造了经典之作《几何原本》，共 13 卷，标志着几何学的系统化和科学化，具有划时代的意义。该书原稿是用希腊语完成的，而徐光启和利玛窦翻译的底本为克拉乌（Christoph Clavius）审订和注释的拉丁语版《欧几里得的基本原理》（*Euclidis Elementorum*）。克拉乌是利玛窦在罗马学院的数学老师，也是当时赫赫有名的人物，现今一直沿用的闰年就是遵照他的意见所设置的。

在较早时期，几何与代数作为彼此独立的两个数学分支，基本上互不相关，甚至几何学对代数学的方法还有所排斥。解析几何的建立实现了几何与代数的结合，把形与数统一起来了。粗略地说，解析几何就是用解析式的方法来研究几何问题，其中解析式是代数学中的基本概念之一。

17 世纪，随着社会生产力的迅速发展，欧几里得几何学难以满足现实生活的需要，诸如航海、采矿、建筑以及机械制造等方面涉及的几何问题得不到有效的解决，这对几何学的发展提出了新的要求，即必须追求运动的观点，也就是“变量”的思想。此时的代数学已高度发展，我们不得不提被誉为“代数学之父”的法国数学家韦达（Viète）的贡献。他是引入代数符号的先驱，用字母来代替未知数或常量，这极大地推进了方程理论的发展，也为几何图形的方程化创造了条件。

解析几何的诞生要归功于法国数学家笛卡儿（Descartes）和费马（Fermat）。笛卡儿一直想要建立一种普遍的数学，能够使算术、代数和几何相统一。为此他写下了著作《几何学》，其中的两个基本思想是：① 用有序数组来表示点；② 把具有两个未知数的代数方程表示成平面上的曲线。也正是在该书中第一次出现了变量与函数，并用变量的思想来研究几何问题，这是数学史上一次伟大的变革。

费马与笛卡儿生活在同时期，职业是律师，从未接受过专门的数学学习，研究数学只是其业余爱好，是一位把业余爱好做到极致的数学家。早在 17 世纪初，他便开始着手重写阿波罗尼奥斯（Apollonius）②的《平面轨迹》一书，对其中关于轨迹方面已失传的证明做了补充，使用的方法就是建立坐标系后将轨迹方程化，并于 1630 年完成一篇仅八页的论文《平面与立体轨迹引论》，文中提出：两个未知量决定一个方程式，对应着的轨迹可以描绘为一条直线或曲线，这与笛卡儿的思想不谋而合。在 1643 年的一封信中，费马对三个未知量的方程也做了研究，指出它们表示一张曲面。值得注意的是，无论是笛卡儿还是费马所引进的都是斜坐标

① 由于利玛窦病逝，未能翻译全书，很是遗憾。直到两百多年后的 1857 年，后续工作才由英国人伟烈亚力和清代数学家李善兰共同完成。

② 阿波罗尼奥斯是古希腊著名数学家，与欧几里得齐名，著有《圆锥曲线论》一书，书中全面呈现了圆锥曲线的性质。其中，圆锥曲线包括椭圆（圆为其特例）、抛物线和双曲线。

系，而且没有 y 轴。事实上，y 轴的确立是一百多年后由瑞士数学家克拉姆（Cramer）完成的。

早期的解析几何并不完善，许多方面有待修改和补充。笛卡儿建立的坐标系只局限于正的情形，即现所称的第一象限。英语数学家瓦里斯（Wallis）有意识地把坐标系做了延拓，发展出负的横纵坐标，使所考虑的曲线可以扩大到整个平面。极坐标的出现丰富了坐标系，这一工作是由詹姆斯·伯努利（James Bernoulli）推进的。之后，欧拉（Euler）在《分析引论》中讨论了坐标的平移和旋转，并以此把带两个变量的二次方程化为九种标准形式，这正是本书第四章（平面二次曲线的分类）将详细阐述的内容。解析几何的另一个重要发展是向量的提出。向量的雏形可以追溯到古希腊时期，亚里士多德（Aristotle）发现了速度的平行四边形法则，后经众人的努力发展为向量代数。

笛卡儿和费马的解析几何虽然提到了空间情形，但是关注的重点仍是平面中的问题。1679年，拉·希尔（La Hire）把空间中的点表示为一个三元有序数组，并就空间曲线做了一些讨论。然而，我们现在所用的空间坐标系是由詹姆斯·伯努利的弟弟约翰·伯努利（John Bernoulli）于 1715 年引进的。在此基础上，帕朗（Parent）、克莱罗（Clairaut）和赫尔曼（Hermann）等人展示了曲面能用三个坐标变量满足的方程来表示。16 年后，克莱罗又指出：联立两个曲面的方程组可以用来描述任何空间曲线。到 1748 年，欧拉给出了空间坐标变换公式和曲面的六种标准形式（柱面、锥面、椭球面、双曲面、双曲抛物面以及抛物柱面）。本书的第 3 章将对这六种标准形式的曲面进行详细的讨论和分析。继欧拉之后，蒙日（Monge）和他的学生哈息特（Hachette）对空间解析几何也做了大量的研究。他们证明了用平面去截二次曲面，所得截口是一条二次曲线，并展示了单叶双曲面和双曲抛物面是直纹曲面，即由一族直线构成的曲面。随着时间的推移，到 19 世纪，可以说解析几何已经非常成熟，但发展势头和活力仍有增无减。人们开始考虑更高维甚至是无限维的情形，它们在结构上与平面和空间类似。

解析几何的创立，不仅对数学的研究和发展，而且在实际应用中都具有重要的深远意义。其一，提供了一种新方法和新思路来解决几何相关问题。其二，为后续数学学科的发展奠定了基础，如微分几何、泛函分析和代数几何等在很大程度上都吸收了解析几何的成果。其三，在物理学、光学等领域也出现了解析几何的身影，如根据抛物线的性质，牛顿制成了反射望远镜。

多年以来，编者总琢磨着想要对解析几何的发展历史做一个简要的介绍，借着撰写本书的机会，终于完成了这项工作。解析几何的先修课程是高等代数，但多半高校这两门课程是齐头并进的，又考虑到读者是刚刚跨入大学校门的新生，在编写过程中，编者力求深入浅出，避免过多地引用高等代数的内容。

本书的出版获得了华东交通大学信息与计算科学专业国家一流专业建设经费的资助，在此表示衷心的感谢。同时也要感谢国家自然科学基金地区项目（12261034）和江西省自然科学基金面上项目（20224BAB201005）。

由于水平有限，书中难免有不妥或疏漏，真诚欢迎广大读者批评指正。

陈光祖

2023 年 7 月

CONTENTSE 目录

第1章

向量代数

我们生活的空间可以看成是点的集合，有了坐标系之后，点被代数化了，从而使用代数的方法来研究几何问题变得很自然. 坐标系建立的基础是向量及其线性运算. 因此我们将首先从向量出发，让读者感受向量线性分解理论的魅力，并以此为依据建立标架和坐标系，这是本章重点阐述的内容. 向量的另一个应用是“向量法”，它把几何问题转化为对向量的讨论，然后运用向量的运算进行解决，这种方法直观性很好，也十分简洁. 除此之外，向量还被广泛地用于物理学、游戏开发、计算机图形学和数据处理等领域.

1.1 向量及其线性运算

常见的物理量有两种. 一种是只有大小的量，称为**标量**，如长度、质量、面积和体积等. 另外一种较为复杂，不仅有大小，而且还有方向，如力、位移、速度和加速度等. 抛去它们的物理意义，有如下定义：

定义 1.1.1 既有大小又有方向的量称为**向量**（或**矢量**）.

通常向量用小写字母上加箭头来表示，如 $\vec{a}$、$\vec{b}$ 和 $\vec{c}$ 等，这是手写时常用的一种方式. 本书因为印刷排版的需要，我们用加粗斜体小写西文字母来表示向量，写作 $\boldsymbol{a}$、$\boldsymbol{b}$ 和 $\boldsymbol{c}$ 等.

向量的大小称为**向量的长度**，也叫作**向量的模**，记为$|\boldsymbol{a}|$. 模等于零的向量称为**零向量**，一般写成 $\mathbf{0}$. 规定零向量的方向不定，可以是任意方向，这是唯一一个方向不确定的向量. 模等于 1 的向量称为**单位向量**，与非零向量 $\boldsymbol{a}$ 同方向的单位向量叫作 **$\boldsymbol{a}$ 的单位向量**，表示为 $\boldsymbol{e}_a$.

在几何上，用带有箭头的线段，即**有向线段**来表示向量，其长度和箭头指向分别代表向量模和方向，而起点与终点称为**向量的起点与终点**. 如果有向线段的起点是 A，终点是 B，此时将其表示的向量记为 $\overrightarrow{AB}$. 零向量是起点与终点重合的向量.

定义 1.1.2 两个向量 $\boldsymbol{a}$ 和 $\boldsymbol{b}$ 大小相等且方向相同，则称它们是**相等向量**，记为 $\boldsymbol{a}=\boldsymbol{b}$，规定所有零向量都相等.

值得注意的是模相等的两个向量不一定相等，因为它们的方向可能不同. 特别地，有

定义 1.1.3 称两个大小相等但方向相反的向量互为**反向量**，向量 $\boldsymbol{a}$ 的反向量记做$-\boldsymbol{a}$.

我们把方向相同或相反的非零向量称为**平行向量**，规定零向量与任何向量都平行. 若 $\boldsymbol{a}$ 和 $\boldsymbol{b}$ 是平行向量，记作 $\boldsymbol{a}/\!/\boldsymbol{b}$. 由立体几何可知，非零向量平行当且仅当它们对应的有向线段所在的直线相互平行或重合. 如果非零向量 $\boldsymbol{a}$ 对应的有向线段所在的直线平行于某一直线（或恰好是某直线），则称 **$\boldsymbol{a}$ 平行于该直线（或在该直线内）**. 类似地，如果非零向量 $\boldsymbol{a}$ 对应的有向线段所在的直线平行于某一平面（或恰好在某平面内），则称 **$\boldsymbol{a}$ 平行于该平面（或在该平面内）**. 平行于某平面的非零向量可以平行移动到该平面内.

给向量 $\overrightarrow{AB}$，将其平行移动得到向量 $\overrightarrow{A'B'}$，此时 $\overrightarrow{AB}=\overrightarrow{A'B'}$. 可见，两个向量是否相等与起点和终点的位置无关，只由它们的大小和方向决定. 因此，如果向量的大小和方向明确，但没有固定的起点和终点，则称之为自由向量. 自由向量可以在空间随意平行移动，移动后的向量均与其相等.

如果把非零平行向量的起点移动到同一点，那么它们所对应的有向线段必定会在同一直线上. 因此平行向量也叫作**共线向量**. 进一步，有如下定义.

定义 1.1.4 能够平行移动到同一平面或恰好在同一平面的向量称为**共面向量**，规定零向量与任何向量都共面.

空间中的任意两个向量必定是共面向量. 如果三个向量中有两个共线,则它们也是共面向量.

下面我们将介绍向量的线性运算. 物理学中，物体在力的作用下从 A 点移动到 B 点，再从 B 点移动到 C 点，两次运动的位移分别是向量 $\overrightarrow{AB}$ 和 $\overrightarrow{BC}$，而总运动的位移为向量 $\overrightarrow{AC}$，由此抽象出向量的加法运算.

定义 1.1.5 对于两向量 $\boldsymbol{a}$ 与 $\boldsymbol{b}$，任取空间一点 A，依次作 $\overrightarrow{AB}=\boldsymbol{a}$，$\overrightarrow{BC}=\boldsymbol{b}$，称 $\boldsymbol{c}=\overrightarrow{AC}$ 为 $\boldsymbol{a}$ 与 $\boldsymbol{b}$ 的和，记作 $\boldsymbol{c}=\boldsymbol{a}+\boldsymbol{b}$（见图 1.1.1）.

以上两向量和的定义方法称为三角形法则，容易看出空间点 A 的取法不会影响和的结果. 当两向量不共线时，可以给出求两向量和的另外一种方法——平行四边形法则，即在点 A 处分别作 $\overrightarrow{AB}=\boldsymbol{a}$，$\overrightarrow{AD}=\boldsymbol{b}$，以它们为邻边画出平行四边形 $ABCD$，此时 $\boldsymbol{b}=\overrightarrow{BC}$，则对角线向量 $\overrightarrow{AC}$ 恰好就是 $\boldsymbol{a}$ 与 $\boldsymbol{b}$ 的和（见图 1.1.2）.

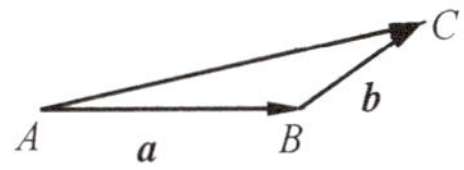

图 1.1.1

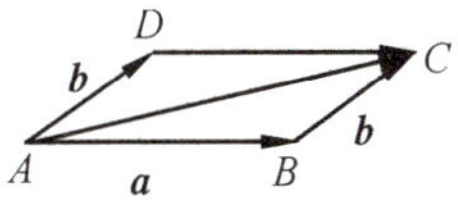

图 1.1.2

定理 1.1.1 向量的加法运算满足以下运算规律:

（1）交换律

$$\boldsymbol{a}+\boldsymbol{b}=\boldsymbol{b}+\boldsymbol{a}.$$

（2）结合律

$$(\boldsymbol{a}+\boldsymbol{b})+\boldsymbol{c}=\boldsymbol{a}+(\boldsymbol{b}+\boldsymbol{c}).$$

（3）零元

$$\boldsymbol{a}+\boldsymbol{0}=\boldsymbol{a}.$$

（4）负元

$$\boldsymbol{a}+(-\boldsymbol{a})=\boldsymbol{0}.$$

证明: 先证明（3）和（4），作有向线段 $\overrightarrow{AB}=\boldsymbol{a}$，零向量 $\boldsymbol{0}$ 可以写成 $\overrightarrow{BB}$ 也可以写成 $\overrightarrow{AA}$，而 $\boldsymbol{a}$ 的负向量为 $\overrightarrow{BA}$，则

$$\boldsymbol{a}+\boldsymbol{0}=\overrightarrow{AB}+\overrightarrow{BB}=\overrightarrow{AB}=\boldsymbol{a};$$

$$\boldsymbol{0}+\boldsymbol{a}=\overrightarrow{AA}+\overrightarrow{AB}=\overrightarrow{AB}=\boldsymbol{a};$$

$$\boldsymbol{a}+(-\boldsymbol{a})=\overrightarrow{AB}+\overrightarrow{BA}=\overrightarrow{AA}=\boldsymbol{0}.$$

再证（1）和（2）.（1）如果 $\boldsymbol{a}$ 与 $\boldsymbol{b}$ 中有一个是零向量，不妨设 $\boldsymbol{b}=\boldsymbol{0}$，则 $\boldsymbol{a}+\boldsymbol{0}=\boldsymbol{0}+\boldsymbol{a}=\boldsymbol{a}$. 如果 $\boldsymbol{a}$ 与 $\boldsymbol{b}$ 共线，当它们同向时，如图 1.1.3 所示.

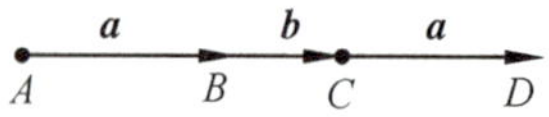

图 1.1.3

则

$$\boldsymbol{a}+\boldsymbol{b}=\overrightarrow{AB}+\overrightarrow{BC}=\overrightarrow{AC};$$

$$\boldsymbol{b}+\boldsymbol{a}=\overrightarrow{BC}+\overrightarrow{CD}=\overrightarrow{BD}.$$

其中，$\overrightarrow{AC}$ 与 $\boldsymbol{a}$ 同向，且 $\left|\overrightarrow{AC}\right|=|\boldsymbol{a}|+|\boldsymbol{b}|$，$\overrightarrow{BD}$ 也与 $\boldsymbol{a}$ 同向且 $\left|\overrightarrow{BD}\right|=|\boldsymbol{b}|+|\boldsymbol{a}|$. 因此 $\overrightarrow{AC}=\overrightarrow{BD}$，即 $\boldsymbol{a}+\boldsymbol{b}=\boldsymbol{b}+\boldsymbol{a}$. 当 $\boldsymbol{a}$ 与 $\boldsymbol{b}$ 反向可类似进行证明. 如果 $\boldsymbol{a}$ 与 $\boldsymbol{b}$ 不共线，如图 1.1.2 所示，有

$$\boldsymbol{a}+\boldsymbol{b}=\overrightarrow{AC}=\overrightarrow{AD}+\overrightarrow{DC}=\boldsymbol{b}+\boldsymbol{a}.$$

（2）作有向线段 $\overrightarrow{AB}=\boldsymbol{a}$，$\overrightarrow{BC}=\boldsymbol{b}$，$\overrightarrow{CD}=\boldsymbol{c}$（见图 1.1.4），

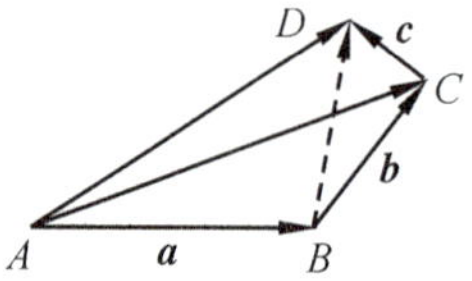

图 1.1.4

则

$$(\boldsymbol{a}+\boldsymbol{b})+\boldsymbol{c}=(\overrightarrow{AB}+\overrightarrow{BC})+\overrightarrow{CD}=\overrightarrow{AC}+\overrightarrow{CD}=\overrightarrow{AD};$$

$$\boldsymbol{a}+(\boldsymbol{b}+\boldsymbol{c})=\overrightarrow{AB}+(\overrightarrow{BC}+\overrightarrow{CD})=\overrightarrow{AB}+\overrightarrow{BD}=\overrightarrow{AD}.$$

即结合律成立.

结合律中对向量 $\boldsymbol{a}$、$\boldsymbol{b}$ 与 $\boldsymbol{c}$ 是否共面并没有作限制，所以任何向量 $\boldsymbol{a}$、$\boldsymbol{b}$ 与 $\boldsymbol{c}$ 无论共面与否结合律均成立. 正是因为向量加法具有结合律，我们可以定义三个向量连加 $\boldsymbol{a}+\boldsymbol{b}+\boldsymbol{c}:=(\boldsymbol{a}+\boldsymbol{b})+\boldsymbol{c}$（或 $\boldsymbol{a}+(\boldsymbol{b}+\boldsymbol{c})$）. 利用递推的方式，可以将三个向量的连加推广为有限个向量相加. 设有 n 个向量 $\boldsymbol{a}_1$，$\boldsymbol{a}_2$，$\boldsymbol{a}_3$，$\cdots$，$\boldsymbol{a}_n$，依次作有向线段使得 $\overrightarrow{AB_1}=\boldsymbol{a}_1$，$\overrightarrow{B_1B_2}=\boldsymbol{a}_2$，$\overrightarrow{B_2B_3}=\boldsymbol{a}_3$，$\cdots$，$\overrightarrow{B_{n-1}B_n}=\boldsymbol{a}_n$，则

$$\boldsymbol{a}_1+\boldsymbol{a}_2+\boldsymbol{a}_3+\cdots+\boldsymbol{a}_n=\overrightarrow{AB_1}+\overrightarrow{B_1B_2}+\cdots+\overrightarrow{B_{n-1}B_n}=\overrightarrow{AB_n}.$$

这种求和的方式称为多边形法则.

向量加法的逆运算是向量的减法.

定义 1.1.6 如果向量 $\boldsymbol{c}$ 与 $\boldsymbol{b}$ 的和等于 $\boldsymbol{a}$，即 $\boldsymbol{c}+\boldsymbol{b}=\boldsymbol{a}$，我们称 $\boldsymbol{c}$ 为 $\boldsymbol{a}$ 与 $\boldsymbol{b}$ 的差，记作 $\boldsymbol{c}=\boldsymbol{a}-\boldsymbol{b}$.

向量的减法也有三角形法则和平行四边形法则. 如图 1.1.5 所示，把向量 $\boldsymbol{a}$ 与 $\boldsymbol{b}$ 的起点归结为同一点 A，设 $\overrightarrow{AB}=\boldsymbol{a}$，$\overrightarrow{AD}=\boldsymbol{b}$，从而

$$\boldsymbol{c}+\boldsymbol{b}=\overrightarrow{DB}+\overrightarrow{AD}=\overrightarrow{AD}+\overrightarrow{DB}=\overrightarrow{AB}=\boldsymbol{a},$$

因此 $\boldsymbol{c}=\boldsymbol{a}-\boldsymbol{b}$. 可见，如果将两向量起点归结为同一点时，它们的差就是由减数向量的终点指向被减数向量的终点形成的有向线段. 当 $\boldsymbol{a}$ 与 $\boldsymbol{b}$ 不共线时，如图 1.1.6 所示，平行四边形 $ABCD$ 中一条对角线向量 $\overrightarrow{AC}=\boldsymbol{a}+\boldsymbol{b}$，另一条对角线向量 $\overrightarrow{DB}=\boldsymbol{a}-\boldsymbol{b}$.

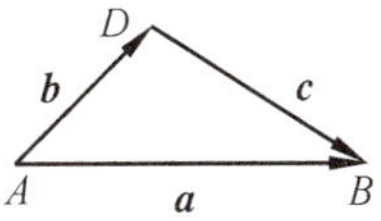

图 1.1.5

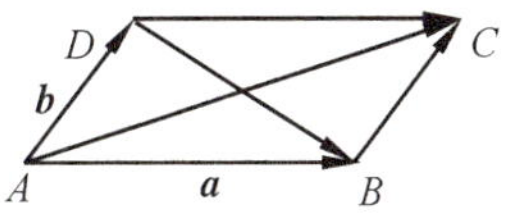

图 1.1.6

由向量减法的定义可知，当向量 $\boldsymbol{c}=\boldsymbol{a}-\boldsymbol{b}$ 时，则 $(\boldsymbol{a}-\boldsymbol{b})+\boldsymbol{b}=\boldsymbol{a}$. 等式两边加上 $\boldsymbol{b}$ 的反向量 $-\boldsymbol{b}$，便有 $\boldsymbol{a}-\boldsymbol{b}=\boldsymbol{a}+(-\boldsymbol{b})$. 因此向量的减法可以用向量的加法来理解，即向量 $\boldsymbol{a}$ 减去 $\boldsymbol{b}$ 等于向量 $\boldsymbol{a}$ 加上 $\boldsymbol{b}$ 的反向量. 这表明向量等式可以与数的运算一样作移项处理，即把某向量从等号的一边移到另一边，需要改变符号，原来是"+"移项后要变成"–"，原来是"-"移项后要变成"+". 如等式 $\boldsymbol{a}+\boldsymbol{b}+\boldsymbol{c}=\boldsymbol{d}$ 两边加上 $\boldsymbol{c}$ 的反向量 $-\boldsymbol{c}$，有

$$\boldsymbol{a}+\boldsymbol{b}=\boldsymbol{d}+(-\boldsymbol{c})=\boldsymbol{d}-\boldsymbol{c}.$$

例 1.1.1 设 A、B、C、D 是空间中任意四点，证明：

$$\overrightarrow{AB}+\overrightarrow{CD}=\overrightarrow{AD}+\overrightarrow{CB}.$$

证明：

$$\begin{aligned}(\overrightarrow{AB}+\overrightarrow{CD})-\overrightarrow{AD}-\overrightarrow{CB}&=(\overrightarrow{AB}+\overrightarrow{CD})+\overrightarrow{DA}-\overrightarrow{CB}\\&=\overrightarrow{AB}+(\overrightarrow{CD}+\overrightarrow{DA})-\overrightarrow{CB}\\&=\overrightarrow{AB}+\overrightarrow{CA}-\overrightarrow{CB}\\&=\overrightarrow{CA}+\overrightarrow{AB}-\overrightarrow{CB}\\&=\overrightarrow{CB}-\overrightarrow{CB}=\boldsymbol{0},\end{aligned}$$

上式移项得证.

例 1.1.2 设互不共线的三向量 $\boldsymbol{a}$、$\boldsymbol{b}$ 与 $\boldsymbol{c}$，试证明顺序连接它们的终点与起点可以构成一个三角形的充要条件是 $\boldsymbol{a}+\boldsymbol{b}+\boldsymbol{c}=\boldsymbol{0}$.

证明：(必要性)设顺序连接向量 $\boldsymbol{a}$、$\boldsymbol{b}$ 与 $\boldsymbol{c}$ 的终点与起点构成△ABC，如图 1.1.7 所示. 不失一般性，假设 $\boldsymbol{a}=\overrightarrow{AB}$，$\boldsymbol{b}=\overrightarrow{BC}$，$\boldsymbol{c}=\overrightarrow{CA}$，则

$$\boldsymbol{a}+\boldsymbol{b}+\boldsymbol{c}=\overrightarrow{AB}+\overrightarrow{BC}+\overrightarrow{CA}=\overrightarrow{AA}=\boldsymbol{0}.$$

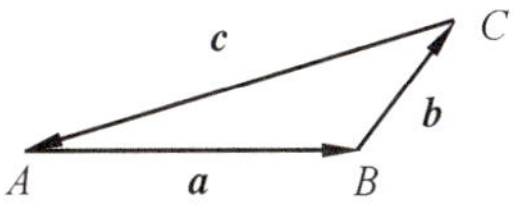

图 1.1.7

(充分性)依次作 $\overrightarrow{AB}=\boldsymbol{a}$，$\overrightarrow{BC}=\boldsymbol{b}$，由条件 $\boldsymbol{a}$ 与 $\boldsymbol{b}$ 不共线，此时已经得到一个△ABC. 如

果能够说明 $\boldsymbol{c}=\overrightarrow{CA}$，那么向量 $\boldsymbol{a}$、$\boldsymbol{b}$ 与 $\boldsymbol{c}$ 便构成三角形. 因为 $\boldsymbol{a}+\boldsymbol{b}=\overrightarrow{AC}$ 且 $\boldsymbol{a}+\boldsymbol{b}+\boldsymbol{c}=\boldsymbol{0}$，所以 $\boldsymbol{c}=-\overrightarrow{AC}=\overrightarrow{CA}$.

牛顿第二定理揭示了物体所受外力与其加速度的关系，即 $\boldsymbol{F}=m\boldsymbol{a}$，其中 $\boldsymbol{F}$ 表示外力，$\boldsymbol{a}$ 表示加速度，m 表示物体质量. 关系式右边是数量与向量的乘积等于左边仍为一个向量，为此引入数量与向量乘积的定义.

定义 1.1.7 向量 $\boldsymbol{a}$ 与实数λ的乘积是一个向量，记作$\lambda\boldsymbol{a}$，其模为

$$|\lambda\boldsymbol{a}|=|\lambda||\boldsymbol{a}|,$$

方向作如下规定：

（1）当$\lambda=0$ 时，$|\lambda\boldsymbol{a}|=0$，所以$\lambda\boldsymbol{a}$ 是零向量；

（2）当$\lambda>0$ 时，规定$\lambda\boldsymbol{a}$ 与 $\boldsymbol{a}$ 同向；

（3）当$\lambda<0$ 时，规定$\lambda\boldsymbol{a}$ 与 $\boldsymbol{a}$ 反向.

我们把这种运算叫作向量的数乘.

当$\lambda=0$ 或 $\boldsymbol{a}=\boldsymbol{0}$ 时，因为$|\lambda\boldsymbol{a}|=|\lambda||\boldsymbol{a}|=0$，所以$\lambda\boldsymbol{a}=\boldsymbol{0}$ 为零向量. 当$\lambda=-1$ 时，$(-1)\boldsymbol{a}$ 恰恰就是 $\boldsymbol{a}$ 的反向量，简记为 $-\boldsymbol{a}$. 如果 $\boldsymbol{a}$ 为非零向量，则有

$$\boldsymbol{a}=|\boldsymbol{a}|\boldsymbol{e}_a,$$

其中，$\boldsymbol{e}_a$ 是 $\boldsymbol{a}$ 的单位向量. 因此

$$\boldsymbol{e}_a=\frac{1}{|\boldsymbol{a}|}\boldsymbol{a}.$$

上述等式表明：一个非零向量乘以它模的倒数等于与其同向的单位向量，这也是寻找非零向量的单位向量的一般方法.

当λ为正整数 n 时，由多边形法则，n 个向量 $\boldsymbol{a}$ 的和是方向与 $\boldsymbol{a}$ 相同且大小等于其 n 倍的向量，即

$$\boldsymbol{a}+\boldsymbol{a}+\cdots+\boldsymbol{a}=n\boldsymbol{a},$$

其中，等式的左边是 n 个向量 $\boldsymbol{a}$ 的和.

利用向量的数乘运算可以刻画两向量共线.

命题 1.1.1 设 $\boldsymbol{a}$ 为非零向量，则 $\boldsymbol{b}$ 与 $\boldsymbol{a}$ 是共线向量的充要条件是存在实数 x 使得 $\boldsymbol{b}=x\boldsymbol{a}$.

证明： 这里只需证明必要性. 已知 $\boldsymbol{b}$ 与 $\boldsymbol{a}$ 是共线向量，如果 $\boldsymbol{b}$ 与 $\boldsymbol{a}$ 同向，因为 $\boldsymbol{b}$ 与 $\frac{|\boldsymbol{b}|}{|\boldsymbol{a}|}\boldsymbol{a}$ 大小相等且方向相同，取 $x=\frac{|\boldsymbol{b}|}{|\boldsymbol{a}|}$，则 $\boldsymbol{b}=x\boldsymbol{a}$. 如果 $\boldsymbol{b}$ 与 $\boldsymbol{a}$ 反向，因为 $\boldsymbol{b}$ 与 $-\frac{|\boldsymbol{b}|}{|\boldsymbol{a}|}\boldsymbol{a}$ 大小相等且方向相同，取 $x=-\frac{|\boldsymbol{b}|}{|\boldsymbol{a}|}$，则也有 $\boldsymbol{b}=x\boldsymbol{a}$.

定理 1.1.2 设 $\boldsymbol{a}$、$\boldsymbol{b}$ 为向量，λ、μ为实数，向量的数乘满足：

（1）$1\cdot\boldsymbol{a}=\boldsymbol{a}$；

（2）结合律

$$(\lambda\mu)\boldsymbol{a}=\lambda(\mu\boldsymbol{a}).$$

（3）第一分配律

$$(\lambda+\mu)\boldsymbol{a}=\lambda\boldsymbol{a}+\mu\boldsymbol{a}.$$

（4）第二分配律

$$\lambda(\boldsymbol{a}+\boldsymbol{b})=\lambda\boldsymbol{a}+\lambda\boldsymbol{b}.$$

证明：（1）由数乘定义成立.

（2）若实数λ、μ中有一个为 0 或向量 $\boldsymbol{a}=\boldsymbol{0}$，则$(\lambda\mu)\boldsymbol{a}=\lambda(\mu\boldsymbol{a})=\boldsymbol{0}$. 若实数$\lambda$、$\mu$均不为 0 且向量 $\boldsymbol{a}\neq\boldsymbol{0}$，此时$(\lambda\mu)\boldsymbol{a}$ 与$\lambda(\mu\boldsymbol{a})$的模相等，因为

$$|(\lambda\mu)\boldsymbol{a}|=|\lambda\mu||\boldsymbol{a}|=|\lambda||\mu||\boldsymbol{a}|=|\lambda||\mu\boldsymbol{a}|=|\lambda(\mu\boldsymbol{a})|.$$

当λ、μ同号时，$(\lambda\mu)\boldsymbol{a}$ 和$\lambda(\mu\boldsymbol{a})$均与 $\boldsymbol{a}$ 方向相同；而当λ、μ异号时，$(\lambda\mu)\boldsymbol{a}$ 和$\lambda(\mu\boldsymbol{a})$均与 $\boldsymbol{a}$ 方向相反. 综上结合律成立.

（3）若实数λ、μ中有一个为 0 或向量 $\boldsymbol{a}=\boldsymbol{0}$，等式成立. 若实数$\lambda$、$\mu$均不为 0 且向量 $\boldsymbol{a}\neq\boldsymbol{0}$，分情况讨论.

① λ与μ都大于 0. 此时$(\lambda+\mu)\boldsymbol{a}$、$\lambda\boldsymbol{a}$ 和$\mu\boldsymbol{a}$ 均与 $\boldsymbol{a}$ 的方向一致，又

$$|(\lambda+\mu)\boldsymbol{a}|=|\lambda+\mu||\boldsymbol{a}|=(|\lambda|+|\mu|)|\boldsymbol{a}|=|\lambda||\boldsymbol{a}|+|\mu||\boldsymbol{a}|=|\lambda\boldsymbol{a}|+|\mu\boldsymbol{a}|=|\lambda\boldsymbol{a}+\mu\boldsymbol{a}|$$

因此$(\lambda+\mu)\boldsymbol{a}=\lambda\boldsymbol{a}+\mu\boldsymbol{a}$.

② λ与μ中只有一个小于 0. 不妨设λ小于 0，μ大于 0. 下就$\lambda+\mu$的符号进行分类讨论：

当$\lambda+\mu=0$ 时，即$\mu=-\lambda$，由（2）结合律可知

$$(\lambda+\mu)\boldsymbol{a}=\boldsymbol{0}=\lambda\boldsymbol{a}+[-(\lambda\boldsymbol{a})]=\lambda\boldsymbol{a}+(-\lambda)\boldsymbol{a}=\lambda\boldsymbol{a}+\mu\boldsymbol{a}.$$

当$\lambda+\mu>0$ 时，因为$-\lambda$也大于 0，根据①的结果有

$$[(\lambda+\mu)+(-\lambda)]\boldsymbol{a}=(\lambda+\mu)\boldsymbol{a}+(-\lambda)\boldsymbol{a}=(\lambda+\mu)\boldsymbol{a}+[-(\lambda\boldsymbol{a})],$$

即$\mu\boldsymbol{a}=(\lambda+\mu)\boldsymbol{a}+[-(\lambda\boldsymbol{a})]$，移项即证.

当$\lambda+\mu<0$ 时，因为$-(\lambda+\mu)$与μ均大于 0，则同上理有

$$[-(\lambda+\mu)+\mu]\boldsymbol{a}=-[(\lambda+\mu)\boldsymbol{a}]+\mu\boldsymbol{a},$$

即$[-(\lambda \boldsymbol{a})] = -[(\lambda+\mu)\boldsymbol{a}] + \mu\boldsymbol{a}$，移项即证.

③ λ与μ都小于0. 因为$-\lambda$与$-\mu$均大于0，应用②中类似讨论可得结果.

（4）若实数λ为0或向量$\boldsymbol{a}$、$\boldsymbol{b}$中有一个是零向量，等式成立. 只需考虑$\lambda \neq 0$且向量$\boldsymbol{a}$、$\boldsymbol{b}$均不是零向量的情形. 如果$\boldsymbol{a}$和$\boldsymbol{b}$是共线向量，由命题1.1.1有$\boldsymbol{b} = k\boldsymbol{a}$，则

$$\lambda(\boldsymbol{a}+\boldsymbol{b}) = \lambda(\boldsymbol{a}+k\boldsymbol{a}) = \lambda[(1+k)\boldsymbol{a}] = (\lambda+\lambda k)\boldsymbol{a} = \lambda\boldsymbol{a} + (\lambda k)\boldsymbol{a} = \lambda\boldsymbol{a} + \lambda(k\boldsymbol{a}) = \lambda\boldsymbol{a} + \lambda\boldsymbol{b}.$$

如果$\boldsymbol{a}$和$\boldsymbol{b}$不共线，如图1.1.8和图1.1.9所示，$\overrightarrow{AB} = \boldsymbol{a}$，$\overrightarrow{BC} = \boldsymbol{b}$，$\overrightarrow{AB_1} = \lambda\boldsymbol{a}$，$\overrightarrow{B_1C_1} = \lambda\boldsymbol{b}$，所以$\triangle ABC$与$\triangle AB_1C_1$相似，从而$\lambda\overrightarrow{AC} = \overrightarrow{AC_1}$，即$\lambda(\boldsymbol{a}+\boldsymbol{b}) = \lambda\boldsymbol{a} + \lambda\boldsymbol{b}$.

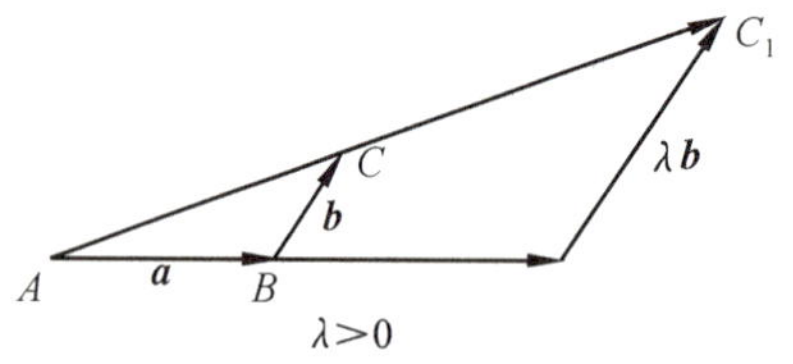

图 1.1.8

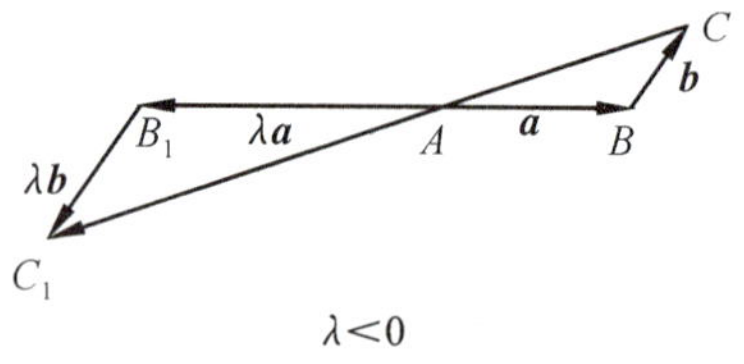

图 1.1.9

由定理1.1.2，对命题1.1.1做修改，有以下定理.

定理 1.1.3 设$\boldsymbol{a}$为非零向量，则$\boldsymbol{b}$与$\boldsymbol{a}$是共线向量的充要条件是存在唯一的实数x使得$\boldsymbol{b} = x\boldsymbol{a}$.

证明：该定理与命题1.1.1的区别在于实数x多了唯一性，所以只需要就此作说明即可. 假设另存在实数x_1也使得$\boldsymbol{b} = x_1\boldsymbol{a}$，则$(x-x_1)\boldsymbol{a} = \boldsymbol{0}$，从而$|x-x_1||\boldsymbol{a}| = 0$. 由于$\boldsymbol{a}$为非零向量，所以$x = x_1$，即实数$x$是唯一的.

向量的加法和数乘统称为向量的线性运算. 它们的运算规律总共有8条，见定理1.1.1与定理1.1.2. 这是线性运算最为本质的特征，要求读者熟练掌握. 在高等代数中，正是使用这些运算规律来定义线性空间. 设V是非空集合，在其上定义加法和数乘两种运算，且分别满足上述8条运算规律，则称V是线性空间. 所以空间向量构成的集合就是一类特殊的线性空间. 最后，我们应用向量的线性运算来证明相关的几何命题.

例 1.1.3 设线段BC的中点是M，A是空间任意一点，试证

$$\overrightarrow{AM} = \frac{1}{2}(\overrightarrow{AB} + \overrightarrow{AC}).$$

特别地，如果AM是$\triangle ABC$的中线，上式仍然成立.

证明：由向量加法的三角形法则，有

$$\overrightarrow{AM} = \overrightarrow{AB} + \overrightarrow{BM}，\quad \overrightarrow{AM} = \overrightarrow{AC} + \overrightarrow{CM}.$$

所以

$$2\overrightarrow{AM}=(\overrightarrow{AB}+\overrightarrow{BM})+(\overrightarrow{AC}+\overrightarrow{CM})$$

$$=(\overrightarrow{AB}+\overrightarrow{AC})+(\overrightarrow{BM}+\overrightarrow{CM}). \qquad (1.1.1)$$

因为 M 是线段 BC 的中点，则 $\overrightarrow{BM}=\overrightarrow{MC}$. 从而

$$\overrightarrow{BM}+\overrightarrow{CM}=\mathbf{0}.$$

于是式（1.1.1）变成

$$2\overrightarrow{AM}=\overrightarrow{AB}+\overrightarrow{AC},$$

即

$$\overrightarrow{AM}=\frac{1}{2}(\overrightarrow{AB}+\overrightarrow{AC}).$$

例 1.1.4 用向量法证明梯形两腰中点连线平行于上下两底边且等于它们长度和的一半.

证明： 如图 1.1.10 所示，由向量加法的多边形，则

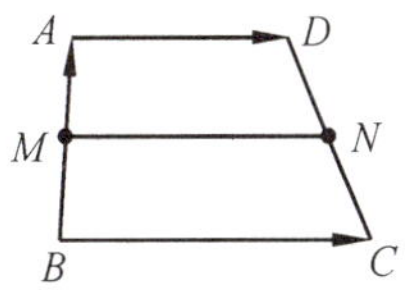

图 1.1.10

$$\overrightarrow{MN}=\overrightarrow{MA}+\overrightarrow{AD}+\overrightarrow{DN},$$

$$\overrightarrow{MN}=\overrightarrow{MB}+\overrightarrow{BC}+\overrightarrow{CN}.$$

所以

$$2\overrightarrow{MN}=(\overrightarrow{MA}+\overrightarrow{AD}+\overrightarrow{DN})+(\overrightarrow{MB}+\overrightarrow{BC}+\overrightarrow{CN})$$

$$=(\overrightarrow{MA}+\overrightarrow{MB})+(\overrightarrow{AD}+\overrightarrow{BC})+(\overrightarrow{DN}+\overrightarrow{CN}). \qquad (1.1.2)$$

因为 M、N 分别是线段 AB 与 DC 的中点，则 $\overrightarrow{MA}+\overrightarrow{MB}=\mathbf{0}$ 且 $\overrightarrow{DN}+\overrightarrow{CN}=\mathbf{0}$，将它们代入式（1.1.2）得

$$2\overrightarrow{MN}=\overrightarrow{AD}+\overrightarrow{BC},$$

即

$$\overrightarrow{MN}=\frac{1}{2}(\overrightarrow{AD}+\overrightarrow{BC}).$$

又因为 $\overrightarrow{AD}$ 与 $\overrightarrow{BC}$ 方向相同，则 $\overrightarrow{MN}$ 既平行于 $\overrightarrow{AD}$ 又平行于 $\overrightarrow{BC}$ 且模等于 $\overrightarrow{AD}$ 模与 $\overrightarrow{BC}$ 模之和的一半.

习题 1.1

1. 设向量方程组 $\begin{cases}3\boldsymbol{x}+4\boldsymbol{y}=\boldsymbol{a}\\2\boldsymbol{x}-3\boldsymbol{y}=\boldsymbol{b}\end{cases}$，求向量 $\boldsymbol{x}$、$\boldsymbol{y}$.

2. 设 BM、CN 是△ABC 的两中线，已知 $\overrightarrow{AB}=\boldsymbol{a}$，$\overrightarrow{AC}=\boldsymbol{b}$，求 $\overrightarrow{BM}$ 和 $\overrightarrow{CN}$.

3. 设 $\overrightarrow{AB}=\boldsymbol{a}+5\boldsymbol{b}$，$\overrightarrow{BC}=-2\boldsymbol{a}+8\boldsymbol{b}$，$\overrightarrow{CD}=3(\boldsymbol{a}-\boldsymbol{b})$，证明 A、B、D 三点共线.

4. 设 L、M、N 是△ABC 三边的中点，O 是任意一点，证明：

$\overrightarrow{OA}+\overrightarrow{OB}+\overrightarrow{OC}=\overrightarrow{OL}+\overrightarrow{OM}+\overrightarrow{ON}$.

5. 用向量法证明：平行四边形对角线相互平分.

6. 用向量法证明：连接三角形两边中点的线段平行于第三边且长度等于其长度的一半.

7. 设 L、M、N 分别是△ABC 三边 BC、AC、AB 的中点，证明：三中线向量 $\overrightarrow{AL}$、$\overrightarrow{BM}$ 和 $\overrightarrow{CN}$ 可以构成一个三角形.

习题 1.1 答案

1.2 空间的线性结构

空间的线性结构是由向量之间的关系所决定的，这种关系在本节叫作线性关系．设 $\boldsymbol{a}_1, \boldsymbol{a}_2, \cdots, \boldsymbol{a}_n$ 是一组向量，$k_1, k_2, \cdots, k_n$ 均为实数，$\boldsymbol{b}$ 是一向量，我们称

$$k_1\boldsymbol{a}_1+k_2\boldsymbol{a}_2+\cdots+k_n\boldsymbol{a}_n$$

是 $\boldsymbol{a}_1, \boldsymbol{a}_2, \cdots, \boldsymbol{a}_n$ 的**线性组合**；如果恰好

$$\boldsymbol{b}=k_1\boldsymbol{a}_1+k_2\boldsymbol{a}_2+\cdots+k_n\boldsymbol{a}_n,$$

则称 $\boldsymbol{b}$ 可以由 $\boldsymbol{a}_1, \boldsymbol{a}_2, \cdots, \boldsymbol{a}_n$ **线性表示**．

定义 1.2.1 设 $\boldsymbol{a}_1, \boldsymbol{a}_2, \cdots, \boldsymbol{a}_n$ 是一组向量，如果存在不全为零的实数 k_1、k_2、$\cdots$、k_n 使得

$$k_1\boldsymbol{a}_1+k_2\boldsymbol{a}_2+\cdots+k_n\boldsymbol{a}_n=\boldsymbol{0},$$

则称 $\boldsymbol{a}_1, \boldsymbol{a}_2, \cdots, \boldsymbol{a}_n$ **线性相关**，否则称**线性无关**．

线性无关和线性相关是两个彼此对立的概念．所以一组向量 $\boldsymbol{a}_1, \boldsymbol{a}_2, \cdots, \boldsymbol{a}_n$ 线性无关是指，只有当 $k_1=k_2=\cdots=k_n=0$ 时，才有等式

$$k_1\boldsymbol{a}_1+k_2\boldsymbol{a}_2+\cdots+k_n\boldsymbol{a}_n=\boldsymbol{0}$$

成立．任何一组向量要么线性相关，要么线性无关，两者必只居其一．

定理 1.2.1 一组向量中如果有部分向量线性相关，则这组向量必定线性相关．

证明： 不妨设 $\boldsymbol{a}_1, \boldsymbol{a}_2, \cdots, \boldsymbol{a}_n$ 前 s 个向量线性相关，即存在 s 个不全为零的实数 $k_1, k_2, \cdots, k_s$ 使得

$$k_1\boldsymbol{a}_1+k_2\boldsymbol{a}_2+\cdots+k_s\boldsymbol{a}_s=\boldsymbol{0}.$$

从而

$$k_1\boldsymbol{a}_1+k_2\boldsymbol{a}_2+\cdots+k_s\boldsymbol{a}_s+0\boldsymbol{a}_{s+1}+0\boldsymbol{a}_{s+2}+\cdots+0\boldsymbol{a}_n=\boldsymbol{0}.$$

上述等式的 n 个系数中，尽管后面 $n-s$ 个全为零，但是前 s 个不全为零，因此总体不全为零，所以 $\boldsymbol{a}_1, \boldsymbol{a}_2, \cdots, \boldsymbol{a}_n$ 线性相关．

上述定理是线性相关的重要性质，可以简述为：一组向量部分线性相关则整体线性相关．本节后续多个定理或推论的证明中会使用到这个性质．向量的线性相关性十分有意义，可以用来刻画向量的位置关系．

定理 1.2.2 设 $\boldsymbol{a}$、$\boldsymbol{b}$ 为空间任意两向量，则它们共线的充要条件是 $\boldsymbol{a}$、$\boldsymbol{b}$ 线性相关．

证明： 必要性 零向量与任意向量共线，这是规定．所以 $\boldsymbol{a}$ 与 $\boldsymbol{b}$ 中可能会有一零向量，不妨设 $\boldsymbol{a}=\boldsymbol{0}$，则

$$1\cdot \boldsymbol{a}+0\cdot \boldsymbol{b}=\boldsymbol{0},$$

从而 $\boldsymbol{a}$、$\boldsymbol{b}$ 线性相关. 若 $\boldsymbol{a}$ 与 $\boldsymbol{b}$ 均为非零向量，由定理 1.1.3 知，存在唯一的实数 k 使得 $\boldsymbol{b}=x\boldsymbol{a}$，则

$$x\boldsymbol{a}+(-1)\boldsymbol{b}=\boldsymbol{0}$$

说明此时 $\boldsymbol{a}$、$\boldsymbol{b}$ 也线性相关.

充分性 由条件，存在不全为零的实数 k 和 l 使得

$$k\boldsymbol{a}+l\boldsymbol{b}=\boldsymbol{0}.$$

不失一般性，假设 $l\neq 0$，则

$$\boldsymbol{b}=-\frac{k}{l}\boldsymbol{a}.$$

根据向量数乘的定义，因此 $\boldsymbol{a}$ 与 $\boldsymbol{b}$ 是共线向量.

由此得到两个向量不共线的充要条件.

推论 1.2.1 设 $\boldsymbol{a}$、$\boldsymbol{b}$ 为空间任意两向量，则它们不共线的充要条件是 $\boldsymbol{a}$、$\boldsymbol{b}$ 线性无关.

如果考虑三个空间向量的共面情况，首先有

定理 1.2.3 设 $\boldsymbol{a}$、$\boldsymbol{b}$ 和 $\boldsymbol{c}$ 为空间三向量，如果 $\boldsymbol{a}$ 与 $\boldsymbol{b}$ 不共线，那么 $\boldsymbol{a}$、$\boldsymbol{b}$、$\boldsymbol{c}$ 共面的充要条件是存在唯一一组实数 x，y 使得

$$\boldsymbol{c}=x\boldsymbol{a}+y\boldsymbol{b}.$$

证明： 因为 $\boldsymbol{a}$ 与 $\boldsymbol{b}$ 是不共线向量，则 $\boldsymbol{a}\neq\boldsymbol{0}$ 且 $\boldsymbol{b}\neq\boldsymbol{0}$. 下面分别就充分性和必要性进行证明.

充分性 设 O 是空间一定点，作有向线段 $\overrightarrow{OA}=\boldsymbol{a}$，$\overrightarrow{OB}=\boldsymbol{b}$，则 $\overrightarrow{OA}$ 与 $\overrightarrow{OB}$ 可以确定一个平面（两相交直线确定一个平面）. 如果实数 x、y 中至少有一等于零，不妨设 $x=0$，则 $\boldsymbol{c}=y\boldsymbol{b}$，从而 $\boldsymbol{c}$ 与 $\boldsymbol{b}$ 平行，当然此时 $\boldsymbol{c}$ 与 $\boldsymbol{a}$、$\boldsymbol{b}$ 共面. 如果实数 x、y 均不等于零，如图 1.2.1 所示，不失一般性，设 $\overrightarrow{OC}=x\boldsymbol{a}$，$\overrightarrow{OD}=y\boldsymbol{b}$，以 $\overrightarrow{OC}$ 和 $\overrightarrow{OD}$ 为邻边作平行四边形 $OCED$. 因为

$$\boldsymbol{c}=x\boldsymbol{a}+y\boldsymbol{b},$$

所以 $\overrightarrow{OE}=\boldsymbol{c}$. 又 $\overrightarrow{OE}$、$\overrightarrow{OA}$ 和 $\overrightarrow{OB}$ 共面，则 $\boldsymbol{a}$、$\boldsymbol{b}$、$\boldsymbol{c}$ 共面.

必要性 先说明实数 x、y 的存在性. 如果 $\boldsymbol{c}$ 与 $\boldsymbol{a}$ 共线，由命题 1.1.1 知 $\boldsymbol{c}=x\boldsymbol{a}=x\boldsymbol{a}+0\boldsymbol{b}$. 同理如果 $\boldsymbol{c}$ 与 $\boldsymbol{b}$ 共线，可得 $\boldsymbol{c}=y\boldsymbol{b}=0\boldsymbol{a}+y\boldsymbol{b}$. 而如果 $\boldsymbol{c}$ 与 $\boldsymbol{a}$、$\boldsymbol{b}$ 均不共线，如图 1.2.2 所示，作有向量线段 $\overrightarrow{OA}=\boldsymbol{a}$，$\overrightarrow{OB}=\boldsymbol{b}$，$\overrightarrow{OE}=\boldsymbol{c}$. 再过点 E 分别作直线 OA、OB 的平行线交 OB、OA 于点 D、C. 由平行四边形法则，

$$\boldsymbol{c}=\overrightarrow{OE}=\overrightarrow{OC}+\overrightarrow{OD}.$$

注意到 $\overrightarrow{OC}$ 与 $\boldsymbol{a}$ 共线，$\overrightarrow{OD}$ 与 $\boldsymbol{b}$ 共线，由命题 1.1.1 知 $\overrightarrow{OC}=x\boldsymbol{a}$，$\overrightarrow{OD}=y\boldsymbol{b}$. 联合上式，所以

$$\boldsymbol{c} = x\boldsymbol{a} + y\boldsymbol{b}.$$

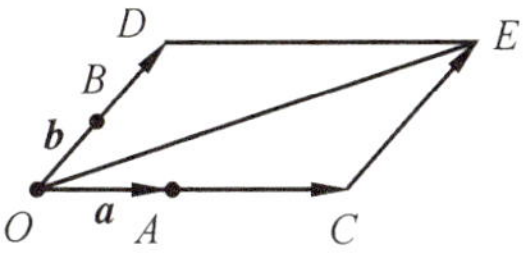

图 1.2.1

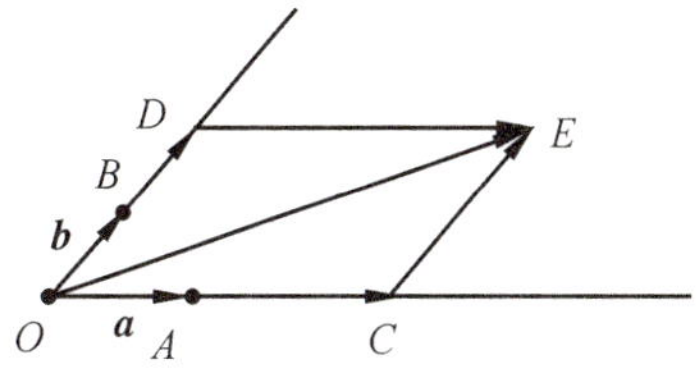

图 1.2.2

最后说明实数 x、y 的唯一性. 如果还存在一组实数 x_1、y_1 也使得

$$\boldsymbol{c} = x_1\boldsymbol{a} + y_1\boldsymbol{b},$$

则 $\boldsymbol{c} = x\boldsymbol{a} + y\boldsymbol{b} = x_1\boldsymbol{a} + y_1\boldsymbol{b}$，从而 $(x - x_1)\boldsymbol{a} + (y - y_1)\boldsymbol{b} = \boldsymbol{0}$. 由推论 1.2.1 得 $x - x_1 = 0$，$y - y_1 = 0$. 因此 $x_1 = x$，$y_1 = y$.

注 1：事实上只要 $\boldsymbol{c} = x\boldsymbol{a} + y\boldsymbol{b}$，就一定有 $\boldsymbol{a}$、$\boldsymbol{b}$、$\boldsymbol{c}$ 共面. 虽然上述充分性的证明是在 $\boldsymbol{a}$ 与 $\boldsymbol{b}$ 不共线的前提下完成，但是当 $\boldsymbol{a}$ 与 $\boldsymbol{b}$ 共线时，$\boldsymbol{a}$、$\boldsymbol{b}$、$\boldsymbol{c}$ 也是共面的.

注 2：纵观整个充分性的证明，并不需要使用"实数组 x、y 的唯一性"这个条件.

定理 1.2.3 暗示：在平面上，如果给定两个不共线的向量，那么任何向量均可以由它们唯一的线性表示，这是平面解析几何中很重要的一点，也是建立平面坐标系的根本. 有些时候，把平面上的向量用其中不共线的两个向量来线性表示是技巧性很高的工作.

例 1.2.1 给定 $\triangle ABC$，设 $\overrightarrow{AB} = \boldsymbol{a}$，$\overrightarrow{AC} = \boldsymbol{b}$，如图 1.2.3 所示，点 M、N 分别在线段 AB、AC 上，且有 $\overrightarrow{AM} = \lambda\boldsymbol{a}(0<\lambda<1)$，$\overrightarrow{AN} = \mu\boldsymbol{b}(0<\mu<1)$，如果 BN 与 CM 相交于点 P，试用 $\boldsymbol{a}$、$\boldsymbol{b}$ 线性表示向量 $\overrightarrow{AP} = \boldsymbol{c}$.

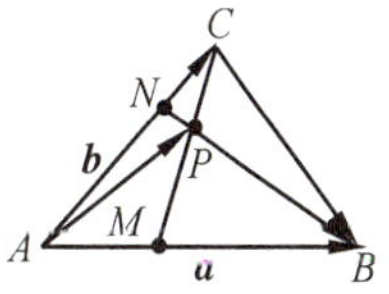

图 1.2.3

解：在 $\triangle ABC$ 和 $\triangle ABC$ 中，分别有

$$\boldsymbol{c} = \overrightarrow{AM} + \overrightarrow{MP} = \lambda\boldsymbol{a} + \overrightarrow{MP},$$

$$\boldsymbol{c} = \overrightarrow{AN} + \overrightarrow{NP} = \mu\boldsymbol{b} + \overrightarrow{NP}.$$

假设 $\overrightarrow{MP} = m\overrightarrow{MC}$，$\overrightarrow{NP} = n\overrightarrow{NB}$，注意到

$$\overrightarrow{MC} = \overrightarrow{AC} - \overrightarrow{AM} = \boldsymbol{b} - \lambda\boldsymbol{a},$$

$$\overrightarrow{NB} = \overrightarrow{AB} - \overrightarrow{AN} = \boldsymbol{a} - \mu\boldsymbol{b}.$$

所以

$$\boldsymbol{c} = \lambda\boldsymbol{a} + m(\boldsymbol{b} - \lambda\boldsymbol{a}) = \lambda(1-m)\boldsymbol{a} + m\boldsymbol{b}, \qquad (2.1.1)$$

$$\boldsymbol{c} = \mu\boldsymbol{b} + n(\boldsymbol{a} - \mu\boldsymbol{b}) = n\boldsymbol{a} + \mu(1-n)\boldsymbol{b}. \qquad (2.1.2)$$

由定理 1.2.3 中的唯一性可知

$$\begin{cases} \lambda(1-m) = n \\ m = \mu(1-n) \end{cases}.$$

解得

$$m=\frac{\mu(1-\lambda)}{1-\lambda\mu},\ n=\frac{\lambda(1-\mu)}{1-\lambda\mu}.$$

将以上第一个等式代入式（2.1.1）得

$$\boldsymbol{c}=\frac{\lambda(1-\mu)}{1-\lambda\mu}\boldsymbol{a}+\frac{\mu(1-\lambda)}{1-\lambda\mu}\boldsymbol{b}.$$

几何学中，证明三角形三线合一是经典问题. 应用例 1.2.1，容易证明三角形三中线交于一点，这个点称为三角形的重心.

例 1.2.2　证明三角形三中线交于一点.

证明：如图 1.2.3 所示，此时 M、N 分别是 AB、AC 的中点，则上例中的

$$\lambda=\mu=\frac{1}{2}.$$

所以 $\overrightarrow{AP}=\boldsymbol{c}=\frac{1}{3}\boldsymbol{a}+\frac{1}{3}\boldsymbol{b}$. 进一步，假设 L 是 BC 边的中点，由例 1.1.3 知

$$\overrightarrow{AL}=\frac{1}{2}\boldsymbol{a}+\frac{1}{2}\boldsymbol{b}.$$

可见 $\overrightarrow{AP}=\frac{2}{3}\overrightarrow{AL}$，因此 $\overrightarrow{AP}$ 与 $\overrightarrow{AL}$ 共线，从而 A、P、L 三点共线.

三个向量共面与否也可以由它们是否线性相关性来描述.

推论 1.2.2　设 $\boldsymbol{a}$、$\boldsymbol{b}$ 和 $\boldsymbol{c}$ 为空间三向量，那么 $\boldsymbol{a}$、$\boldsymbol{b}$、$\boldsymbol{c}$ 共面的充要条件是 $\boldsymbol{a}$、$\boldsymbol{b}$、$\boldsymbol{c}$ 线性相关.

证明：（充分性）由条件，则存在不全为零的实数 k_1、k_2、k_3 使得

$$k_1\boldsymbol{a}+k_2\boldsymbol{b}+k_3\boldsymbol{c}=\boldsymbol{0}.$$

不妨设 $k_3\neq 0$，从而可得

$$\boldsymbol{c}=-\frac{k_1}{k_3}\boldsymbol{a}-\frac{k_2}{k_3}\boldsymbol{b},$$

根据定理 1.2.3 的注 2 知 $\boldsymbol{a}$、$\boldsymbol{b}$、$\boldsymbol{c}$ 共面.

（必要性）如果 $\boldsymbol{a}$ 与 $\boldsymbol{b}$ 不共线，由 $\boldsymbol{a}$、$\boldsymbol{b}$、$\boldsymbol{c}$ 共面和定理 1.2.3 得

$$\boldsymbol{c}=x\boldsymbol{a}+y\boldsymbol{b},$$

从而 $x\boldsymbol{a}+y\boldsymbol{b}-\boldsymbol{c}=\boldsymbol{0}$. 此时，系数 x、y、-1 不全为零，因此 $\boldsymbol{a}$、$\boldsymbol{b}$、$\boldsymbol{c}$ 线性相关. 如果 $\boldsymbol{a}$ 与 $\boldsymbol{b}$ 共线，由定理 1.2.2，$\boldsymbol{a}$ 与 $\boldsymbol{b}$ 线性相关. 再由定理 1.2.1，所以 $\boldsymbol{a}$、$\boldsymbol{b}$、$\boldsymbol{c}$ 也线性相关.

由此得到三个向量不共面的充要条件.

推论 1.2.3　设 $\boldsymbol{a}$、$\boldsymbol{b}$ 和 $\boldsymbol{c}$ 为空间三向量，那么 $\boldsymbol{a}$、$\boldsymbol{b}$、$\boldsymbol{c}$ 不共面的充要条件是 $\boldsymbol{a}$、$\boldsymbol{b}$、$\boldsymbol{c}$ 线性无关.

到此，我们可以陈述空间的线性结构，见如下定理.

定理 1.2.4 设 $\boldsymbol{a}$、$\boldsymbol{b}$ 和 $\boldsymbol{c}$ 为空间三不共面向量，那么空间任意向量 $\boldsymbol{d}$ 都可以由 $\boldsymbol{a}$、$\boldsymbol{b}$、$\boldsymbol{c}$ 线性表示且表示法唯一，即存在唯一一组实数 x、y、z 使得

$$\boldsymbol{d}=x\boldsymbol{a}+y\boldsymbol{b}+z\boldsymbol{c}.$$

证明： 因为 $\boldsymbol{a}$、$\boldsymbol{b}$ 和 $\boldsymbol{c}$ 不共面，所以它们均不为零向量且两两不共线. 我们先来说明实数 x、y、z 的存在性. 如果 $\boldsymbol{d}$ 与 $\boldsymbol{a}$、$\boldsymbol{b}$ 和 $\boldsymbol{c}$ 中的任何两个向量共面，不妨假设 $\boldsymbol{d}$ 与 $\boldsymbol{a}$、$\boldsymbol{b}$ 共面，由定理 1.2.3，则 $\boldsymbol{d}=x\boldsymbol{a}+y\boldsymbol{b}=x\boldsymbol{a}+y\boldsymbol{b}+0\boldsymbol{c}$. 下设 $\boldsymbol{d}$ 与 $\boldsymbol{a}$、$\boldsymbol{b}$ 和 $\boldsymbol{c}$ 中的任何两个向量都不共面. 将 $\boldsymbol{a}$、$\boldsymbol{b}$、$\boldsymbol{c}$ 和 $\boldsymbol{d}$ 的起点归结为点 O，作 $\overrightarrow{OA}=\boldsymbol{a}$，$\overrightarrow{OB}=\boldsymbol{b}$，$\overrightarrow{OC}=\boldsymbol{c}$，$\overrightarrow{OD}=\boldsymbol{d}$，由条件和假设可知，向量 $\boldsymbol{c}$ 和 $\boldsymbol{d}$ 不在平面 OAB 内，如图 1.2.4 所示，过点 D 作平行于 $\overrightarrow{OC}$ 的直线交平面 OAB 于点 M. 因为 $\overrightarrow{OM}$ 与 $\overrightarrow{OA}$、$\overrightarrow{OB}$ 共面，由定理 1.2.3，则

$$\overrightarrow{OM}=x\boldsymbol{a}+y\boldsymbol{b}.$$

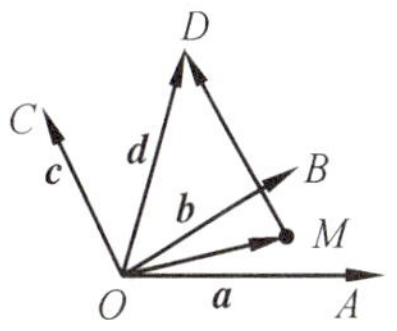

图 1.2.4

而 $\overrightarrow{MD}$ 平行于 $\overrightarrow{OC}$，所以存在实数 z 使得 $\overrightarrow{MD}=z\boldsymbol{c}$. 因此

$$\boldsymbol{d}=\overrightarrow{OD}=\overrightarrow{OM}+\overrightarrow{MD}=x\boldsymbol{a}+y\boldsymbol{b}+z\boldsymbol{c}$$

唯一性 如果存在另一组实数 x_1、y_1、z_1 也使得

$$\boldsymbol{d}=x_1\boldsymbol{a}+y_1\boldsymbol{b}+z_1\boldsymbol{c}$$

则 $\boldsymbol{c}=x\boldsymbol{a}+y\boldsymbol{b}+z\boldsymbol{c}=x_1\boldsymbol{a}+y_1\boldsymbol{b}+z_1\boldsymbol{c}$，从而$(x-x_1)\boldsymbol{a}+(y-y_1)\boldsymbol{b}+(z-z_1)\boldsymbol{c}=\boldsymbol{0}$. 由推论 1.2.3 得 $x-x_1=0$，$y-y_1=0$，$z-z_1=0$. 因此 $x_1=x$，$y_1=y$，$z_1=z$.

说明： 将向量 $\overrightarrow{OD}$ 与 $\overrightarrow{OM}$ 分别表示为 $\boldsymbol{a}$、$\boldsymbol{b}$ 和 $\boldsymbol{c}$ 的线性组合时，它们对应 $\boldsymbol{a}$ 的系数相同均为 x，对应 $\boldsymbol{b}$ 的系数也相同均为 y.

从定理 1.2.4 可见，只要给定空间三个不共面的向量，任何空间向量都可以由它们唯一决定. 这就是下节所要学习的空间标架和坐标系建立的理论基础.

例 1.2.3 如图 1.2.5 所示，设四面体 $ABCD$ 一组对边 AC、BD 的中点分别是 E、F，而 EF 的中点为 P. 如果记 $\overrightarrow{AB}=\boldsymbol{a}$，$\overrightarrow{AC}=\boldsymbol{b}$，$\overrightarrow{AD}=\boldsymbol{c}$，试用 $\boldsymbol{a}$、$\boldsymbol{b}$、$\boldsymbol{c}$ 线性表示 $\overrightarrow{AP}$.

解： 因为 E 是边 AC 的中点，所以 $\overrightarrow{AE}=\dfrac{1}{2}\overrightarrow{AC}=\dfrac{1}{2}\boldsymbol{b}$.

在 $\triangle ABD$ 中，AF 是边 BD 的中线，由例 1.1.3 得

$$\overrightarrow{AF}=\frac{1}{2}(\overrightarrow{AB}+\overrightarrow{AD})=\frac{1}{2}(\boldsymbol{a}+\boldsymbol{c}).$$

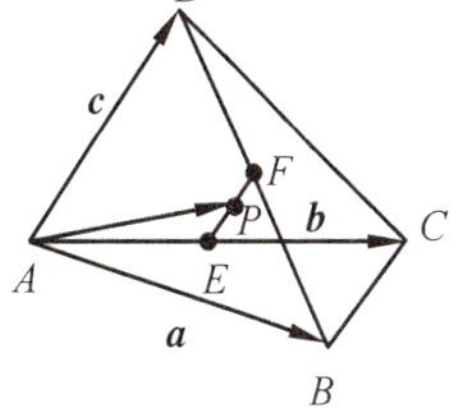

图 1.2.5

又在 $\triangle AEF$ 中，AP 是边 EF 的中线，可得

$$\overrightarrow{AP}=\frac{1}{2}(\overrightarrow{AE}+\overrightarrow{AF}).$$

因此 $\overrightarrow{AP}=\dfrac{1}{2}\left[\dfrac{1}{2}\boldsymbol{b}+\dfrac{1}{2}(\boldsymbol{a}+\boldsymbol{c})\right]=\dfrac{1}{4}(\boldsymbol{a}+\boldsymbol{b}+\boldsymbol{c})$.

最后，对于空间的任何四个及以上向量，有以下定理.

定理 1.2.5 空间任何 $n(n\geqslant 4)$个向量必定线性相关.

证明：首先证明 $n=4$ 的情形. 设有空间向量 $\boldsymbol{a}$、$\boldsymbol{b}$、$\boldsymbol{c}$ 和 $\boldsymbol{d}$. 如果 $\boldsymbol{a}$、$\boldsymbol{b}$ 和 $\boldsymbol{c}$ 共面，则 $\boldsymbol{a}$、$\boldsymbol{b}$ 和 $\boldsymbol{c}$ 线性相关. 由部分相关则整体相关的性质知 $\boldsymbol{a}$、$\boldsymbol{b}$、$\boldsymbol{c}$ 和 $\boldsymbol{d}$ 线性相关. 如果 $\boldsymbol{a}$、$\boldsymbol{b}$ 和 $\boldsymbol{c}$ 不共面，由定理 1.2.4 知存在实数 x、y、z 使得

$$\boldsymbol{d}=x\boldsymbol{a}+y\boldsymbol{b}+z\boldsymbol{c}.$$

从而 $x\boldsymbol{a}+y\boldsymbol{b}+z\boldsymbol{c}+(-1)\boldsymbol{d}=\boldsymbol{0}$，其系数 x、y、z、-1 不全为零，因此 $\boldsymbol{a}$、$\boldsymbol{b}$、$\boldsymbol{c}$ 和 $\boldsymbol{d}$ 也线性相关.

再证明 $n>4$ 的情形. 此时，在这 n 个向量中任意选取 4 个向量，它们必定线性相关. 再次利用部分相关则整体相关的性质，于是结论成立.

习题 1.2

1. 已知向量 $\boldsymbol{a}$、$\boldsymbol{b}$ 不共线，试问 $\boldsymbol{c}=2\boldsymbol{a}-\boldsymbol{b}$ 与 $\boldsymbol{d}=3\boldsymbol{a}-2\boldsymbol{b}$ 是否线性相关？

2. 证明三个向量 $\lambda\boldsymbol{a}-\mu\boldsymbol{b}$、$\mu\boldsymbol{b}-\nu\boldsymbol{c}$、$\nu\boldsymbol{c}-\lambda\boldsymbol{a}$ 共面.

3. 设 A、B、C 是直线上三点满足 $\overrightarrow{AB}=\lambda\overrightarrow{BC}$，$O$ 是空间任意一点，试用 $\overrightarrow{OA}$ 与 $\overrightarrow{OC}$ 线性表示 $\overrightarrow{OB}$.

4. 设 A、B、C、D 是空间任意四点，线段 AB、CD 的中点分别是 E、F，证明：

$$2\overrightarrow{EF}=\overrightarrow{AD}+\overrightarrow{BC}$$

5. 证明四面体对边中点的连线交于一点且相互平分.

6. 证明：三点 A、B、C 共线的充要条件是存在不全为零的数 k_1、k_2、k_3 使得

$$k_1\overrightarrow{OA}+k_2\overrightarrow{OB}+k_3\overrightarrow{OC}=\boldsymbol{0}$$

且 $k_1+k_2+k_3=0$，其中 O 为空间任意一点.

7. 证明：四点 A、B、C、D 共面的充要条件是存在不全为零的数 k_1、k_2、k_3、k_4 使得

$$k_1\overrightarrow{OA}+k_2\overrightarrow{OB}+k_3\overrightarrow{OC}+k_4\overrightarrow{OD}=\boldsymbol{0}$$

且 $k_1+k_2+k_3+k_4=0$，其中 O 为空间任意一点.

习题 1.2 答案

1.3 标架与坐标系

空间的线性结构是清晰的. 任取空间三个不共面有次序的向量，设为 $\boldsymbol{e}_1$、$\boldsymbol{e}_2$、$\boldsymbol{e}_3$. 对于空间任何向量 $\boldsymbol{d}$，总存在唯一一组实数 x、y、z 使得

$$\boldsymbol{d} = x\boldsymbol{e}_1 + y\boldsymbol{e}_1 + z\boldsymbol{e}_1,$$

则称 $\boldsymbol{e}_1$、$\boldsymbol{e}_2$、$\boldsymbol{e}_3$ 为空间的一组**基底**（**或基**），实数组 x、y、z 称为向量 $\boldsymbol{d}$ 在该基底下的**坐标**，记作$\{x,y,z\}$. 基底中只含有 3 个向量，所以说空间的维数是 3，空间也叫作三维向量空间.

定义 1.3.1 空间一定点 O 连同三个不共面有次序的向量 $\boldsymbol{e}_1$、$\boldsymbol{e}_2$、$\boldsymbol{e}_3$ 叫作空间的一个**仿射标架**，记作$[O;\ \boldsymbol{e}_1、\boldsymbol{e}_2、\boldsymbol{e}_3]$，点 O 和 $\boldsymbol{e}_1$、$\boldsymbol{e}_2$、$\boldsymbol{e}_3$ 分别称为该仿射标架的**原点**和**坐标向量**. 特别地，如果 $\boldsymbol{e}_1$、$\boldsymbol{e}_2$、$\boldsymbol{e}_3$ 两两垂直，则称$[O;\ \boldsymbol{e}_1、\boldsymbol{e}_2、\boldsymbol{e}_3]$为**直角标架**. 任何向量在$[O;\ \boldsymbol{e}_1、\boldsymbol{e}_2、\boldsymbol{e}_3]$下的**坐标**是指其在基 $\boldsymbol{e}_1$、$\boldsymbol{e}_2$、$\boldsymbol{e}_3$ 下的坐标.

把空间看成是由点构成的集合，称其为**几何空间**，今后在不混淆的情况下简记为空间. 如果将所有向量的起点移动到某固定点，那么向量与点便建立起了一一对应关系，这时向量的线性结构就可以搬到几何空间中. 给定几何空间中的一点，以其为终点，固定点为起点会对应一向量；反过来，从固定点出发的所有向量都对应唯一的终点. 为此便可以赋予点坐标.

定义 1.3.2 设点 P 为空间任意一点，在仿射标架$[O;\ \boldsymbol{e}_1、\boldsymbol{e}_2、\boldsymbol{e}_3]$下，称向量 $\overrightarrow{OP}$ 为 P 的**定位向量**. 定位向量 $\overrightarrow{OP}$ 在$[O;\ \boldsymbol{e}_1、\boldsymbol{e}_2、\boldsymbol{e}_3]$下的坐标$\{x,y,z\}$叫作 P 在该标架下的**仿射坐标**，简称**坐标**，记作(x,y,z).

取空间的仿射标架$[O;\ \boldsymbol{e}_1、\boldsymbol{e}_2、\boldsymbol{e}_3]$，那么三元有序数组$(x,y,z)$是点 P 的坐标当且仅当

$$\overrightarrow{OP} = x\boldsymbol{e}_1 + y\boldsymbol{e}_1 + z\boldsymbol{e}_1.$$

这种点与三元有序数组的对应关系称为由仿射标架决定的**仿射坐标系**，用与仿射标架同样的记号$[O;\ \boldsymbol{e}_1、\boldsymbol{e}_2、\boldsymbol{e}_3]$来表示. 直角标架决定的坐标系称为**直角坐标系**. 点坐标(x,y,z)中的 x 称为横坐标，y 称为纵坐标，z 称为竖坐标. 经过原点 O 按照坐标向量 $\boldsymbol{e}_1$、$\boldsymbol{e}_2$、$\boldsymbol{e}_3$ 的顺序以他们的指向为正向分别作三条数轴（原点 O 是零点），依次称为 x 轴、y 轴和 z 轴，它们统称为**坐标轴**. 由 x 轴和 y 轴所决定的平面记为 xOy 面. 类似地，还有 yOz 面和 xOz 面，它们都叫作**坐标面**. 坐标面把空间分成 8 个部分，称为 8 个**卦限**. 如图 1.3.1 所示，在 xOy 面上方，由三坐标轴的正向所指示的卦限开始按逆时针方向分别称为第Ⅰ、Ⅱ、Ⅲ、Ⅳ卦限；在 xOy 面下方，由 x 轴

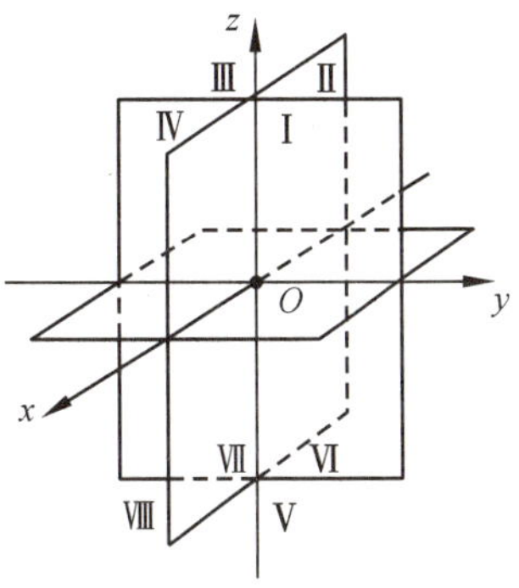

图 1.3.1

和 y 轴的正向及 z 轴的负向指示的卦限开始按逆时针方向分别称为第Ⅴ、Ⅵ、Ⅶ、Ⅷ卦限. 同一卦限内所有点的横坐标的符号相同，纵坐标的符号也相同，而且竖坐标符号也是相同的. 具体地，每个卦限坐标的符号情况见表 1.3.1.

表 1.3.1

坐标 卦限	Ⅰ	Ⅱ	Ⅲ	Ⅳ	Ⅴ	Ⅵ	Ⅶ	Ⅷ
x	+	−	−	+	+	−	−	+
y	+	+	−	−	+	+	−	−
z	+	+	+	+	−	−	−	−

空间中除了卦限内的点，还有三类特殊的点——坐标面上的点、坐标轴上的点和原点. 坐标面上的点必定有一个坐标为零. 比如 xOy 面上的点，竖坐标 $z=0$. 事实上，设 P 是 xOy 面上的任意点，则定位向量 $\overrightarrow{OP}$ 只用 $\boldsymbol{e}_1$、$\boldsymbol{e}_2$ 就可以线性表示. 坐标轴上的点必定有两个坐标为零，因为坐标轴同时在两个坐标面内. 比如 x 轴上的点一定有坐标 $y=z=0$. 最特殊的是坐标原点，其坐标均为零.

取一空间仿射坐标系，伸出右手，四指（除大拇指外）弯曲方向是由 x 轴正向转向 y 轴正向（转角小于 180°），如果大拇指与 z 轴都指向 xOy 面的同一侧，则称该坐标系为**右手坐标系**，简称**右手系**，否则称为**左手坐标系**，简称**左手系**. 空间坐标系有右手系和左手系两种，且两者只居其一. 今后如不作特别说明，所采用的坐标系都是右手直角坐标系，且坐标向量为单位向量. 为了加以区分，我们把这种坐标系记为$[O;\ \boldsymbol{i}、\boldsymbol{j}、\boldsymbol{k}]$.

类似地，也可以在平面引入标架和坐标系. 平面上的两个不共线有次序的向量 $\boldsymbol{e}_1$、$\boldsymbol{e}_2$ 称为该平面的一组基. 因为基中只含有两个向量，所以说平面的维数是 2，平面也叫作 2 维向量空间. 平面上的一定点 O 连同这里的 $\boldsymbol{e}_1$ 和 $\boldsymbol{e}_2$ 叫作平面的一个仿射标架，记作$[O;\boldsymbol{e}_1、\boldsymbol{e}_2]$. 如果 $\boldsymbol{e}_1$ 和 $\boldsymbol{e}_2$ 相互垂直，则称$[O;\ \boldsymbol{e}_1、\boldsymbol{e}_2]$为直角标架. 关于平面中点的坐标、仿射坐标系、直角坐标系和坐标轴等概念，这里不再赘述，相信读者应该能够引申过去.

下面我们将在仿射标架$[O;\ \boldsymbol{e}_1、\boldsymbol{e}_2、\boldsymbol{e}_3]$下给出向量线性运算的坐标公式. 进一步，应用向量的坐标来讨论它们的位置关系，包括有两个向量是否共线和三个向量是否共面. 最后，基于向量的讨论来分析空间中点的相关位置.

定理 1.3.1 设两向量 $\boldsymbol{a}$、$\boldsymbol{b}$ 的坐标分别是$\{a_1,a_2,a_3\}$、$\{b_1,b_2,b_3\}$，那么

（1）$\boldsymbol{a}+\boldsymbol{b}$ 的坐标是$\{a_1+b_1,a_2+b_2,a_3+b_3\}$；

（2）对实数λ，$\lambda\boldsymbol{a}$ 的坐标是$\{\lambda a_1,\lambda a_2,\lambda a_3\}$.

证明： 由条件得

$$\boldsymbol{a}=a_1\boldsymbol{e}_1+a_2\boldsymbol{e}_2+a_3\boldsymbol{e}_3,$$

$$\boldsymbol{b}=b_1\boldsymbol{e}_1+b_2\boldsymbol{e}_2+b_3\boldsymbol{e}_3.$$

根据向量线性运算的规律，则

$$\boldsymbol{a}+\boldsymbol{b}=(a_1+b_1)\boldsymbol{e}_1+(a_2+b_2)\boldsymbol{e}_2+(a_3+b_3)\boldsymbol{e}_3,$$

$$\lambda\boldsymbol{a}=(\lambda a_1)\boldsymbol{e}_1+(\lambda a_2)\boldsymbol{e}_2+(\lambda a_3)\boldsymbol{e}_3.$$

说明向量 $\boldsymbol{a}$ 与 $\boldsymbol{b}$ 和的坐标等于它们对应坐标的和；λ与 $\boldsymbol{a}$ 数乘的坐标等于 $\boldsymbol{a}$ 对应坐标都乘以数λ.

由于 $\boldsymbol{a}-\boldsymbol{b}=\boldsymbol{a}+(-\boldsymbol{b})=\boldsymbol{a}+(-1)\boldsymbol{b}$，从而得到

推论 1.3.1 设向量 $\boldsymbol{a}$、$\boldsymbol{b}$ 的坐标分别是$\{a_1,a_2,a_3\}$、$\{b_1,b_2,b_3\}$，那么 $\boldsymbol{a}-\boldsymbol{b}$ 的坐标是$\{a_1-b_1, a_2-b_2, a_3-b_3\}$，即向量 $\boldsymbol{a}$ 与 $\boldsymbol{b}$ 差的坐标等于它们对应坐标的差.

上述结论可以推广到有限个向量的线性运算中去. 设向量 $\boldsymbol{a}_i(1\leqslant i\leqslant n)$的坐标是$\{a_{i1},a_{i2},a_{i3}\}$，对于 n 个实数λ_i有

$$\lambda_1\boldsymbol{a}_1+\lambda_2\boldsymbol{a}_2+\lambda_3\boldsymbol{a}_3+\cdots+\lambda_n\boldsymbol{a}_n$$

的坐标是

$$\left\{\sum_{i=1}^{n}\lambda_i a_{i1},\sum_{i=1}^{n}\lambda_i a_{i2},\sum_{i=1}^{n}\lambda_i a_{i3}\right\}.$$

关于两个向量是否共线，我们有

定理 1.3.2 设向量 $\boldsymbol{a}$ 的坐标是$\{a_1,a_2,a_3\}$，非零向量 $\boldsymbol{b}$ 的坐标是$\{b_1,b_2,b_3\}$，那么 $\boldsymbol{a}$ 与 $\boldsymbol{b}$ 共线的充要条件是

$$\frac{a_1}{b_1}=\frac{a_2}{b_2}=\frac{a_3}{b_3}.$$

证明： 由命题 1.1.1 知，$\boldsymbol{a}$ 与 $\boldsymbol{b}$ 共线$\Leftrightarrow\boldsymbol{b}=\lambda\boldsymbol{a}\Leftrightarrow b_1=\lambda a_1,\ b_2=\lambda a_2,\ b_3=\lambda a_3$，即

$$\frac{a_1}{b_1}=\frac{a_2}{b_2}=\frac{a_3}{b_3}.$$

注： 比例式中，分母可以一个或两个为零，此时要求分子也为零，我们认为比例式仍然成立. 比如 $\boldsymbol{a}$、$\boldsymbol{b}$ 的坐标分别是$\{0,1,2\}$、$\{0,3,6\}$，比例式

$$\frac{0}{0}=\frac{1}{3}=\frac{2}{6}$$

成立，从而 $\boldsymbol{a}$ 与 $\boldsymbol{b}$ 共线.

关于三个向量是否共面，我们有

定理 1.3.3 向量 $\boldsymbol{a}$、$\boldsymbol{b}$、$\boldsymbol{c}$ 的坐标是$\{a_1,a_2,a_3\}$、$\{b_1,b_2,b_3\}$、$\{c_1,c_2,c_3\}$，那么 $\boldsymbol{a}$、$\boldsymbol{b}$、$\boldsymbol{c}$ 共面的充要条件是

$$\begin{vmatrix}a_1 & a_2 & a_3\\ b_1 & b_2 & b_3\\ c_1 & c_2 & c_3\end{vmatrix}=0,$$

其中，等式左边的符号表示行列式，见本书附录.

证明： 向量 $\boldsymbol{a}$、$\boldsymbol{b}$、$\boldsymbol{c}$ 共面的充要条件是它们线性相关，即存在不全为零的实数 k_1、k_2、k_3 使得

$$k_1\boldsymbol{a}+k_2\boldsymbol{b}+k_3\boldsymbol{c}=\boldsymbol{0}.$$

上式在坐标下等价于

$$\begin{cases}a_1k_1+b_1k_2+c_1k_3=0\\a_2k_1+b_2k_2+c_2k_3=0\\a_3k_1+b_3k_2+c_3k_3=0\end{cases},$$

这是一个含有三个未知量 k_1、k_2、k_3 三个方程的齐次线性方程组. 因此 $\boldsymbol{a}$、$\boldsymbol{b}$、$\boldsymbol{c}$ 共面当且仅当该齐次线性方程组有非零解，这等价于 3 阶行列式（见附录第三节）

$$\begin{vmatrix}a_1 & b_1 & c_1\\a_2 & b_2 & c_2\\a_3 & b_3 & c_3\end{vmatrix}=0.$$

再由行列式与其转置行列式相等的性质，则定理成立.

点作为空间的基本元素是可以决定向量的. 对于任何向量，一旦起点和终点给定，即它们的坐标已知，那么该向量的坐标也就明确了.

定理 1.3.4 设点 A、B 的坐标分别是(x_1, y_1, z_1)、(x_2, y_2, z_2)，则向量 $\overrightarrow{AB}$ 的坐标是$\{x_1-x_2, y_1-y_2, z_1-z_2\}$，即向量的坐标等于终点坐标减去起点坐标.

证明： 由条件得

$$\overrightarrow{OA}=x_1\boldsymbol{e}_1+y_1\boldsymbol{e}_2+z_1\boldsymbol{e}_3,$$

$$\overrightarrow{OB}=x_2\boldsymbol{e}_1+y_2\boldsymbol{e}_2+z_2\boldsymbol{e}_3.$$

从而

$$\overrightarrow{AB}=\overrightarrow{OA}-\overrightarrow{OB}=(x_1-x_2)\boldsymbol{e}_1+(y_1-y_2)\boldsymbol{e}_2+(z_1-z_2)\boldsymbol{e}_3,$$

所以向量 $\overrightarrow{AB}$ 的坐标是$\{x_1-x_2, y_1-y_2, z_1-z_2\}$.

例 1.3.1 设非零向量 $\overrightarrow{AB}$ 起止点的坐标分别是(x_1, y_1, z_1)、(x_2, y_2, z_2)，如果点 C 分有向线段 $\overrightarrow{AB}$ 成定比λ，即 $\overrightarrow{AC}=\lambda\overrightarrow{CB}$，求分点 C 的坐标.

解： 设点 C 的坐标为(x, y, z)，则 $\overrightarrow{AC}$ 的坐标是$\{x-x_1, y-y_1, z-z_1\}$，$\overrightarrow{CB}$ 的坐标是$\{x_2-x, y_2-y, z_2-z\}$. 由条件 $\overrightarrow{AC}=\lambda\overrightarrow{CB}$ 知

$$\begin{cases}x-x_1=\lambda(x_2-x)\\y-y_1=\lambda(y_2-y)\\z-z_1=\lambda(z_2-z)\end{cases}.$$

我们声称$\lambda\neq-1$. 如果$\lambda=-1$，那么 $\overrightarrow{AB}=\overrightarrow{AC}+\overrightarrow{CB}=\boldsymbol{0}$，矛盾. 从而

$$x=\frac{x_1+\lambda x_2}{1+\lambda},\ y=\frac{y_1+\lambda y_2}{1+\lambda},\ z=\frac{z_1+zy_2}{1+\lambda},$$

即点 C 的坐标为

$$\left(\frac{x_1+\lambda x_2}{1+\lambda},\frac{y_1+\lambda y_2}{1+\lambda},\frac{z_1+\lambda z_2}{1+\lambda}\right).$$

特别地，如果 C 恰好是线段 AB 的中点，即 $\lambda=1$，则此时点 C 的坐标为

$$\left(\frac{x_1+x_2}{2},\frac{y_1+y_2}{2},\frac{z_1+z_2}{2}\right).$$

最后，我们将探讨关于点之间相关位置的两个问题：三点是否共线和四点是否共面. 给空间三不同的点 A、B、C，它们共线等价于两个向量 $\overrightarrow{AB}$ 和 $\overrightarrow{AC}$ 共线. 因此由定理 1.3.2，可以得到以下定理.

定理 1.3.5 设 A、B、C 是不同的三个点，坐标是(x_1,y_1,z_1)、(x_2,y_2,z_2)、(x_3,y_3,z_3)，那么 A、B、C 共线的充要条件是

$$\frac{x_2-x_1}{x_3-x_1}=\frac{y_2-y_1}{y_3-y_1}=\frac{z_2-z_1}{z_3-z_1}.$$

设 A、B、C、D 是空间四点，它们共面等价于 $\overrightarrow{AB}$、$\overrightarrow{AC}$、$\overrightarrow{AD}$ 三个向量共面. 因此由定理 1.3.3，可以得到以下定理.

定理 1.3.6 设 A、B、C、D 坐标是(x_1,y_1,z_1)、(x_2,y_2,z_2)、(x_3,y_3,z_3)、(x_4,y_4,z_4)，因此得 A、B、C、D 共面的充要条件是

$$\begin{vmatrix} x_2-x_1 & y_2-y_1 & z_2-z_1 \\ x_3-x_1 & y_3-y_1 & z_3-z_1 \\ x_4-x_1 & y_4-y_1 & z_4-z_1 \end{vmatrix}=0.$$

习题 1.3

1. 向量 $\boldsymbol{a}$、$\boldsymbol{b}$、$\boldsymbol{c}$ 在仿射标架$[O;\ \boldsymbol{e}_1、\boldsymbol{e}_2、\boldsymbol{e}_3]$下的坐标是$\{2,0,-3\}$、$\{1,2,3\}$、$\{0,0,-3\}$，求 $\boldsymbol{a}$-2$\boldsymbol{b}+\boldsymbol{c}$ 和 2$\boldsymbol{a}$-3$\boldsymbol{b}$+4$\boldsymbol{c}$ 的坐标.

2. 已知平行四边形 $ABCD$ 的三顶点 A、B、C 在仿射坐标系$[O;\ \boldsymbol{e}_1、\boldsymbol{e}_2、\boldsymbol{e}_3]$下的坐标是$(0,-2,0)$、$(2,0,1)$、$(0,4,2)$，求顶点 D 和对角线交点 E 的坐标.

3. 已知 A、B 在仿射坐标系$[O;\ \boldsymbol{e}_1、\boldsymbol{e}_2、\boldsymbol{e}_3]$下的坐标是$(-1,2,4)$、$(8,-4,-2)$，若 C 和 D 是线段 AB 的三等分点，求 C 和 D 的坐标.

4. 设共线三点 A、B、C 在仿射坐标系$[O;\ \boldsymbol{e}_1、\boldsymbol{e}_2、\boldsymbol{e}_3]$下的坐标是$(3,4,1)$、$(2,5,0)$、$(x,1,y)$，求 x 和 y.

5. 在平面π上有一平行四边形 $ABCD$，点 E、F 是边 BC、CD 的中点，求点 B、C、D

在平面仿射坐标系$[A;\ \overrightarrow{AE}、\overrightarrow{AF}]$下的坐标.

6. 已知向量 $\boldsymbol{a}$、$\boldsymbol{b}$、$\boldsymbol{c}$ 在仿射标架$[O;\ \boldsymbol{e}_1、\boldsymbol{e}_2、\boldsymbol{e}_3]$下的坐标依次如下

（1）$\{2, 0, -3\}$、$\{1, 2, 3\}$、$\{0, -3, 0\}$；

（2）$\{2, -1, 0\}$、$\{-2, 1, 3\}$、$\{0, 0, 6\}$.

试判断它们是否共面？如果共面，请将 $\boldsymbol{c}$ 表示成 $\boldsymbol{a}$、$\boldsymbol{b}$ 的线性组合.

7. 已知三角形三顶点在仿射坐标系$[O;\ \boldsymbol{e}_1、\boldsymbol{e}_2、\boldsymbol{e}_3]$下的坐标分别是$(x_1,y_1,z_1)$、$(x_2,y_2,z_2)$、$(x_3,y_3,z_3)$，求重心的坐标.

8. 已知向量 $\boldsymbol{a}$、$\boldsymbol{b}$ 在仿射坐标系$[O;\ \boldsymbol{e}_1、\boldsymbol{e}_2、\boldsymbol{e}_3]$下的坐标分别是$\{a_1,a_2,a_3\}$、$\{b_1,b_2,b_3\}$，证明：向量 $\boldsymbol{a}$、$\boldsymbol{b}$ 共线的充要条件是 $A=B=C=0$，其中

$$A=\begin{vmatrix} a_2 & a_3 \\ b_2 & b_3 \end{vmatrix},\ B=-\begin{vmatrix} a_1 & a_3 \\ b_1 & b_3 \end{vmatrix},\ C=\begin{vmatrix} a_1 & a_2 \\ b_1 & b_2 \end{vmatrix}.$$

习题 1.3 答案

1.4 向量的数量积

空间向量的数量积源自物理学有很多的实际应用，在数学的其他领域中都有推广，是一种重要的数学工具．首先，我们将介绍与数量积密切相关的两个概念：向量的夹角和投影．

设 $\boldsymbol{a}$、$\boldsymbol{b}$ 是两非零向量，O 为空间一点，自 O 引有向线段 $\overrightarrow{OA}=\boldsymbol{a}$，$\overrightarrow{OB}=\boldsymbol{b}$，由射线 OA 和 OB 形成的大于等于 0°且小于等于 180°的角称为 **$\boldsymbol{a}$ 与 $\boldsymbol{b}$ 的夹角**，记作 $\angle(\boldsymbol{a},\boldsymbol{b})$．规定零向量与任何向量的夹角是大于等于 0°且小于等于 180°的任何角度．如果 $\angle(\boldsymbol{a},\boldsymbol{b})=90°$，则称 **$\boldsymbol{a}$ 垂直于 $\boldsymbol{b}$**，记作 $\boldsymbol{a}\perp\boldsymbol{b}$．按规定零向量与任何向量都会垂直．由上述定义可得 $\angle(\boldsymbol{a},\boldsymbol{b})=\angle(\boldsymbol{b},\boldsymbol{a})$．且当 $k>0$ 时，$\angle(\boldsymbol{a},k\boldsymbol{b})=\angle(\boldsymbol{a},\boldsymbol{b})$；当 $k<0$ 时，$\angle(\boldsymbol{a},k\boldsymbol{b})=\pi-\angle(\boldsymbol{a},\boldsymbol{b})$．

类似地，定义向量 $\boldsymbol{a}$ 与数轴 l 的夹角．设 O 是 l 上任意点，$\overrightarrow{OB}$ 是与 l 正向同向的单位向量，作 $\overrightarrow{OA}=\boldsymbol{a}$，那么 $\overrightarrow{OA}$ 和 $\overrightarrow{OB}$ 的夹角称为**向量 $\boldsymbol{a}$ 与数轴 $\boldsymbol{l}$ 的夹角**，记作 $\angle(\boldsymbol{a},l)$．因为平行直线同位角相等，所以 $\angle(\boldsymbol{a},l)$ 与点 O 的选取无关，说明向量 $\boldsymbol{a}$ 与数轴 l 夹角的定义是合理的．如果 $\boldsymbol{a}=\boldsymbol{b}$，也有 $\angle(\boldsymbol{a},l)=\angle(\boldsymbol{b},l)$．

设 A 是空间任一点，l 是一数轴．过 A 可以作唯一的一个平面与 l 垂直且相交，记交点为 A'，则称 A' 为 **A 在 l 上的投影**．如果向量 $\overrightarrow{AB}$ 的起点和终点在 l 上的投影分别是点 A' 和 B'，则称 $\overrightarrow{A'B'}$ 为 **$\overrightarrow{AB}$ 在 l 上的投影向量（射影向量）**．

定义 1.4.1 向量 $\overrightarrow{AB}$ 在数轴 l 上的投影向量是 $\overrightarrow{A'B'}$，取与 l 正向同向的单位向量 $\boldsymbol{e}$，于是存在唯一实数 λ 使得

$$\overrightarrow{A'B'}=\lambda\boldsymbol{e},$$

我们称 λ 为 AB 在 l 上的**投影（射影）**，记作 $\mathrm{prj}_l\overrightarrow{AB}$．

投影向量 $\overrightarrow{A'B'}$ 与投影 $\mathrm{prj}_l\overrightarrow{AB}$ 满足

$$\overrightarrow{A'B'}=\mathrm{prj}_l\overrightarrow{AB}\,\boldsymbol{e}.$$

可见

$$\left|\overrightarrow{A'B'}\right|=\left|\mathrm{prj}_l\overrightarrow{AB}\right|.$$

值得注意的是向量的投影仅仅是一个数值，所以上式等号右边是取绝对值．如果将定义 1.4.1 中的数轴换成非零向量 $\overrightarrow{CD}$，那么只需要将 $\overrightarrow{CD}$ 向两边延长扩展为数轴，便可定义向量 $\overrightarrow{AB}$ 在 $\overrightarrow{CD}$ 上的投影，记作 $\mathrm{prj}_{\overrightarrow{CD}}\overrightarrow{AB}$．

定理 1.4.1 向量 $\overrightarrow{AB}$ 在数轴 l（非零向量 $\overrightarrow{CD}$）上的投影

$$\mathrm{prj}_l\overrightarrow{AB}=\left|\overrightarrow{AB}\right|\cos\angle(\overrightarrow{AB},l)\ (\mathrm{prj}_{\overrightarrow{CD}}\overrightarrow{AB}=\left|\overrightarrow{AB}\right|\cos\angle(\overrightarrow{AB},\overrightarrow{CD})).$$

证明： 如果 $\angle(\overrightarrow{AB},l)=90°$，即 $\overrightarrow{AB}$ 与数轴 l 垂直，此时投影向量是零向量，因此投影等于零，上式成立．如果 $\angle(\overrightarrow{AB},l)\neq 90°$，过点 A 和点 B 分别作平面 π_1 和 π_2 垂直于 l 且交于点 A' 和 B'，如图 1.4.1 所示．又相交直线 AB 和 AA' 决定的平面与 π_2 有交线，则在该交线上必定可以选取一点 B_1 使得 $A'B_1BA$ 是平行四边形．从而 $\overrightarrow{AB}=\overrightarrow{A'B_1}$．于是 $\angle(\overrightarrow{AB},l)=\angle(\overrightarrow{A'B_1},l)$．

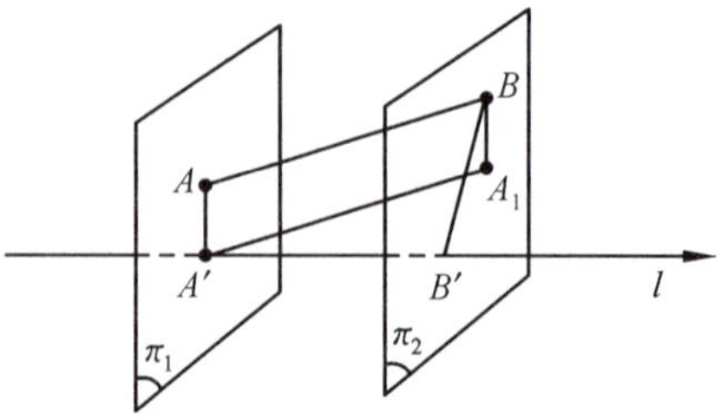

图 1.4.1

设 $\boldsymbol{e}$ 是与 l 正向同向的单位向量．注意到 $\triangle A'B'B_1$ 是直角三角形，其中 $\angle A'B'B_1=90°$．当 $0\leqslant\angle(\overrightarrow{AB},l)<90°$ 时，$\overrightarrow{A'B'}$ 与 $\boldsymbol{e}$ 同向，则

$$\mathrm{prj}_l\overrightarrow{AB}=\left|\overrightarrow{A'B'}\right|=\left|\overrightarrow{A'B_1}\right|\cos\angle(\overrightarrow{A'B_1},l)=\left|\overrightarrow{AB}\right|\cos\angle(\overrightarrow{AB},l).$$

当 $90°<\angle(\overrightarrow{AB},l)\leqslant 180°$ 时，$\overrightarrow{A'B'}$ 与 $\boldsymbol{e}$ 反向，则

$$\mathrm{prj}_l\overrightarrow{AB}=-\left|\overrightarrow{A'B'}\right|=-\left|\overrightarrow{A'B_1}\right|\cos\angle(\pi-(\overrightarrow{A'B_1},l))=\left|\overrightarrow{AB}\right|\cos\angle(\overrightarrow{AB},l).$$

上述公式暗示：向量在轴（或非零向量）上的投影只与其模和其与数轴(或非零向量)的夹角有关．因此有

推论 1.4.1 相等向量在同一数轴（或非零向量）上的投影相等．

定理 1.4.2 对于空间任何向量 $\boldsymbol{a}$、$\boldsymbol{b}$，实数 k，有

（1）$\mathrm{prj}_l(\boldsymbol{a}+\boldsymbol{b})=\mathrm{prj}_l\boldsymbol{a}+\mathrm{prj}_l\boldsymbol{b}$，

（2）$\mathrm{prj}_l k\boldsymbol{a}=k(\mathrm{prj}_l\boldsymbol{a})$．

证明：（1）依次作 $\overrightarrow{AB}=\boldsymbol{a}$，$\overrightarrow{BC}=\boldsymbol{b}$，有 $\boldsymbol{a}+\boldsymbol{b}=\overrightarrow{AC}$．设点 A、B、C 在数轴 l 上的投影分别是 A'、B'、C'，则 $\boldsymbol{a}$ 在 l 上的投影向量是 $\overrightarrow{A'B'}$，$\boldsymbol{b}$ 在 l 上的投影向量是 $\overrightarrow{B'C'}$，$\boldsymbol{a}+\boldsymbol{b}$ 在 l 上的投影向量是 $\overrightarrow{A'C'}$．因为

$$\overrightarrow{A'C'}=\overrightarrow{A'B'}+\overrightarrow{B'C'},$$

从而

$$(\mathrm{prj}_l(\boldsymbol{a}+\boldsymbol{b}))\boldsymbol{e}=\overrightarrow{A'C'}=\overrightarrow{A'B'}+\overrightarrow{B'C'}=(\mathrm{prj}_l\boldsymbol{a})\boldsymbol{e}+(\mathrm{prj}_l\boldsymbol{b})\boldsymbol{e}.$$

所以

$$(\mathrm{prj}_l(\boldsymbol{a}+\boldsymbol{b}))\boldsymbol{e}=(\mathrm{prj}_l\boldsymbol{a}+\mathrm{prj}_l\boldsymbol{b})\boldsymbol{e},$$

即

$$\text{prj}_l(\boldsymbol{a}+\boldsymbol{b}) = \text{prj}_l\boldsymbol{a} + \text{prj}_l\boldsymbol{b}.$$

（2）如果 $k=0$ 或 $\boldsymbol{a}=\boldsymbol{0}$，等式成立. 不妨设 $k>0$，$k<0$ 可类似进行证明. 由定理 1.4.1 知

$$\text{prj}_l k\boldsymbol{a} = |k\boldsymbol{a}|\cos\angle(k\boldsymbol{a},l).$$

因为 $|k\boldsymbol{a}| = k|\boldsymbol{a}|$，$\cos\angle(k\boldsymbol{a},l)=\cos\angle(\boldsymbol{a},l)$，所以

$$\text{prj}_l k\boldsymbol{a} = k|\boldsymbol{a}|\cos\angle(\boldsymbol{a},l) = k(\text{prj}_l\boldsymbol{a}).$$

在物理学中，质点通过力 $\boldsymbol{f}$ 的牵引发生的位移是 $\boldsymbol{s}$，那么 $\boldsymbol{f}$ 所做的功为

$$W=|\boldsymbol{f}||\boldsymbol{s}|\cos\theta,$$

其中，θ 为 $\boldsymbol{f}$ 与 $\boldsymbol{s}$ 的夹角. 力所做的功 W 是一个数量，为两个向量 $\boldsymbol{f}$ 与 $\boldsymbol{s}$ 的一种运算结果. 撇去物理背景，将这种运算推广到任意两个向量上.

定义 1.4.2 空间量向量 $\boldsymbol{a}$ 和 $\boldsymbol{b}$ 的以下运算

$$|\boldsymbol{a}||\boldsymbol{b}|\cos\angle(\boldsymbol{a},\boldsymbol{b})$$

称为 $\boldsymbol{a}$ 和 $\boldsymbol{b}$ 的**数量积**（**或内积**），记作 $\boldsymbol{a}\cdot\boldsymbol{b}$.

为了书写方便，把 $\boldsymbol{a}$ 与 $\boldsymbol{a}$ 的数量积记作 $\boldsymbol{a}^2$. 对于任何向量 $\boldsymbol{a}$ 总有 $\boldsymbol{a}^2=|\boldsymbol{a}|^2$，于是

$$|\boldsymbol{a}|=\sqrt{\boldsymbol{a}\cdot\boldsymbol{a}}. \tag{1.4.1}$$

该公式非常重要，它给出了用数量积来求向量模的方法.

当向量 $\boldsymbol{a}$ 和 $\boldsymbol{b}$ 均为非零向量时，由定理 1.4.1 得 $\boldsymbol{a}\cdot\boldsymbol{b} = |\boldsymbol{a}|\text{prj}_{\boldsymbol{a}}\boldsymbol{b} = |\boldsymbol{b}|\text{prj}_{\boldsymbol{b}}\boldsymbol{a}$，即两个向量的数量积等于其中一个向量的模乘以另外一个向量在该向量上的投影. 特别地，当时 $\boldsymbol{b}$ 是单位向量 $\boldsymbol{e}$ 时，有

$$\boldsymbol{a}\cdot\boldsymbol{e} = \text{prj}_{\boldsymbol{e}}\boldsymbol{a}.$$

定理 1.4.3 向量 $\boldsymbol{a}\perp\boldsymbol{b}$ 的充要条件是 $\boldsymbol{a}\cdot\boldsymbol{b}=0$.

证明： 如果 $\boldsymbol{a}$ 和 $\boldsymbol{b}$ 中有一个为零向量，则 $\boldsymbol{a}\cdot\boldsymbol{b}=0$ 且 $\boldsymbol{a}\perp\boldsymbol{b}$，因此定理成立. 下面证明 $\boldsymbol{a}$ 和 $\boldsymbol{b}$ 均为非零向量的情形.

（充分性）由条件 $\boldsymbol{a}\cdot\boldsymbol{b}=0$，则 $|\boldsymbol{a}||\boldsymbol{b}|\cos\angle(\boldsymbol{a},\boldsymbol{b})=0$. 从而 $\cos\angle(\boldsymbol{a},\boldsymbol{b})=0$，于是 $\angle(\boldsymbol{a},\boldsymbol{b})=90°$，所以 $\boldsymbol{a}\perp\boldsymbol{b}$.

（必要性）因为 $\boldsymbol{a}\perp\boldsymbol{b}$，即 $\angle(\boldsymbol{a},\boldsymbol{b})=90°$，则 $\cos\angle(\boldsymbol{a},\boldsymbol{b})=0$. 所以 $\boldsymbol{a}\cdot\boldsymbol{b}=|\boldsymbol{a}||\boldsymbol{b}|\cos\angle(\boldsymbol{a},\boldsymbol{b})=0$.

向量的数量积有以下性质，也是其满足的运算规律.

定理 1.4.4 设 $\boldsymbol{a}$、$\boldsymbol{b}$ 是空间任意向量，则

（1）（**正定性**）$\boldsymbol{a}^2=|\boldsymbol{a}|^2\geqslant 0$，等号成立当且仅当 $\boldsymbol{a}=0$；

（2）（**对称性**）$\boldsymbol{a}\cdot\boldsymbol{b}=\boldsymbol{b}\cdot\boldsymbol{a}$；

（3）（**关于数乘的结合律**）对任意实数 k 有

$$(k\boldsymbol{a})\cdot\boldsymbol{b}=k(\boldsymbol{a}\cdot\boldsymbol{b})=\boldsymbol{a}\cdot(k\boldsymbol{b});$$

（4）（**分配律**）$(\boldsymbol{a}+\boldsymbol{b})\cdot\boldsymbol{c}=\boldsymbol{a}\cdot\boldsymbol{c}+\boldsymbol{b}\cdot\boldsymbol{c}$.

证明： 性质（1）和（2）根据定义成立.

（3）由向量数量积与投影的关系和定理 1.4.2 中的（2）得

$$(k\boldsymbol{a})\cdot\boldsymbol{b} = |\boldsymbol{b}|\mathrm{prj}_{\boldsymbol{b}}k\boldsymbol{a} = |\boldsymbol{b}|[k\ (\mathrm{prj}_{\boldsymbol{b}}\boldsymbol{a})] = k[\ |\boldsymbol{b}|(\mathrm{prj}_{\boldsymbol{b}}\boldsymbol{a})] = k(\boldsymbol{a}\cdot\boldsymbol{b}).$$

同理

$$\boldsymbol{a}\cdot(k\boldsymbol{b}) = k(\boldsymbol{a}\cdot\boldsymbol{b}).$$

（4）由向量数量积与投影的关系和定理 1.4.3 中的(1)得

$$\begin{aligned}(\boldsymbol{a}+\boldsymbol{b})\cdot\boldsymbol{c} &= |\boldsymbol{c}|\mathrm{prj}_{\boldsymbol{c}}(\boldsymbol{a}+\boldsymbol{b})\\ &= |\boldsymbol{c}|(\mathrm{prj}_{\boldsymbol{c}}\boldsymbol{a}+\mathrm{prj}_{\boldsymbol{c}}\boldsymbol{b})\\ &= |\boldsymbol{c}|\mathrm{prj}_{\boldsymbol{c}}\boldsymbol{a}+|\boldsymbol{c}|\mathrm{prj}_{\boldsymbol{c}}\boldsymbol{b}\\ &= \boldsymbol{a}\cdot\boldsymbol{c}+\boldsymbol{b}\cdot\boldsymbol{c}.\end{aligned}$$

定理中的（2）~（4）说明向量的数量积对“·”前后两个位置都具有线性性，所以称其具有**双线性性**. 联合性质（3）（4），对于有限个向量有

$$(\lambda_1\boldsymbol{a}_1+\lambda_2\boldsymbol{a}_2+\lambda_3\boldsymbol{a}_3+\cdots+\lambda_n\boldsymbol{a}_n)\cdot\boldsymbol{b}=\lambda_1(\boldsymbol{a}_1\cdot\boldsymbol{b})+\lambda_2(\boldsymbol{a}_2\cdot\boldsymbol{b})+\lambda_3(\boldsymbol{a}_3\cdot\boldsymbol{b})+\cdots+\lambda_n(\boldsymbol{a}_n\cdot\boldsymbol{b}).$$

数量积最本质的性质就是这四条，它们有助于解决经典的几何问题.

例 1.4.1 证明三角形的余弦定理.

证明： 如图 1.4.2 所示，设△ABC 各边长分别是 a、b、c. 由向量减法运算得

$$\overrightarrow{CB} = \overrightarrow{AB}-\overrightarrow{AC}.$$

于是

$$\begin{aligned}a^2=\overrightarrow{CB}^2 &= (\overrightarrow{AB}-\overrightarrow{AC})\cdot(\overrightarrow{AB}-\overrightarrow{AC})\\ &= \overrightarrow{AB}^2-2\overrightarrow{AC}\cdot\overrightarrow{AB}+\overrightarrow{AC}^2\\ &= b^2+c^2-2bc\cos\angle(\overrightarrow{AB},\overrightarrow{AC})\\ &= b^2+c^2-2bc\cos\angle A.\end{aligned}$$

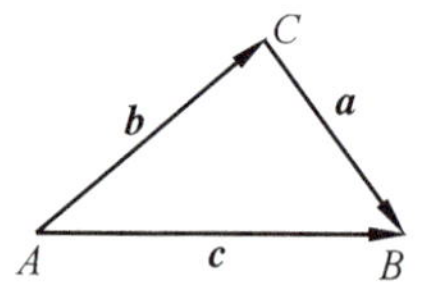

图 1.4.2

例 1.4.2 如图 1.4.3 所示，设△ABC 各边长分别是 a、b、c，AE 是 $\angle A$ 的角平分线，证明角平分线定理，即证明：

$$\frac{CE}{EB}=\frac{b}{c}.$$

证明： 由条件 AE 是 $\angle A$ 的角平分线，所以 $\angle(\overrightarrow{AB},\overrightarrow{AE})=\angle(\overrightarrow{AC},\overrightarrow{AE})$. 从而

$$\frac{\overrightarrow{AB}\cdot\overrightarrow{AE}}{|\overrightarrow{AB}||\overrightarrow{AE}|}=\cos\angle(\overrightarrow{AB},\overrightarrow{AE})=\cos\angle(\overrightarrow{AC},\overrightarrow{AE})=\frac{\overrightarrow{AC}\cdot\overrightarrow{AE}}{|\overrightarrow{AC}||\overrightarrow{AE}|}.$$

所以

$$b\overrightarrow{AB}\cdot\overrightarrow{AE}=c\overrightarrow{AC}\cdot\overrightarrow{AE}.$$

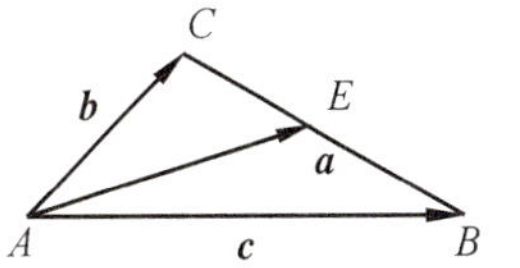

图 1.4.3

设 $\dfrac{CE}{EB}=\lambda$，则 $\overrightarrow{CE}=\dfrac{\lambda}{\lambda+1}\overrightarrow{CB}=\dfrac{\lambda}{\lambda+1}(\overrightarrow{AB}-\overrightarrow{AC})$. 那么

$$\overrightarrow{AE}=\overrightarrow{AC}+\overrightarrow{CE}=\frac{\lambda}{\lambda+1}\overrightarrow{AB}+\frac{1}{\lambda+1}\overrightarrow{AC}.$$

因此

$$b\overrightarrow{AB}\cdot\left(\frac{\lambda}{\lambda+1}\overrightarrow{AB}+\frac{1}{\lambda+1}\overrightarrow{AC}\right)=c\overrightarrow{AC}\cdot\left(\frac{\lambda}{\lambda+1}\overrightarrow{AB}+\frac{1}{\lambda+1}\overrightarrow{AC}\right).$$

整理得

$$(\lambda c-b)(\overrightarrow{AB}\cdot\overrightarrow{AC}-bc)=0.$$

又

$$\overrightarrow{AB}\cdot\overrightarrow{AC}=bc\cos\angle(\overrightarrow{AB},\overrightarrow{AC})\neq bc,$$

便有 $\lambda c-b=0$，即 $\lambda=\dfrac{b}{c}$，得证.

下面将在空间直角坐标系下进行讨论，给出数量积、模和夹角等的坐标计算公式. 取定直角右手坐标系$[O;\ \boldsymbol{i}、\boldsymbol{j}、\boldsymbol{k}]$，其中坐标向量满足 $|\boldsymbol{i}|=|\boldsymbol{j}|=|\boldsymbol{k}|=1$，$\boldsymbol{i}\cdot\boldsymbol{j}=\boldsymbol{i}\cdot\boldsymbol{k}=\boldsymbol{j}\cdot\boldsymbol{k}=0$.

定理 1.4.5 设向量 $\boldsymbol{a}$、$\boldsymbol{b}$ 的坐标是$\{a_1,a_2,a_3\}$、$\{b_1,b_2,b_3\}$，则

$$\boldsymbol{a}\cdot\boldsymbol{b}=a_1b_1+a_2b_2+a_3b_3.$$

证明： 由条件

$$\boldsymbol{a}=a_1\boldsymbol{i}+a_2\boldsymbol{j}+a_3\boldsymbol{k},$$

$$\boldsymbol{b}=b_1\boldsymbol{i}+b_2\boldsymbol{j}+b_3\boldsymbol{k}.$$

从而

$$\begin{aligned}\boldsymbol{a}\cdot\boldsymbol{b}&=a_1b_1\boldsymbol{i}\cdot\boldsymbol{i}+a_1b_2\boldsymbol{i}\cdot\boldsymbol{j}+a_1b_3\boldsymbol{i}\cdot\boldsymbol{k}+\\&\quad a_2b_1\boldsymbol{j}\cdot\boldsymbol{i}+a_2b_2\boldsymbol{j}\cdot\boldsymbol{j}+a_2b_3\boldsymbol{j}\cdot\boldsymbol{k}+\\&\quad a_3b_1\boldsymbol{k}\cdot\boldsymbol{i}+a_3b_2\boldsymbol{k}\cdot\boldsymbol{j}+a_3b_3\boldsymbol{k}\cdot\boldsymbol{k}\\&=a_1b_1|\boldsymbol{i}|^2+a_2b_2|\boldsymbol{j}|^2+a_3b_3|\boldsymbol{k}|^2\\&=a_1b_1+a_2b_2+a_3b_3.\end{aligned}$$

推论 1.4.2 设向量 $\boldsymbol{a}$、$\boldsymbol{b}$ 的坐标是$\{a_1,a_2,a_3\}$、$\{b_1,b_2,b_3\}$，则 $\boldsymbol{a}\perp\boldsymbol{b}$ 的充要条件是 $a_1b_1+a_2b_2+a_3b_3=0$.

注意到 $|\boldsymbol{a}|=\sqrt{\boldsymbol{a}\cdot\boldsymbol{a}}$，则

$$|\boldsymbol{a}|=\sqrt{a_1^{\ 2}+a_2^{\ 2}+a_3^{\ 2}}\,. \tag{1.4.2}$$

根据式（1.4.2），容易得到两点之间的距离公式和向量夹角余弦的坐标公式.

定理 1.4.6 设 A、B 两点的坐标是(x_1,y_1,z_1)、(x_2,y_2,z_2)，非零向量 $\boldsymbol{a}$、$\boldsymbol{b}$ 的坐标是$\{a_1,a_2,a_3\}$、$\{b_1,b_2,b_3\}$，则

（1）A、B 两点之间的距离

$$\left|\overrightarrow{AB}\right|=\sqrt{(x_1-x_2)^2+(y_1-y_2)^2+(z_1-z_2)^2}\,.$$

（2）向量 $\boldsymbol{a}$、$\boldsymbol{b}$ 夹角的余弦

$$\cos\angle(\boldsymbol{a},\boldsymbol{b})=\frac{\boldsymbol{a}\cdot\boldsymbol{b}}{|\boldsymbol{a}||\boldsymbol{b}|}=\frac{a_1b_1+a_2b_2+a_3b_3}{\sqrt{a_1^{\ 2}+a_2^{\ 2}+a_3^{\ 2}}\sqrt{b_1^{\ 2}+b_2^{\ 2}+b_3^{\ 2}}}\,.$$

空间向量与坐标轴(或坐标向量)的夹角叫作向量的**方向角**，方向角的余弦叫作**方向余弦**. 设非零向量 $\boldsymbol{a}$ 的坐标是$\{a_1,a_2,a_3\}$，与 x 轴、y 轴、z 轴的夹角分别是 α、β、γ，由定理 1.4.6 得

$$\cos\alpha=\frac{\boldsymbol{a}\cdot\boldsymbol{i}}{|\boldsymbol{a}||\boldsymbol{i}|}=\frac{a_1}{\sqrt{a_1^{\ 2}+a_2^{\ 2}+a_3^{\ 2}}}\,;$$

$$\cos\beta=\frac{\boldsymbol{a}\cdot\boldsymbol{j}}{|\boldsymbol{a}||\boldsymbol{j}|}=\frac{a_2}{\sqrt{a_1^{\ 2}+a_2^{\ 2}+a_3^{\ 2}}}\,;$$

$$\cos\gamma=\frac{\boldsymbol{a}\cdot\boldsymbol{k}}{|\boldsymbol{a}||\boldsymbol{k}|}=\frac{a_3}{\sqrt{a_1^{\ 2}+a_2^{\ 2}+a_3^{\ 2}}}\,.$$

因为 $\boldsymbol{e}_a=\dfrac{\boldsymbol{a}}{|\boldsymbol{a}|}$，其中 $\boldsymbol{e}_a$ 表示 $\boldsymbol{a}$ 的单位向量，所以 $\boldsymbol{e}_a$ 的坐标是

$$\left(\frac{a_1}{\sqrt{a_1^{\ 2}+a_2^{\ 2}+a_3^{\ 2}}},\frac{a_2}{\sqrt{a_1^{\ 2}+a_2^{\ 2}+a_3^{\ 2}}},\frac{a_3}{\sqrt{a_1^{\ 2}+a_2^{\ 2}+a_3^{\ 2}}}\right).$$

定理 1.4.7 空间非零向量 $\boldsymbol{a}$ 的单位向量的坐标是$\{\cos\alpha,\ \cos\beta,\ \cos\gamma\}$，从而有 $\cos^2\alpha+\cos^2\beta+\cos^2\gamma=1$.

最后，我们将讨论向量 $\boldsymbol{a}$ 在 x 轴、y 轴、z 轴上的投影. 应用向量数量积的相关性质知，$\boldsymbol{a}$ 在三个坐标轴上的投影分别是

$$\text{prj}_x\boldsymbol{a}=\text{prj}_{\boldsymbol{i}}\boldsymbol{a}=\frac{\boldsymbol{a}\cdot\boldsymbol{i}}{|\boldsymbol{i}|}=\boldsymbol{a}\cdot\boldsymbol{i}=a_1,$$

$$\text{prj}_y\boldsymbol{a}=\text{prj}_{\boldsymbol{j}}\boldsymbol{a}=\frac{\boldsymbol{a}\cdot\boldsymbol{j}}{|\boldsymbol{j}|}=\boldsymbol{a}\cdot\boldsymbol{j}=a_2,$$

$$\text{prj}_z\boldsymbol{a} = \text{prj}_{\boldsymbol{k}}\boldsymbol{a} = \frac{\boldsymbol{a}\cdot\boldsymbol{i}}{|\boldsymbol{i}|} = \boldsymbol{a}\cdot\boldsymbol{k} = a_3.$$

这说明，向量 $\boldsymbol{a}$ 在 x 轴、y 轴、z 轴上的投影构成的有序数组恰好就是其坐标.

例 1.4.3 设向量 $\boldsymbol{a}$ 在 x 轴、y 轴、z 轴上的投影分别是 −1、−1、0，向量 $\boldsymbol{b}$ 在 x 轴、y 轴、z 轴上的投影分别是 −1、0、−1，向量 $\boldsymbol{c}$ 在 x 轴、y 轴、z 轴上的投影分别是 2、1、1. 求（1）$\boldsymbol{a}$ 与 $\boldsymbol{b}$ 的夹角；（2）$\boldsymbol{a}$ 在 $\boldsymbol{c}$ 上的投影.

解： 由条件，向量 $\boldsymbol{a}$、$\boldsymbol{b}$、$\boldsymbol{c}$ 的坐标是$\{-1, -1, 0\}$、$\{-1, 0, -1\}$、$\{2, 1, 1\}$，则

$$\boldsymbol{a}\cdot\boldsymbol{b} = (-1)(-1)+(-1)0+0(-1)=1,$$

$$\boldsymbol{a}\cdot\boldsymbol{c} = (-1)2+(-1)1+0\cdot 1=-3,$$

$$|\boldsymbol{a}| = \sqrt{(-1)^2+(-1)^2+0^2} = \sqrt{2},$$

$$|\boldsymbol{b}| = \sqrt{(-1)^2+0^2+(-1)^2} = \sqrt{2},$$

$$|\boldsymbol{c}| = \sqrt{2^2+1^2+1^2} = \sqrt{6}.$$

因此

（1）$\cos\angle(\boldsymbol{a},\boldsymbol{b}) = \dfrac{\boldsymbol{a}\cdot\boldsymbol{b}}{|\boldsymbol{a}||\boldsymbol{b}|} = \dfrac{1}{\sqrt{2}\sqrt{2}} = \dfrac{1}{2}$，所以

$$\cos\angle(\boldsymbol{a},\boldsymbol{b}) = \frac{\pi}{3};$$

（2）$\text{prj}_{\boldsymbol{c}}\boldsymbol{a} = \dfrac{\boldsymbol{a}\cdot\boldsymbol{c}}{|\boldsymbol{c}|} = \dfrac{-3}{\sqrt{6}} = -\dfrac{\sqrt{6}}{2}.$

习题 1.4

1. 设向量 $|\boldsymbol{a}|=4$，$|\boldsymbol{b}|=3$，$\angle(\boldsymbol{a},\boldsymbol{b})=60°$，求 $3\boldsymbol{a}+2\boldsymbol{b}$ 和 $2\boldsymbol{a}$-$5\boldsymbol{b}$ 的模与它们的数量积.

2. 已知 $\boldsymbol{a}$、$\boldsymbol{b}$、$\boldsymbol{c}$ 两两垂直，且 $|\boldsymbol{a}|=1$，$|\boldsymbol{b}|=2$，$|\boldsymbol{c}|=3$. 求 $\boldsymbol{d}=\boldsymbol{a}+\boldsymbol{b}+\boldsymbol{c}$ 的模长和其与 $\boldsymbol{a}$、$\boldsymbol{b}$、$\boldsymbol{c}$ 的夹角.

3. 已知 $\boldsymbol{a}+3\boldsymbol{b}$ 和 $7\boldsymbol{a}-5\boldsymbol{b}$ 垂直，且 $\boldsymbol{a}-4\boldsymbol{b}$ 和 $7\boldsymbol{a}-2\boldsymbol{b}$ 垂直，求 $\boldsymbol{a}$ 和 $\boldsymbol{b}$ 的夹角.

4. 已知 $\boldsymbol{a}$、$\boldsymbol{b}$ 互相垂直，$\angle(\boldsymbol{c},\boldsymbol{a})=\angle(\boldsymbol{c},\boldsymbol{b})=60°$，且 $|\boldsymbol{a}|=1$，$|\boldsymbol{b}|=2$，$|\boldsymbol{c}|=3$. 试计算（1）$(3\boldsymbol{a}-2\boldsymbol{b})\cdot(\boldsymbol{b}-3\boldsymbol{c})$；（2）$(\boldsymbol{a}+2\boldsymbol{b}-\boldsymbol{c})^2$.

5. 设 $\boldsymbol{a}$、$\boldsymbol{b}$、$\boldsymbol{c}$ 共面，其中 $\boldsymbol{a}$、$\boldsymbol{b}$ 不共线，如果 $\boldsymbol{a}\cdot\boldsymbol{c}=\boldsymbol{b}\cdot\boldsymbol{c}=0$，证明 $\boldsymbol{c}=\boldsymbol{0}$.

6. 设 $\boldsymbol{e}_1$、$\boldsymbol{e}_2$、$\boldsymbol{e}_3$ 是空间不共面的三向量，如果 $\boldsymbol{a}\cdot\boldsymbol{e}_i=\boldsymbol{b}\cdot\boldsymbol{e}_i\,(i=1、2、3)$，证明 $\boldsymbol{a}=\boldsymbol{b}$.

7. 用向量的方法证明：空间四边形对角线互相垂直的充要条件是对边平方和相等.

8. 用向量的方法证明：三角形三高交于一点.

9. 试探讨以下等式或结论是否正确，为什么？

（1）$\left|\boldsymbol{a}^2\right| = |\boldsymbol{a}|^2$；

（2）$\boldsymbol{a}(\boldsymbol{a}\cdot\boldsymbol{b}) = \boldsymbol{a}^2\boldsymbol{b}$；

（3）$(\boldsymbol{a}\cdot\boldsymbol{b})^2 = \boldsymbol{a}^2\boldsymbol{b}^2$；

（4）$(\boldsymbol{a}\cdot\boldsymbol{b})\boldsymbol{c} = \boldsymbol{a}(\boldsymbol{b}\cdot\boldsymbol{c})$；

（5）如果 $\boldsymbol{c}\neq\boldsymbol{0}$ 且 $\boldsymbol{a}\cdot\boldsymbol{c} = \boldsymbol{b}\cdot\boldsymbol{c}$，那么 $\boldsymbol{a} = \boldsymbol{b}$.

10. 对于向量 $\boldsymbol{a}$、$\boldsymbol{b}$ 且 $\boldsymbol{a}\neq\boldsymbol{0}$，令 $\overline{\mathrm{prj}}_a\boldsymbol{b} = \boldsymbol{b}-(\mathrm{prj}_a\boldsymbol{b})\boldsymbol{e}_a$，称其为 $\boldsymbol{b}$ 在 $\boldsymbol{a}$ 上**外投影**. 由投影的定义知$(\mathrm{prj}_a\boldsymbol{b})\boldsymbol{e}_a$是 $\boldsymbol{b}$ 在 $\boldsymbol{a}$ 上的投影向量，所以实际上 $\boldsymbol{b}$ 在 $\boldsymbol{a}$ 上外投影就是向量 $\boldsymbol{b}$ 减去其在 $\boldsymbol{a}$ 上的投影向量. 请证明：

（1）$\overline{\mathrm{prj}}_a\boldsymbol{b}\perp\boldsymbol{a}$；

（2）对于实数λ有 $\overline{\mathrm{prj}}_a\lambda\boldsymbol{b} = \lambda\overline{\mathrm{prj}}_a\boldsymbol{b}$；

（3）对于向量 $\boldsymbol{c}$ 有 $\overline{\mathrm{prj}}_a(\boldsymbol{b}+\boldsymbol{c}) = \overline{\mathrm{prj}}_a\boldsymbol{b}+\overline{\mathrm{prj}}_a\boldsymbol{c}$.

习题 1.4 答案

1.5 向量的向量积

在实际应用中，有时候需要由两个向量来决定一个新的向量．设有一支点为 O 的杠杆，力 $\boldsymbol{f}$ 作用在其上的点 A 处，如图 1.5.1 所示，则在点 O 处的力矩是一个向量，记为 $\boldsymbol{m}$，其模

$$|\boldsymbol{m}|=|\overrightarrow{OA}||\boldsymbol{f}|\sin\angle(\boldsymbol{f},\overrightarrow{OA}),$$

方向同时垂直于 $\overrightarrow{OA}$ 和 $\boldsymbol{f}$，且按照 $\overrightarrow{OA}$、$\boldsymbol{f}$、$\boldsymbol{m}$ 的顺序符合右手系，即伸出右手，四指（除大拇指外）弯曲方向是由 $\overrightarrow{OA}$ 方向转向 $\boldsymbol{f}$ 方向（转角小于π），大拇指的指向就是 $\boldsymbol{m}$ 的方向．

将上述力矩的情况一般化，有

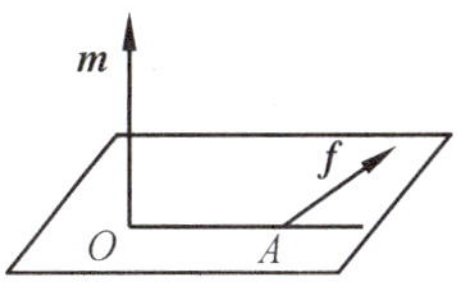

图 1.5.1

定义 1.5.1 空间两向量 $\boldsymbol{a}$、$\boldsymbol{b}$ 的**向量积（也叫外积）**是一个向量，记作 $\boldsymbol{a}\times\boldsymbol{b}$，其模为

$$|\boldsymbol{a}||\boldsymbol{b}|\sin\angle(\boldsymbol{a},\boldsymbol{b}),$$

方向作如下规定：

（1）当 $\boldsymbol{a}$、$\boldsymbol{b}$ 共线时，由于 $|\boldsymbol{a}\times\boldsymbol{b}|=0$，于是 $\boldsymbol{a}\times\boldsymbol{b}$ 为零向量，因此方向是任意的．

（2）当 $\boldsymbol{a}$、$\boldsymbol{b}$ 不共线时，$\boldsymbol{a}\times\boldsymbol{b}$ 方向同时垂直于 $\boldsymbol{a}$ 和 $\boldsymbol{b}$，且按照 $\boldsymbol{a}$、$\boldsymbol{b}$、$\boldsymbol{a}\times\boldsymbol{b}$ 的顺序满足右手系．

两个向量的向量积与数量积有着本质的区别，运算的结果不再是数量，而是向量．如果 $\boldsymbol{a}$、$\boldsymbol{b}$ 共线，那么 $\boldsymbol{a}\times\boldsymbol{b}$ 为零向量．反过来，如果 $\boldsymbol{a}\times\boldsymbol{b}$ 为零向量，则 $|\boldsymbol{a}||\boldsymbol{b}|\sin\angle(\boldsymbol{a},\boldsymbol{b})=0$．从而有 $|\boldsymbol{a}|$、$|\boldsymbol{b}|$ 和 $\sin\angle(\boldsymbol{a},\boldsymbol{b})$ 中至少有一项等于零，无论哪种情形总有 $\boldsymbol{a}$、$\boldsymbol{b}$ 共线．因此有

定理 1.5.1 两向量 $\boldsymbol{a}$、$\boldsymbol{b}$ 共线的充要条件是 $\boldsymbol{a}\times\boldsymbol{b}=\boldsymbol{0}$．

三角形的面积等于两邻边长及其夹角正弦的乘积．于是当两个向量 $\boldsymbol{a}$、$\boldsymbol{b}$ 不共线时，把它们的起点移动到同一点，连接终点得到一个三角形，其面积恰恰就等于 $\boldsymbol{a}$、$\boldsymbol{b}$ 向量积的模的一半．如果以 $\boldsymbol{a}$、$\boldsymbol{b}$ 画出平行四边形，则有

定理 1.5.2 两不共线向量 $\boldsymbol{a}$、$\boldsymbol{b}$ 的向量积的模 $|\boldsymbol{a}\times\boldsymbol{b}|$ 等于以 $\boldsymbol{a}$、$\boldsymbol{b}$ 为邻边所形成的平行四边形的面积．

向量的向量积也会有相应的运算规律，如下（大家要注意与数量积的运算规律作区分）．

定理 1.5.3 对于向量 $\boldsymbol{a}$、$\boldsymbol{b}$，任意实数 λ，总有

（1）（**反对称性**）$\boldsymbol{a}\times\boldsymbol{b}=-(\boldsymbol{b}\times\boldsymbol{a})$；

（2）（**数乘的结合律**）$(\lambda\boldsymbol{a})\times\boldsymbol{b}=\lambda(\boldsymbol{a}\times\boldsymbol{b})=\boldsymbol{a}\times(\lambda\boldsymbol{b})$．

证明：（1）因为 $|\boldsymbol{a}\times\boldsymbol{b}|=|\boldsymbol{a}||\boldsymbol{b}|\sin\angle(\boldsymbol{a},\boldsymbol{b})=|\boldsymbol{b}||\boldsymbol{a}|\sin\angle(\boldsymbol{b},\boldsymbol{a})=|\boldsymbol{b}\times\boldsymbol{a}|=|-(\boldsymbol{b}\times\boldsymbol{a})|$．下说明 $\boldsymbol{a}\times\boldsymbol{b}$ 和 $-(\boldsymbol{b}\times\boldsymbol{a})$ 方向相同．当 $\boldsymbol{a}$、$\boldsymbol{b}$ 共线时，$\boldsymbol{a}\times\boldsymbol{b}=-(\boldsymbol{b}\times\boldsymbol{a})=\boldsymbol{0}$．当 $\boldsymbol{a}$、$\boldsymbol{b}$ 不共线时，因为 $\boldsymbol{a}\times\boldsymbol{b}$ 和 $\boldsymbol{b}\times\boldsymbol{a}$

同时垂直于 $\boldsymbol{a}$ 和 $\boldsymbol{b}$，且 $\boldsymbol{a}\times\boldsymbol{b}$ 按照 $\boldsymbol{a}$、$\boldsymbol{b}$、$\boldsymbol{a}\times\boldsymbol{b}$ 的顺序满足右手系，$\boldsymbol{b}\times\boldsymbol{a}$ 按照 $\boldsymbol{b}$、$\boldsymbol{a}$、$\boldsymbol{b}\times\boldsymbol{a}$ 的顺序满足右手系，即 $\boldsymbol{a}\times\boldsymbol{b}$ 与 $\boldsymbol{b}\times\boldsymbol{a}$ 的方向相反，当然 $\boldsymbol{a}\times\boldsymbol{b}$ 与 $-(\boldsymbol{b}\times\boldsymbol{a})$ 的方向相同.

（2）直接计算 $|(\lambda\boldsymbol{a})\times\boldsymbol{b}| = |\lambda\boldsymbol{a}||\boldsymbol{b}|\sin\angle(\lambda\boldsymbol{a},\boldsymbol{b}) = |\lambda||\boldsymbol{a}||\boldsymbol{b}|\sin\angle(\boldsymbol{a},\boldsymbol{b}) = |\lambda(\boldsymbol{a}\times\boldsymbol{b})|$. 同理 $|\boldsymbol{a}\times(\lambda\boldsymbol{b})| = |\lambda(\boldsymbol{a}\times\boldsymbol{b})|$. 所以 $|(\lambda\boldsymbol{a})\times\boldsymbol{b}| = |\lambda(\boldsymbol{a}\times\boldsymbol{b})| = |\boldsymbol{a}\times(\lambda\boldsymbol{b})|$. 下证它们的方向相同. 若 $\lambda=0$ 或 $\boldsymbol{a}$、$\boldsymbol{b}$ 共线，则 $(\lambda\boldsymbol{a})\times\boldsymbol{b}=\lambda(\boldsymbol{a}\times\boldsymbol{b})=\boldsymbol{a}\times(\lambda\boldsymbol{b})=\boldsymbol{0}$，成立. 若 $\lambda\neq0$，且 $\boldsymbol{a}$、$\boldsymbol{b}$ 不共线：当 $\lambda>0$ 时，$(\lambda\boldsymbol{a})\times\boldsymbol{b}$、$\lambda(\boldsymbol{a}\times\boldsymbol{b})$、$\boldsymbol{a}\times(\lambda\boldsymbol{b})$ 均与 $\boldsymbol{a}\times\boldsymbol{b}$ 方向相同；当 $\lambda<0$ 时，均与 $\boldsymbol{a}\times\boldsymbol{b}$ 方向相反；故它们方向相同.

下面，我们将先给出向量积运算的几何直观，再证明两个重要命题，最后讨论向量积运算的分配律.

设 $\boldsymbol{d}$ 为单位向量且垂直于 $\boldsymbol{d}'$，那么 $\boldsymbol{d}\times\boldsymbol{d}'$ 垂直于 $\boldsymbol{d}$ 和 $\boldsymbol{d}'$ 所在的平面，且刚好等于由 $\boldsymbol{d}'$ 绕着 $\boldsymbol{d}$ 逆时针旋转 90°而得到的向量，如图 1.5.2 所示. 因此有以下命题.

命题 1.5.1 对于向量 $\boldsymbol{a}$、$\boldsymbol{b}$、$\boldsymbol{c}$ 且 $\boldsymbol{a}\neq\boldsymbol{0}$，则

$$\boldsymbol{e}_a\times(\overline{\mathrm{prj}}_a\boldsymbol{b}+\overline{\mathrm{prj}}_a\boldsymbol{c})=\boldsymbol{e}_a\times\overline{\mathrm{prj}}_a\boldsymbol{b}+\boldsymbol{e}_a\times\overline{\mathrm{prj}}_a\boldsymbol{c}\,,$$

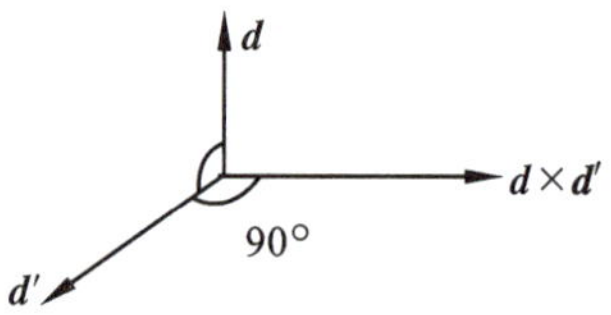

图 1.5.2

其中，$\boldsymbol{e}_a$ 是 $\boldsymbol{a}$ 的单位向量，$\overline{\mathrm{prj}}_a\boldsymbol{b}$ 表示 $\boldsymbol{b}$ 在 $\boldsymbol{a}$ 上的外投影，$\overline{\mathrm{prj}}_a\boldsymbol{c}$ 表示 $\boldsymbol{c}$ 在 $\boldsymbol{a}$ 上的外投影. 外投影的定义见习题 1.4 第 10 题.

证明：由习题 1.4 第 10 题中的（1）知，$\overline{\mathrm{prj}}_a\boldsymbol{b}\perp\boldsymbol{e}_a$，$\overline{\mathrm{prj}}_a\boldsymbol{c}\perp\boldsymbol{e}_a$. 从而 $(\overline{\mathrm{prj}}_a\boldsymbol{b}+\overline{\mathrm{prj}}_a\boldsymbol{c})\perp\boldsymbol{e}_a$. 记 $\overline{\mathrm{prj}}_a\boldsymbol{b}=\boldsymbol{b}'$，$\overline{\mathrm{prj}}_a\boldsymbol{c}=\boldsymbol{c}'$，设 $\boldsymbol{e}_a\times\overline{\mathrm{prj}}_a\boldsymbol{b}=\boldsymbol{b}''$，$\boldsymbol{e}_a\times\overline{\mathrm{prj}}_a\boldsymbol{c}=\boldsymbol{c}''$，利用向量积运算的几何直观，则 $\boldsymbol{b}''$ 和 $\boldsymbol{c}''$ 就是在图 1.5.3 所示的平面上分别由 $\boldsymbol{b}'$ 和 $\boldsymbol{c}'$ 绕着 $\boldsymbol{e}_a$ 逆时针旋转 90°而得到的向量.

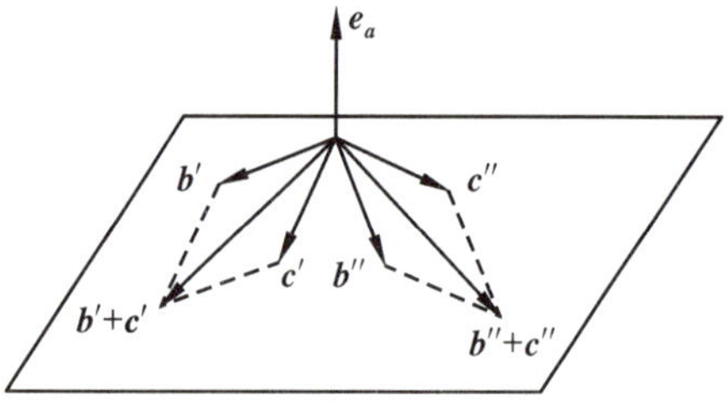

图 1.5.3

于是

$$\boldsymbol{b}'\perp\boldsymbol{b}'',\quad \boldsymbol{c}'\perp\boldsymbol{c}''.$$

进而由立体几何知识得

$$(\boldsymbol{b}''+\boldsymbol{c}'')\perp(\boldsymbol{b}'+\boldsymbol{c}').$$

所以

$$(\boldsymbol{b}''+\boldsymbol{c}'')=\boldsymbol{e}_a\times(\boldsymbol{b}'+\boldsymbol{c}'),$$

即

$$\boldsymbol{e}_a\times\overline{\mathrm{prj}}_a\boldsymbol{b}+\boldsymbol{e}_a\times\overline{\mathrm{prj}}_a\boldsymbol{c}=\boldsymbol{e}_a\times(\overline{\mathrm{prj}}_a\boldsymbol{b}+\overline{\mathrm{prj}}_a\boldsymbol{c}).$$

进一步，可以证明以下命题.

命题 1.5.2 对于向量 $\boldsymbol{a}$、$\boldsymbol{b}$ 且 $\boldsymbol{a}\neq\boldsymbol{0}$，则

$$\boldsymbol{a}\times\boldsymbol{b}=\boldsymbol{a}\times\overline{\mathrm{prj}}_{\boldsymbol{a}}\boldsymbol{b}.$$

证明： 若 $\boldsymbol{a}$ 与 $\boldsymbol{b}$ 共线，那么 $\overline{\mathrm{prj}}_{\boldsymbol{a}}\boldsymbol{b}=\boldsymbol{b}-(\mathrm{prj}_{\boldsymbol{a}}\boldsymbol{b})\boldsymbol{e}_{\boldsymbol{a}}=\boldsymbol{0}$. 由定理 1.5.1，则

$$\boldsymbol{a}\times\boldsymbol{b}=\boldsymbol{0}=\boldsymbol{a}\times\boldsymbol{0}=\boldsymbol{a}\times\overline{\mathrm{prj}}_{\boldsymbol{a}}\boldsymbol{b}.$$

若 $\boldsymbol{a}$ 与 $\boldsymbol{b}$ 不共线，因为 $\overline{\mathrm{prj}}_{\boldsymbol{a}}\boldsymbol{b}\perp\boldsymbol{a}$，所以 $\angle(\boldsymbol{a},\overline{\mathrm{prj}}_{\boldsymbol{a}}\boldsymbol{b})=90°$. 令 $\boldsymbol{b}'=\overline{\mathrm{prj}}_{\boldsymbol{a}}\boldsymbol{b}$，如图 1.5.4 所示，有

$$|\overline{\mathrm{prj}}_{\boldsymbol{a}}\boldsymbol{b}|=|\boldsymbol{b}'|=|\boldsymbol{b}|\sin\angle(\boldsymbol{a},\boldsymbol{b})$$

从而

$$|\boldsymbol{a}\times\boldsymbol{b}|=|\boldsymbol{a}||\boldsymbol{b}|\sin\angle(\boldsymbol{a},\boldsymbol{b})=|\boldsymbol{a}||\overline{\mathrm{prj}}_{\boldsymbol{a}}\boldsymbol{b}|\sin 90°=|\boldsymbol{a}\times\overline{\mathrm{prj}}_{\boldsymbol{a}}\boldsymbol{b}|,$$

又 $\boldsymbol{a}\times\boldsymbol{b}$ 与 $\boldsymbol{a}\times\overline{\mathrm{prj}}_{\boldsymbol{a}}\boldsymbol{b}$ 方向相同，因此 $\boldsymbol{a}\times\boldsymbol{b}=\boldsymbol{a}\times\overline{\mathrm{prj}}_{\boldsymbol{a}}\boldsymbol{b}$.

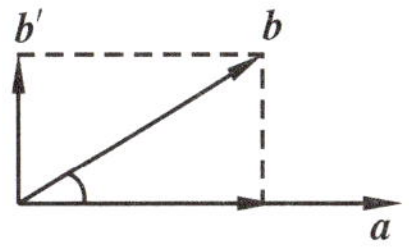

图 1.5.4

现在来探讨向量积运算的分配律.

定理 1.5.4 对于向量 $\boldsymbol{a}$、$\boldsymbol{b}$、$\boldsymbol{c}$，则

$$\boldsymbol{a}\times(\boldsymbol{b}+\boldsymbol{c})=\boldsymbol{a}\times\boldsymbol{b}+\boldsymbol{a}\times\boldsymbol{c}\text{（左分配律）};$$

$$(\boldsymbol{b}+\boldsymbol{c})\times\boldsymbol{a}=\boldsymbol{b}\times\boldsymbol{a}+\boldsymbol{c}\times\boldsymbol{a}\text{（右分配律）}.$$

证明： 若 $\boldsymbol{a}$ 是零向量 $\boldsymbol{0}$，上两式等号左右都等于零向量，所以成立. 以下假设 $\boldsymbol{a}$ 是非零向量，这里先证明第一个等式. 设 $\boldsymbol{e}_{\boldsymbol{a}}$ 是 $\boldsymbol{a}$ 的单位向量，由命题 1.5.2、习题 1.4 第 10 题中的（3）和命题 1.5.1 知

$$\begin{aligned}\boldsymbol{e}_{\boldsymbol{a}}\times(\boldsymbol{b}+\boldsymbol{c})&=\boldsymbol{e}_{\boldsymbol{a}}\times\overline{\mathrm{prj}}_{\boldsymbol{a}}(\boldsymbol{b}+\boldsymbol{c})\\&=\boldsymbol{e}_{\boldsymbol{a}}\times(\overline{\mathrm{prj}}_{\boldsymbol{a}}\boldsymbol{b}+\overline{\mathrm{prj}}_{\boldsymbol{a}}\boldsymbol{c})\\&=\boldsymbol{e}_{\boldsymbol{a}}\times\overline{\mathrm{prj}}_{\boldsymbol{a}}\boldsymbol{b}+\boldsymbol{e}_{\boldsymbol{a}}\times\overline{\mathrm{prj}}_{\boldsymbol{a}}\boldsymbol{c}.\end{aligned}$$

于是

$$\begin{aligned}\boldsymbol{a}\times(\boldsymbol{b}+\boldsymbol{c})&=(|\boldsymbol{a}|\boldsymbol{e}_{\boldsymbol{a}})\times(\boldsymbol{b}+\boldsymbol{c})\\&=|\boldsymbol{a}|[\boldsymbol{e}_{\boldsymbol{a}}\times(\boldsymbol{b}+\boldsymbol{c})]\\&=|\boldsymbol{a}|(\boldsymbol{e}_{\boldsymbol{a}}\times\overline{\mathrm{prj}}_{\boldsymbol{a}}\boldsymbol{b}+\boldsymbol{e}_{\boldsymbol{a}}\times\overline{\mathrm{prj}}_{\boldsymbol{a}}\boldsymbol{c})\\&=\boldsymbol{a}\times\overline{\mathrm{prj}}_{\boldsymbol{a}}\boldsymbol{b}+\boldsymbol{a}\times\overline{\mathrm{prj}}_{\boldsymbol{a}}\boldsymbol{c}\\&=\boldsymbol{a}\times\boldsymbol{b}+\boldsymbol{a}\times\boldsymbol{c}.\end{aligned}$$

对于第二个等式，应用向量积的反对称性和第一个等式即可证明. 如下

$$(\boldsymbol{b}+\boldsymbol{c})\times\boldsymbol{a}=-[\boldsymbol{a}\times(\boldsymbol{b}+\boldsymbol{c})]=-(\boldsymbol{a}\times\boldsymbol{b}+\boldsymbol{a}\times\boldsymbol{c})=\boldsymbol{b}\times\boldsymbol{a}+\boldsymbol{c}\times\boldsymbol{a}.$$

综上讨论知向量的向量积运算也具有双线性性，但值得注意的是向量积的运算不满足交换律. 计算类似以下的式子要特别小心.

$$\begin{aligned}(\boldsymbol{a}+\boldsymbol{b})\times(\boldsymbol{a}+2\boldsymbol{b}) &= \boldsymbol{a}\times\boldsymbol{a}+2(\boldsymbol{a}\times\boldsymbol{b})+\boldsymbol{b}\times\boldsymbol{a}+2(\boldsymbol{b}\times\boldsymbol{b})\\ &= \boldsymbol{0}+2(\boldsymbol{a}\times\boldsymbol{b})+\boldsymbol{b}\times\boldsymbol{a}+\boldsymbol{0}\\ &= 2(\boldsymbol{a}\times\boldsymbol{b})-\boldsymbol{a}\times\boldsymbol{b}=\boldsymbol{a}\times\boldsymbol{b}.\end{aligned} \tag{1.5.1}$$

$$\begin{aligned}(\boldsymbol{a}-\boldsymbol{b})\times(\boldsymbol{a}+\boldsymbol{b}) &= \boldsymbol{a}\times\boldsymbol{a}+\boldsymbol{a}\times\boldsymbol{b}-\boldsymbol{b}\times\boldsymbol{a}-\boldsymbol{b}\times\boldsymbol{b}\\ &= \boldsymbol{0}+\boldsymbol{a}\times\boldsymbol{b}-\boldsymbol{b}\times\boldsymbol{a}-\boldsymbol{0}\\ &= 2(\boldsymbol{a}\times\boldsymbol{b}).\end{aligned} \tag{1.5.2}$$

当向量 $\boldsymbol{a}$ 与 $\boldsymbol{b}$ 不共线时，式（1.5.2）的几何意义是：平行四边面积的两倍等于以它的对角线为边的平行四边形的面积.

最后我们在直角右手坐标系下给出向量的向量积的坐标计算公式. 取直角右手坐标系 $[O;\ \boldsymbol{i}、\boldsymbol{j}、\boldsymbol{k}]$，于是有

定理 1.5.5 设向量 $\boldsymbol{a}$、$\boldsymbol{b}$ 的坐标是 $\{a_1,a_2,a_3\}$、$\{b_1,b_2,b_3\}$，则

$$\boldsymbol{a}\times\boldsymbol{b}=\begin{vmatrix}\boldsymbol{i} & \boldsymbol{j} & \boldsymbol{k}\\ a_1 & a_2 & a_3\\ b_1 & b_2 & b_3\end{vmatrix}.$$

证明： 由条件知

$$\boldsymbol{a}=a_1\boldsymbol{i}+a_2\boldsymbol{j}+a_3\boldsymbol{k},$$

$$\boldsymbol{b}=b_1\boldsymbol{i}+b_2\boldsymbol{j}+b_3\boldsymbol{k}.$$

所以

$$\begin{aligned}\boldsymbol{a}\times\boldsymbol{b} &= (a_1\boldsymbol{i}+a_2\boldsymbol{j}+a_3\boldsymbol{k})\times(b_1\boldsymbol{i}+b_2\boldsymbol{j}+b_3\boldsymbol{k})\\ &= (a_1b_2)(\boldsymbol{i}\times\boldsymbol{j})+(a_1b_3)(\boldsymbol{i}\times\boldsymbol{k})+(a_2b_1)(\boldsymbol{j}\times\boldsymbol{i})+\\ &\quad (a_2b_3)(\boldsymbol{j}\times\boldsymbol{k})+(a_3b_1)(\boldsymbol{k}\times\boldsymbol{i})+(a_3b_2)(\boldsymbol{k}\times\boldsymbol{j}).\end{aligned}$$

因为 $[O;\ \boldsymbol{i}、\boldsymbol{j}、\boldsymbol{k}]$ 是直角右手坐标系，且坐标向量均为单位向量，则

$$\boldsymbol{i}\times\boldsymbol{j}=\boldsymbol{k},\ \boldsymbol{j}\times\boldsymbol{k}=\boldsymbol{i},\ \boldsymbol{k}\times\boldsymbol{i}=\boldsymbol{j}.$$

于是

$$\boldsymbol{i}\times\boldsymbol{k}=-\boldsymbol{j},\ \boldsymbol{j}\times\boldsymbol{i}=-\boldsymbol{k},\ \boldsymbol{k}\times\boldsymbol{j}=-\boldsymbol{i}.$$

从而

$$\begin{aligned}\boldsymbol{a}\times\boldsymbol{b} &= (a_1b_2)\boldsymbol{k}+(a_1b_3)(-\boldsymbol{j})+(a_2b_1)(-\boldsymbol{k})+\\ &\quad (a_2b_3)\boldsymbol{i}+(a_3b_1)\boldsymbol{j}+(a_3b_2)(-\boldsymbol{i})\end{aligned}$$

$$=(a_2b_3-a_3b_2)\boldsymbol{i}-(a_1b_3-a_3b_1)\boldsymbol{j}+(a_1b_2-a_2b_1)\boldsymbol{k}$$
$$=\begin{vmatrix}a_2 & a_3\\ b_2 & b_3\end{vmatrix}\boldsymbol{i}-\begin{vmatrix}a_1 & a_3\\ b_1 & b_3\end{vmatrix}\boldsymbol{j}+\begin{vmatrix}a_1 & a_2\\ b_1 & b_2\end{vmatrix}\boldsymbol{k}.$$

利用 3 阶行列式与 2 阶行列式的关系知定理成立.

例 1.5.1 已知向量 $\boldsymbol{a}$、$\boldsymbol{b}$ 的坐标是$\{2,3,1\}$、$\{5,6,4\}$，求：（1）以 $\boldsymbol{a}$、$\boldsymbol{b}$ 为邻边的平行四边形的面积 S；（2）向量 $\boldsymbol{a}$ 边上的高 h.

解： 计算

$$\boldsymbol{a}\times\boldsymbol{b}=\begin{vmatrix}\boldsymbol{i} & \boldsymbol{j} & \boldsymbol{k}\\ 2 & 3 & 1\\ 5 & 6 & 4\end{vmatrix}=6\boldsymbol{i}-3\boldsymbol{j}-3\boldsymbol{k}.$$

因为平行四边形的面积 $S=|\boldsymbol{a}\times\boldsymbol{b}|$，所以 $S=\sqrt{6^2+(-3)^2+(-3)^2}=3\sqrt{6}$.

又 $|\boldsymbol{a}|=\sqrt{2^2+3^2+1^2}=\sqrt{14}$，于是

$$h=\frac{S}{|\boldsymbol{a}|}=\frac{3\sqrt{21}}{7}.$$

习题 1.5

1. 设 $|\boldsymbol{a}|=1$，$|\boldsymbol{b}|=5$，$\boldsymbol{a}\cdot\boldsymbol{b}=3$，求：（1）$|\boldsymbol{a}\times\boldsymbol{b}|$；（2）$[(\boldsymbol{a}-\boldsymbol{b})\times(\boldsymbol{a}+\boldsymbol{b})]^2$.

2. 在$[O;\ \boldsymbol{i}、\boldsymbol{j}、\boldsymbol{k}]$中，点 A、B、C 的坐标是$(1,\ 1,\ 1)$、$(6,\ -1,\ 2)$、$(5,\ 1,\ 7)$. 求$\triangle ABC$ 的面积 S 和 AB 边上的高 h.

3. 在$[O;\ \boldsymbol{i}、\boldsymbol{j}、\boldsymbol{k}]$中，$\boldsymbol{a}$、$\boldsymbol{b}$、$\boldsymbol{c}$ 的坐标是$\{1,\ 0,\ -1\}$、$\{1,\ -2,\ 0\}$、$\{-1,\ 2,\ 1\}$，求$(3\boldsymbol{a}+\boldsymbol{b}-\boldsymbol{c})\times(\boldsymbol{a}-\boldsymbol{b}+\boldsymbol{c})$.

4. 证明：

（1）$(\boldsymbol{a}\times\boldsymbol{b})^2+(\boldsymbol{a}\cdot\boldsymbol{b})^2=\boldsymbol{a}^2\boldsymbol{b}^2$；

（2）如果 $\boldsymbol{a}\times\boldsymbol{b}=\boldsymbol{c}\times\boldsymbol{d}$，$\boldsymbol{a}\times\boldsymbol{c}=\boldsymbol{b}\times\boldsymbol{d}$，那么 $\boldsymbol{a}-\boldsymbol{d}$ 与 $\boldsymbol{b}-\boldsymbol{c}$ 共线；

（3）如果 $\boldsymbol{a}+\boldsymbol{b}+\boldsymbol{c}=\boldsymbol{0}$，那么 $\boldsymbol{a}\times\boldsymbol{b}=\boldsymbol{b}\times\boldsymbol{c}=\boldsymbol{c}\times\boldsymbol{a}$.

5. 如果 $\boldsymbol{a}\times\boldsymbol{b}=\boldsymbol{b}\times\boldsymbol{c}=\boldsymbol{c}\times\boldsymbol{a}$，我们推不出 $\boldsymbol{a}+\boldsymbol{b}+\boldsymbol{c}=\boldsymbol{0}$，请举例说明理由？但如果 $\boldsymbol{a}\times\boldsymbol{b}=\boldsymbol{b}\times\boldsymbol{c}=\boldsymbol{c}\times\boldsymbol{a}\neq\boldsymbol{0}$，那么 $\boldsymbol{a}+\boldsymbol{b}+\boldsymbol{c}=\boldsymbol{0}$，请证明.

6. 用向量的方法证明：三角形的正弦定理.

7. 判断推断是否正确：若 $\boldsymbol{c}\times\boldsymbol{a}=\boldsymbol{c}\times\boldsymbol{b}$，且 $\boldsymbol{c}\neq\boldsymbol{0}$，则 $\boldsymbol{a}=\boldsymbol{b}$.

习题 1.5 答案

1.6 向量的多重积

在两个向量的数量积和向量积的基础上，本节将讨论三向量的多重积. 对于空间三个向量 $\boldsymbol{a}$、$\boldsymbol{b}$、$\boldsymbol{c}$，如果我们先将其中两个作数量积，再和剩下的向量作数乘. 比如，$\boldsymbol{a}$ 与 $\boldsymbol{b}$ 先作数量积后再与 $\boldsymbol{c}$ 作数乘，得到一个与 $\boldsymbol{c}$ 共线的向量. 运算的过程和结果都是非常清晰的. 因此，没有再深入讨论的必要. 如果不区别于向量的符号，也就是说在三个向量位置的两个间隔中放上“×”或“·”，那么按照排列的顺序，无外乎还有以下几种情况：

① $(\boldsymbol{a}\times\boldsymbol{b})\cdot\boldsymbol{c}$，② $\boldsymbol{a}\times(\boldsymbol{b}\cdot\boldsymbol{c})$，③ $(\boldsymbol{a}\cdot\boldsymbol{b})\times\boldsymbol{c}$，④ $\boldsymbol{a}\cdot(\boldsymbol{b}\times\boldsymbol{c})$，⑤ $(\boldsymbol{a}\times\boldsymbol{b})\times\boldsymbol{c}$，⑥ $\boldsymbol{a}\times(\boldsymbol{b}\times\boldsymbol{c})$.

以上情况②和③会出现向量与数作向量积或数与向量做向量积，这是没有意义的运算. 除它们之外，剩下的情况①和④被称为三向量的**混合积**，而情况⑤和⑥则被称为三向量的**二重向量积**.

1.6.1 混合积

向量的数量积具有对称性，所以 $\boldsymbol{a}\cdot(\boldsymbol{b}\times\boldsymbol{c})=(\boldsymbol{b}\times\boldsymbol{c})\cdot\boldsymbol{a}$. 可见，三向量的混合积就是其中两个向量先作向量积，再与剩下的向量作数量积. 后续定理 1.6.3 会证明 $\boldsymbol{a}\cdot(\boldsymbol{b}\times\boldsymbol{c})=(\boldsymbol{a}\times\boldsymbol{b})\cdot\boldsymbol{c}$. 于是，有

定义 1.6.1 设空间任意三向量为 $\boldsymbol{a}$、$\boldsymbol{b}$、$\boldsymbol{c}$，称 $(\boldsymbol{a}\times\boldsymbol{b})\cdot\boldsymbol{c}$ 是它们的**混合积**，记作 $(\boldsymbol{a},\boldsymbol{b},\boldsymbol{c})$.

混合积中最后的运算是向量的数量积，因此它的结果是一个数量. 这个数量具有明确的几何意义. 这里先给出三不共面向量符合右手系或左手系的概念，它们类似于右手坐标系和左手坐标系. 设空间有次序的三向量 $\boldsymbol{a}$、$\boldsymbol{b}$、$\boldsymbol{c}$ 不共面，将它们的起点归结为同一点，记 $\boldsymbol{a}$、$\boldsymbol{b}$ 决定的平面为 π. 如果 $\boldsymbol{c}$ 与 $\boldsymbol{a}\times\boldsymbol{b}$ 指向平面 π 的同一侧，则称向量 $\boldsymbol{a}$、$\boldsymbol{b}$、$\boldsymbol{c}$ 符合**右手系**，否则称它们符合**左手系**.

定理 1.6.1 设空间三向量 $\boldsymbol{a}$、$\boldsymbol{b}$、$\boldsymbol{c}$ 不共面，将它们的起点归结为同一点，以这三向量为棱的平行六面体的体积等于 $|(\boldsymbol{a},\boldsymbol{b},\boldsymbol{c})|$，即混合积的绝对值.

证明： 若 $\boldsymbol{a}$、$\boldsymbol{b}$、$\boldsymbol{c}$ 构成右手系，如图 1.6.1 所示，平行六面体的底面是以 $\boldsymbol{a}$ 和 $\boldsymbol{b}$ 为邻边的平行四边形，面积 $S=|\boldsymbol{a}\times\boldsymbol{b}|$，底面上的高 $h=|\boldsymbol{c}|\cos\angle(\boldsymbol{a}\times\boldsymbol{b},\boldsymbol{c})$. 因此平行六面体的体积 $V=|\boldsymbol{a}\times\boldsymbol{b}|\,|\boldsymbol{c}|\cos\angle(\boldsymbol{a}\times\boldsymbol{b},\boldsymbol{c})=(\boldsymbol{a}\times\boldsymbol{b})\cdot\boldsymbol{c}=(\boldsymbol{a},\boldsymbol{b},\boldsymbol{c})$.

若 $\boldsymbol{a}$、$\boldsymbol{b}$、$\boldsymbol{c}$ 构成左手系，如图 1.6.2 所示，平行六面体的底面也以 $\boldsymbol{a}$ 和 $\boldsymbol{b}$ 为邻边的平行四边形，面积 $S=|\boldsymbol{a}\times\boldsymbol{b}|$，但此时底面上的高 $h=|\boldsymbol{c}|\cos(\pi-\angle(\boldsymbol{a}\times\boldsymbol{b},\boldsymbol{c}))$. 因此平行六面体的体积 $V=-|\boldsymbol{a}\times\boldsymbol{b}|\,|\boldsymbol{c}|\cos\angle(\boldsymbol{a}\times\boldsymbol{b},\boldsymbol{c})=-[(\boldsymbol{a}\times\boldsymbol{b})\cdot\boldsymbol{c}]=-(\boldsymbol{a},\boldsymbol{b},\boldsymbol{c})$.

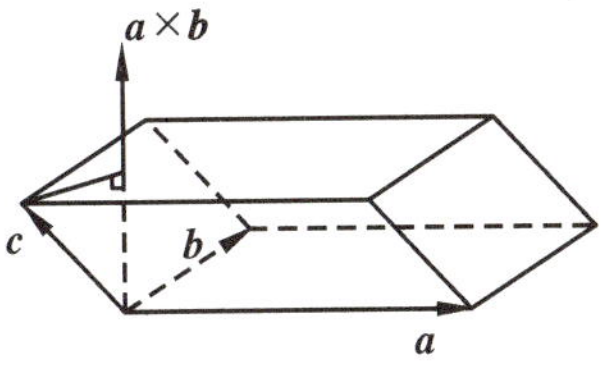

图 1.6.1

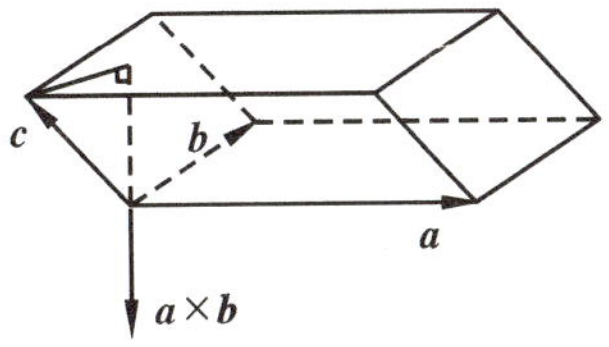

图 1.6.2

综上所述，当 $\boldsymbol{a}$、$\boldsymbol{b}$、$\boldsymbol{c}$ 构成右手系时，$V=(\boldsymbol{a},\boldsymbol{b},\boldsymbol{c})$. 当 $\boldsymbol{a}$、$\boldsymbol{b}$、$\boldsymbol{c}$ 构成左手系时，$V=-(\boldsymbol{a},\boldsymbol{b},\boldsymbol{c})$. 但体积 V 总是正的，所以 $V=|(\boldsymbol{a},\boldsymbol{b},\boldsymbol{c})|$.

上述证明暗示：如果空间三向量 $\boldsymbol{a}$、$\boldsymbol{b}$、$\boldsymbol{c}$ 不共面，那么混合积 $(\boldsymbol{a},\boldsymbol{b},\boldsymbol{c})\neq 0$. 也即说明，如果 $(\boldsymbol{a},\boldsymbol{b},\boldsymbol{c})=0$，那么空间三向量 $\boldsymbol{a}$、$\boldsymbol{b}$、$\boldsymbol{c}$ 必定共面. 反之，如果 $\boldsymbol{a}$、$\boldsymbol{b}$、$\boldsymbol{c}$ 共面，此时 $(\boldsymbol{a}\times\boldsymbol{b})\perp\boldsymbol{c}$，则 $(\boldsymbol{a},\boldsymbol{b},\boldsymbol{c})=0$. 于是有

定理 1.6.2 空间三向量 $\boldsymbol{a}$、$\boldsymbol{b}$、$\boldsymbol{c}$ 共面的充要条件是 $(\boldsymbol{a},\boldsymbol{b},\boldsymbol{c})=0$.

如果三个向量中有两个相同，则它们必定共面. 因此这样的三个向量的混合积等于零，比如 $(\boldsymbol{a},\boldsymbol{b},\boldsymbol{a})=(\boldsymbol{a},\boldsymbol{b},\boldsymbol{b})=0$. 进一步，三向量的混合积还有以下常用的性质.

定理 1.6.3 对于空间三向量 $\boldsymbol{a}$、$\boldsymbol{b}$、$\boldsymbol{c}$，有

（1）（轮换对称性）$(\boldsymbol{a},\boldsymbol{b},\boldsymbol{c})=(\boldsymbol{b},\boldsymbol{c},\boldsymbol{a})=(\boldsymbol{c},\boldsymbol{a},\boldsymbol{b})$；

（2）$(\boldsymbol{a}\times\boldsymbol{b})\cdot\boldsymbol{c}=\boldsymbol{a}\cdot(\boldsymbol{b}\times\boldsymbol{c})$.

证明：（1）若 $\boldsymbol{a}$、$\boldsymbol{b}$、$\boldsymbol{c}$ 不共面，将它们的起点归结为同一点，设以这三向量为棱的平行六面体的体积是 V. 当 $\boldsymbol{a}$、$\boldsymbol{b}$、$\boldsymbol{c}$ 为右手系时，经过一次和两次轮换之后分别得到的 $\boldsymbol{b}$、$\boldsymbol{c}$、$\boldsymbol{a}$ 和 $\boldsymbol{c}$、$\boldsymbol{a}$、$\boldsymbol{b}$ 也是右手系. 此时，$V=(\boldsymbol{a}\times\boldsymbol{b})\cdot\boldsymbol{c}=(\boldsymbol{b}\times\boldsymbol{c})\cdot\boldsymbol{a}=(\boldsymbol{c}\times\boldsymbol{a})\cdot\boldsymbol{b}$. 当 $\boldsymbol{a}$、$\boldsymbol{b}$、$\boldsymbol{c}$ 为左手系时，经过轮换，$\boldsymbol{b}$、$\boldsymbol{c}$、$\boldsymbol{a}$ 和 $\boldsymbol{c}$、$\boldsymbol{a}$、$\boldsymbol{b}$ 也是左手系. 此时有 $V=-(\boldsymbol{a}\times\boldsymbol{b})\cdot\boldsymbol{c}=-(\boldsymbol{b}\times\boldsymbol{c})\cdot\boldsymbol{a}=-(\boldsymbol{c}\times\boldsymbol{a})\cdot\boldsymbol{b}$. 因此总有 $(\boldsymbol{a}\times\boldsymbol{b})\cdot\boldsymbol{c}=(\boldsymbol{b}\times\boldsymbol{c})\cdot\boldsymbol{a}=(\boldsymbol{c}\times\boldsymbol{a})\cdot\boldsymbol{b}$.

若 $\boldsymbol{a}$、$\boldsymbol{b}$、$\boldsymbol{c}$ 共面，由定理 1.6.2，$(\boldsymbol{a},\boldsymbol{b},\boldsymbol{c})=(\boldsymbol{b},\boldsymbol{c},\boldsymbol{a})=(\boldsymbol{c},\boldsymbol{a},\boldsymbol{b})=0$.

（2）因为 $\boldsymbol{a}\cdot(\boldsymbol{b}\times\boldsymbol{c})=(\boldsymbol{b}\times\boldsymbol{c})\cdot\boldsymbol{a}=(\boldsymbol{b},\boldsymbol{c},\boldsymbol{a})$，由（1）得 $(\boldsymbol{a}\times\boldsymbol{b})\cdot\boldsymbol{c}=(\boldsymbol{a},\boldsymbol{b},\boldsymbol{c})=(\boldsymbol{b},\boldsymbol{c},\boldsymbol{a})$，因此

$$(\boldsymbol{a}\times\boldsymbol{b})\cdot\boldsymbol{c}=\boldsymbol{a}\cdot(\boldsymbol{b}\times\boldsymbol{c}).$$

例 1.6.1 设向量 $\boldsymbol{a}$、$\boldsymbol{b}$、$\boldsymbol{c}$ 满足 $\boldsymbol{a}\times\boldsymbol{b}+\boldsymbol{b}\times\boldsymbol{c}+\boldsymbol{c}\times\boldsymbol{a}=\boldsymbol{0}$，证明 $\boldsymbol{a}$、$\boldsymbol{b}$、$\boldsymbol{c}$ 共面.

证明：在等式 $\boldsymbol{a}\times\boldsymbol{b}+\boldsymbol{b}\times\boldsymbol{c}+\boldsymbol{c}\times\boldsymbol{a}=\boldsymbol{0}$ 两边与 $\boldsymbol{c}$ 作数量积得

$$(\boldsymbol{a},\boldsymbol{b},\boldsymbol{c})+(\boldsymbol{b},\boldsymbol{c},\boldsymbol{c})+(\boldsymbol{c},\boldsymbol{a},\boldsymbol{c})=0.$$

从而 $(\boldsymbol{a},\boldsymbol{b},\boldsymbol{c})=0$，即 $\boldsymbol{a}$、$\boldsymbol{b}$、$\boldsymbol{c}$ 共面.

例 1.6.2 设向量 $\boldsymbol{a}$、$\boldsymbol{b}$、$\boldsymbol{c}$ 不共面，求空间任意向量 $\boldsymbol{d}$ 关于 $\boldsymbol{a}$、$\boldsymbol{b}$、$\boldsymbol{c}$ 的分解式.

解：因为向量 $\boldsymbol{a}$、$\boldsymbol{b}$、$\boldsymbol{c}$ 不共面，由定理 1.2.4，所以存在唯一一组实数 x，y，z 使得

$$\boldsymbol{d}=x\boldsymbol{a}+y\boldsymbol{b}+z\boldsymbol{c}.$$

为了求出系数 x，在上式两边先与向量 $\boldsymbol{b}$ 作向量积，再与向量 $\boldsymbol{c}$ 作数量积，有

$$(\boldsymbol{d},\boldsymbol{b},\boldsymbol{c})=x(\boldsymbol{a},\boldsymbol{b},\boldsymbol{c}).$$

又 $\boldsymbol{a}$、$\boldsymbol{b}$、$\boldsymbol{c}$ 不共面，则混合积 $(\boldsymbol{a},\boldsymbol{b},\boldsymbol{c})\neq 0$. 于是，从上式可以解得

$$x=\frac{(\boldsymbol{d},\boldsymbol{b},\boldsymbol{c})}{(\boldsymbol{a},\boldsymbol{b},\boldsymbol{c})}.$$

同理可得

$$y=\frac{(\boldsymbol{a},\boldsymbol{d},\boldsymbol{c})}{(\boldsymbol{a},\boldsymbol{b},\boldsymbol{c})},\quad z=\frac{(\boldsymbol{a},\boldsymbol{b},\boldsymbol{d})}{(\boldsymbol{a},\boldsymbol{b},\boldsymbol{c})}.$$

说明： 以上系数有较便于记忆的规律性. 三个系数的分母都是混合积 $(\boldsymbol{a},\boldsymbol{b},\boldsymbol{c})$，分子是在分母的基础上作改动. 系数 x 的分子只需要将 $(\boldsymbol{a},\boldsymbol{b},\boldsymbol{c})$ 中第一个位置的向量换成 $\boldsymbol{d}$ 即可，而系数 y、z 的分子分别是将 $(\boldsymbol{a},\boldsymbol{b},\boldsymbol{c})$ 中第二、三个位置的向量换成 $\boldsymbol{d}$.

下面将在右手直角坐标系$[O;\ \boldsymbol{i}、\boldsymbol{j}、\boldsymbol{k}]$下给出混合积的坐标计算公式.

定理 1.6.4 向量 $\boldsymbol{a}$、$\boldsymbol{b}$、$\boldsymbol{c}$ 的坐标是$\{a_1,a_2,a_3\}$、$\{b_1,b_2,b_3\}$、$\{c_1,c_2,c_3\}$，则混合积

$$(\boldsymbol{a},\boldsymbol{b},\boldsymbol{c})=\begin{vmatrix}a_1 & a_2 & a_3\\ b_1 & b_2 & b_3\\ c_1 & c_2 & c_3\end{vmatrix}.$$

证明： 由定理 1.5.5 知

$$\boldsymbol{a}\times\boldsymbol{b}=\begin{vmatrix}\boldsymbol{i} & \boldsymbol{j} & \boldsymbol{k}\\ a_1 & a_2 & a_3\\ b_1 & b_2 & b_3\end{vmatrix},$$

即

$$\boldsymbol{a}\times\boldsymbol{b}=\begin{vmatrix}a_2 & a_3\\ b_2 & b_3\end{vmatrix}\boldsymbol{i}-\begin{vmatrix}a_1 & a_3\\ b_1 & b_3\end{vmatrix}\boldsymbol{j}+\begin{vmatrix}a_1 & a_2\\ b_1 & b_2\end{vmatrix}\boldsymbol{k}.$$

又

$$\boldsymbol{c}=c_1\boldsymbol{i}+c_2\boldsymbol{j}+c_3\boldsymbol{k},$$

所以

$$(\boldsymbol{a},\boldsymbol{b},\boldsymbol{c})=(\boldsymbol{a}\times\boldsymbol{b})\cdot\boldsymbol{c}=\begin{vmatrix}a_2 & a_3\\ b_2 & b_3\end{vmatrix}c_1-\begin{vmatrix}a_1 & a_3\\ b_1 & b_3\end{vmatrix}c_2+\begin{vmatrix}a_1 & a_2\\ b_1 & b_2\end{vmatrix}c_3.$$

即

$$(\boldsymbol{a},\boldsymbol{b},\boldsymbol{c})=\begin{vmatrix}c_1 & c_2 & c_3\\ a_1 & a_2 & a_3\\ b_1 & b_2 & b_3\end{vmatrix}.$$

根据行列式的性质（交换行列式的两行其值改变符号），可以把上述行列式的第一行逐次与第二行和第三行交换，从而

$$(\boldsymbol{a},\boldsymbol{b},\boldsymbol{c})=\begin{vmatrix} a_1 & a_2 & a_3 \\ b_1 & b_2 & b_3 \\ c_1 & c_2 & c_3 \end{vmatrix}.$$

例 1.6.3 在右手直角坐标系$[O;\ \boldsymbol{i}、\boldsymbol{j}、\boldsymbol{k}]$下，三点 B、C、D 的坐标分别是(6, 0, 6)、(4, 3, 0)、(2, −1, 3).（1）求以 $\overrightarrow{OB}$、$\overrightarrow{OC}$、$\overrightarrow{OD}$ 为棱的平行六面体的体积 V;（2）求四面体 $OBCD$ 的体积 V'.

解：（1）向量 $\overrightarrow{OB}$、$\overrightarrow{OC}$、$\overrightarrow{OD}$ 的坐标是{6, 0, 6}、{4, 3, 0}、{2, −1, 3}. 从而

$$(\overrightarrow{OB},\overrightarrow{OC},\overrightarrow{OD})=\begin{vmatrix} 6 & 0 & 6 \\ 4 & 3 & 0 \\ 2 & -1 & 3 \end{vmatrix}=-6.$$

所以

$$V=\left|(\overrightarrow{OB},\overrightarrow{OC},\overrightarrow{OD})\right|=6.$$

（2）由立体几何知识，四面体 $OBCD$ 的体积等于上述平行六面体体积的 1/6. 因此

$$V'=\frac{1}{6}V=1.$$

1.6.2 二重向量积

二重向量积的两种情形是：⑤ $(\boldsymbol{a}\times\boldsymbol{b})\times\boldsymbol{c}$，⑥ $\boldsymbol{a}\times(\boldsymbol{b}\times\boldsymbol{c})$. 无论是⑤还是⑥，它们最后都是进行向量积的运算，所以二重向量积的结果是一个向量. 值得注意的是，一般 $(\boldsymbol{a}\times\boldsymbol{b})\times\boldsymbol{c}\neq\boldsymbol{a}\times(\boldsymbol{b}\times\boldsymbol{c})$，详见下文. 由于向量的向量积具有反对称性，因此 $\boldsymbol{a}\times(\boldsymbol{b}\times\boldsymbol{c})=-[(\boldsymbol{b}\times\boldsymbol{c})\times\boldsymbol{a}]$. 这说明情形⑥形式的二重向量积可以转化为情形⑤形式的二重向量积，只不过是运算结果的负向量. 于是，对于三向量 $\boldsymbol{a}$、$\boldsymbol{b}$、$\boldsymbol{c}$，我们将着重讨论 $(\boldsymbol{a}\times\boldsymbol{b})\times\boldsymbol{c}$.

如果 $\boldsymbol{a}$、$\boldsymbol{b}$ 共线，则任意向量必定与 $\boldsymbol{a}$、$\boldsymbol{b}$ 共面，于是 $(\boldsymbol{a}\times\boldsymbol{b})\times\boldsymbol{c}$ 也会与 $\boldsymbol{a}$、$\boldsymbol{b}$ 共面. 如果 $\boldsymbol{a}$、$\boldsymbol{b}$ 不共线，将 $\boldsymbol{a}$、$\boldsymbol{b}$、$\boldsymbol{c}$ 的起点归结为同一点 O，设 $\boldsymbol{a}$、$\boldsymbol{b}$ 决定的平面为π，则 $\boldsymbol{a}\times\boldsymbol{b}$ 垂直于平面π. 根据立体几何的知识可得从 O 出发且垂直于 $\boldsymbol{a}\times\boldsymbol{b}$ 的向量必定在平面π内，从而 $(\boldsymbol{a}\times\boldsymbol{b})\times\boldsymbol{c}$ 与 $\boldsymbol{a}$、$\boldsymbol{b}$ 共面. 因此无论 $\boldsymbol{a}$、$\boldsymbol{b}$ 共线与否，总有 $(\boldsymbol{a}\times\boldsymbol{b})\times\boldsymbol{c}$ 与 $\boldsymbol{a}$、$\boldsymbol{b}$ 共面. 基于这种关系可以发展出二重向量积公式，首先就一种特殊情形作讨论.

命题 1.6.1 设向量 $\boldsymbol{a}$、$\boldsymbol{b}$ 不共线，向量 $\boldsymbol{d}$ 与 $\boldsymbol{a}$、$\boldsymbol{b}$ 共面，那么

$$(\boldsymbol{a}\times\boldsymbol{b})\times\boldsymbol{d}=(\boldsymbol{a}\cdot\boldsymbol{d})\boldsymbol{b}-(\boldsymbol{b}\cdot\boldsymbol{d})\boldsymbol{a}.$$

证明：因为 $(\boldsymbol{a}\times\boldsymbol{b})\times\boldsymbol{d}$ 与 $\boldsymbol{a}$、$\boldsymbol{b}$ 共面且向量 $\boldsymbol{a}$、$\boldsymbol{b}$ 不共线，根据定理 1.2.4，存在唯一一组实数 x，y 使得

$$(\boldsymbol{a}\times\boldsymbol{b})\times\boldsymbol{d}=x\boldsymbol{a}+y\boldsymbol{b}. \tag{1.6.1}$$

又由条件 $\boldsymbol{d}$ 与 $\boldsymbol{a}$、$\boldsymbol{b}$ 共面，从而存在唯一一组实数 x'、y' 使得

$$d = x'a + y'b.$$

所以

$$(a\times b)\times d=(a\times b)\times[(x')a+(y')b)]=(x')[(a\times b)\times a]+(y')[(a\times b)\times b]. \quad (1.6.2)$$

于是联立式（1.6.1）和式（1.6.2）有

$$(x')[(a\times b)\times a]+(y')[(a\times b)\times b]=xa+yb. \quad (1.6.3)$$

在式（1.6.3）两边分别与 a、b 作数量积得

$$(y')(a\times b,b,a)=xa^2+y(a\cdot b), \quad (1.6.4)$$

$$(x')(a\times b,a,b)=x(a\cdot b)+yb^2. \quad (1.6.5)$$

根据混合积的轮换对称性，式（1.6.4）和式（1.6.5）可化为

$$xa^2+y(a\cdot b)=-y'(a\times b)^2,$$

$$x(a\cdot b)+yb^2=x'(a\times b)^2.$$

由习题 1.5 第 4 题中的（1），联立以上两式解得

$$x=-[x'(a\cdot b)+y'(b^2)]=-(x'a+y'b)\cdot b,$$

$$y=x'(a^2)+y'(a\cdot b)=(x'a+y'b)\cdot a.$$

注意到 $d = x'a + y'b$，所以 $x=-(b\cdot d)$，$y=a\cdot d$. 因此定理成立.

命题 1.6.1 中的等式可以推广为一般情形. 对于空间任意向量 a、b、c，我们有如下定理：

定理 1.6.5 对于空间任意三向量 a、b、c，有

$$(a\times b)\times c=(a\cdot c)b-(b\cdot c)a.$$

证明： 如果 a、b 共线，等式左边等于零向量. 不妨设 $b=ka$，又

$$(a\cdot c)b-(b\cdot c)a=(a\cdot c)(ka)-[(ka)\cdot c]a=[k(a\cdot c)]a-[k(a\cdot c)]a=0,$$

则定理成立.

下面假设 a、b 不共线. 根据向量外投影的定义（参见习题 1.4 中的第 10 题）可知

$$c = (\text{prj}_{a\times b}c)e_{a\times b} + \overline{\text{prj}}_{a\times b}c.$$

其中，$(\text{prj}_{a\times b}c)e_{a\times b}$ 为 c 在 $a\times b$ 上的投影向量，与 $a\times b$ 共线；$\overline{\text{prj}}_{a\times b}c$ 为 c 在 $a\times b$ 上的外投影，与 $a\times b$ 垂直，从而也就会与 a、b 共面.

由向量积运算的左分配律、定理 1.5.1 和命题 1.6.1，得

$$(a\times b)\times c=(a\times b)\times[(\text{prj}_{a\times b}c)e_{a\times b}+\overline{\text{prj}}_{a\times b}c]$$

$$
\begin{aligned}
&= (\boldsymbol{a}\times\boldsymbol{b})\times\overline{\mathrm{prj}}_{\boldsymbol{a}\times\boldsymbol{b}}\boldsymbol{c}\\
&= (\boldsymbol{a}\cdot\overline{\mathrm{prj}}_{\boldsymbol{a}\times\boldsymbol{b}}\boldsymbol{c})\boldsymbol{b}-(\boldsymbol{b}\cdot\overline{\mathrm{prj}}_{\boldsymbol{a}\times\boldsymbol{b}}\boldsymbol{c})\boldsymbol{a}\\
&= [\boldsymbol{a}\cdot((\mathrm{prj}_{\boldsymbol{a}\times\boldsymbol{b}}\boldsymbol{c})\boldsymbol{e}_{\boldsymbol{a}\times\boldsymbol{b}}+\overline{\mathrm{prj}}_{\boldsymbol{a}\times\boldsymbol{b}}\boldsymbol{c})]\boldsymbol{b}-[\boldsymbol{b}\cdot((\mathrm{prj}_{\boldsymbol{a}\times\boldsymbol{b}}\boldsymbol{c})\boldsymbol{e}_{\boldsymbol{a}\times\boldsymbol{b}}+\overline{\mathrm{prj}}_{\boldsymbol{a}\times\boldsymbol{b}}\boldsymbol{c})]\boldsymbol{a}\\
&= (\boldsymbol{a}\cdot\boldsymbol{c})\boldsymbol{b}-(\boldsymbol{b}\cdot\boldsymbol{c})\boldsymbol{a}\,.
\end{aligned}
$$

现在考虑 $\boldsymbol{a}\times(\boldsymbol{b}\times\boldsymbol{c})$，有

$$
\begin{aligned}
\boldsymbol{a}\times(\boldsymbol{b}\times\boldsymbol{c}) &= -(\boldsymbol{b}\times\boldsymbol{c})\times\boldsymbol{a}\\
&= -[(\boldsymbol{b}\cdot\boldsymbol{a})\boldsymbol{c}-(\boldsymbol{c}\cdot\boldsymbol{a})\boldsymbol{b}]\\
&= (\boldsymbol{c}\cdot\boldsymbol{a})\boldsymbol{b}-(\boldsymbol{b}\cdot\boldsymbol{a})\boldsymbol{c}\,.
\end{aligned}
$$

以上关于 $(\boldsymbol{a}\times\boldsymbol{b})\times\boldsymbol{c}$ 、$\boldsymbol{a}\times(\boldsymbol{b}\times\boldsymbol{c})$ 的两个等式均称为**二重向量积公式**. 为了便于记忆，有规律可循：三向量的二重向量积等于中间向量与其余两向量数量积的数乘减去括号内另一个向量与其余两向量数量积的数乘.

这里必须指出 $(\boldsymbol{a}\times\boldsymbol{b})\times\boldsymbol{c}\neq\boldsymbol{a}\times(\boldsymbol{b}\times\boldsymbol{c})$，即三向量的二重向量积运算不满足结合律. 例如，设 $\boldsymbol{i}$、$\boldsymbol{j}$、$\boldsymbol{k}$ 相互垂直且均为单位向量并构成右手系，取 $\boldsymbol{a}=\boldsymbol{b}=\boldsymbol{i}$，$\boldsymbol{c}=\boldsymbol{j}$，则

$$
(\boldsymbol{a}\times\boldsymbol{b})\times\boldsymbol{c}=(\boldsymbol{i}\times\boldsymbol{i})\times\boldsymbol{j}=\boldsymbol{0}\times\boldsymbol{j}=\boldsymbol{0}\,,
$$

$$
\boldsymbol{a}\times(\boldsymbol{b}\times\boldsymbol{c})=\boldsymbol{i}\times(\boldsymbol{i}\times\boldsymbol{j})=\boldsymbol{i}\times\boldsymbol{k}=-\boldsymbol{j}\neq\boldsymbol{0}\,.
$$

定理 1.6.6 对于空间任意三向量 $\boldsymbol{a}$、$\boldsymbol{b}$、$\boldsymbol{c}$，证明

（1）拉格朗日恒等式

$$
(\boldsymbol{a}\times\boldsymbol{b})\cdot(\boldsymbol{a}'\times\boldsymbol{b}')=\begin{vmatrix}\boldsymbol{a}\cdot\boldsymbol{a}' & \boldsymbol{a}\cdot\boldsymbol{b}'\\ \boldsymbol{b}\cdot\boldsymbol{a}' & \boldsymbol{b}\cdot\boldsymbol{b}'\end{vmatrix}.
$$

（2）雅可比（Jacobi）恒等式

$$
(\boldsymbol{a}\times\boldsymbol{b})\times\boldsymbol{c}+(\boldsymbol{b}\times\boldsymbol{c})\times\boldsymbol{a}+(\boldsymbol{c}\times\boldsymbol{a})\times\boldsymbol{b}=\boldsymbol{0}\,.
$$

证明：（1）将 $(\boldsymbol{a}\times\boldsymbol{b})$ 当作一个整体，则

$$
\begin{aligned}
(\boldsymbol{a}\times\boldsymbol{b})\cdot(\boldsymbol{a}'\times\boldsymbol{b}') &= (\boldsymbol{a}',\boldsymbol{b}',(\boldsymbol{a}\times\boldsymbol{b}))\\
&= (\boldsymbol{b}',(\boldsymbol{a}\times\boldsymbol{b}),\boldsymbol{a}')=((\boldsymbol{a}\times\boldsymbol{b}),\boldsymbol{a}',\boldsymbol{b}')\\
&= [(\boldsymbol{a}\times\boldsymbol{b})\times\boldsymbol{a}']\cdot\boldsymbol{b}'\\
&= [(\boldsymbol{a}\cdot\boldsymbol{a}')\boldsymbol{b}-(\boldsymbol{b}\cdot\boldsymbol{a}')\boldsymbol{a}]\cdot\boldsymbol{b}'\\
&= (\boldsymbol{a}\cdot\boldsymbol{a}')(\boldsymbol{b}\cdot\boldsymbol{b}')-(\boldsymbol{b}\cdot\boldsymbol{a}')(\boldsymbol{a}\cdot\boldsymbol{b}')\\
&= \begin{vmatrix}\boldsymbol{a}\cdot\boldsymbol{a}' & \boldsymbol{a}\cdot\boldsymbol{b}'\\ \boldsymbol{b}\cdot\boldsymbol{a}' & \boldsymbol{b}\cdot\boldsymbol{b}'\end{vmatrix}.
\end{aligned}
$$

（2）因为

$$
(\boldsymbol{a}\times\boldsymbol{b})\times\boldsymbol{c}=(\boldsymbol{a}\cdot\boldsymbol{c})\boldsymbol{b}-(\boldsymbol{b}\cdot\boldsymbol{c})\boldsymbol{a}\,;
$$

$$(\boldsymbol{b}\times\boldsymbol{c})\times\boldsymbol{a}=(\boldsymbol{b}\cdot\boldsymbol{a})\boldsymbol{c}-(\boldsymbol{c}\cdot\boldsymbol{a})\boldsymbol{b}\ ;$$

$$(\boldsymbol{c}\times\boldsymbol{a})\times\boldsymbol{b}=(\boldsymbol{c}\cdot\boldsymbol{b})\boldsymbol{a}-(\boldsymbol{a}\cdot\boldsymbol{b})\boldsymbol{c}\ .$$

这三式相加得

$$(\boldsymbol{a}\times\boldsymbol{b})\times\boldsymbol{c}+(\boldsymbol{b}\times\boldsymbol{c})\times\boldsymbol{a}+(\boldsymbol{c}\times\boldsymbol{a})\times\boldsymbol{b}=\boldsymbol{0}\ .$$

习题 1.6

1. 已知坐标系$[O;\ \boldsymbol{i}、\boldsymbol{j}、\boldsymbol{k}]$中向量 $\boldsymbol{a}$、$\boldsymbol{b}$、$\boldsymbol{c}$ 的坐标分别如下，判断它们是否共面？

（1）$\{3,\ 4,\ 5\}$、$\{1,\ 2,\ 2\}$、$\{9,\ 14,\ 16\}$；

（2）$\{3,\ 0,\ -1\}$、$\{2,\ -4,\ 3\}$、$\{-1,\ -2,\ 2\}$.

2. 在坐标系$[O;\ \boldsymbol{i}、\boldsymbol{j}、\boldsymbol{k}]$中点 A、B、C、D 的坐标分别如下，判断它们是否共面？

（1）$(1,\ 0,\ 1)$、$(4,\ 4,\ 6)$、$(2,\ 2,\ 3)$、$(10,\ 14,\ 17)$；

（2）$(2,\ 3,\ 1)$、$(4,\ 1,\ -2)$、$(6,\ 3,\ 7)$、$(-5,\ 4,\ 8)$.

3. 在坐标系$[O;\ \boldsymbol{i}、\boldsymbol{j}、\boldsymbol{k}]$中，点 A、B、C、D 的坐标是$(1,\ 0,\ 1)$、$(-1,\ 1,\ 5)$、$(-1,\ -1,\ -3)$、$(0,\ 3,\ 4)$. （1）求以 $\overrightarrow{AB}$、$\overrightarrow{AC}$、$\overrightarrow{AD}$ 为棱的平行六面体的体积 V；（2）求四面体 $ABCD$ 的体积 V'.

4. 证明：

（1）$(\boldsymbol{a},\boldsymbol{b},k\boldsymbol{c})=k(\boldsymbol{a},\boldsymbol{b},\boldsymbol{c})$；

（2）$(\boldsymbol{a},\boldsymbol{b},\boldsymbol{c}_1+\boldsymbol{c}_2)=(\boldsymbol{a},\boldsymbol{b},\boldsymbol{c}_1)+(\boldsymbol{a},\boldsymbol{b},\boldsymbol{c}_2)$；

（3）$(\boldsymbol{a},\boldsymbol{b},\boldsymbol{c}+k\boldsymbol{a}+l\boldsymbol{b})=(\boldsymbol{a},\boldsymbol{b},\boldsymbol{c})$；

（4）$(\boldsymbol{a}+\boldsymbol{b},\boldsymbol{b}+\boldsymbol{c},\boldsymbol{c}+\boldsymbol{a})=2(\boldsymbol{a},\boldsymbol{b},\boldsymbol{c})$.

5. 证明 $[(\boldsymbol{a}\times\boldsymbol{b})\times(\boldsymbol{b}\times\boldsymbol{c})]\cdot(\boldsymbol{c}\times\boldsymbol{a})=(\boldsymbol{a},\boldsymbol{b},\boldsymbol{c})^2$.

6. 证明 $(\boldsymbol{a}\times\boldsymbol{b})\cdot(\boldsymbol{c}\times\boldsymbol{d})+(\boldsymbol{b}\times\boldsymbol{c})\cdot(\boldsymbol{a}\times\boldsymbol{d})+(\boldsymbol{c}\times\boldsymbol{a})\cdot(\boldsymbol{b}\times\boldsymbol{d})=0$.

7. 设 $\boldsymbol{a}$ 是非零向量，$\boldsymbol{b}$ 和 $\boldsymbol{a}$ 垂直，已知向量 $\boldsymbol{c}$ 满足

$$\boldsymbol{a}\cdot\boldsymbol{c}=k\ ,\quad \boldsymbol{a}\times\boldsymbol{c}=\boldsymbol{b}\ ,$$

证明：$\boldsymbol{c}=\dfrac{k\boldsymbol{a}-\boldsymbol{a}\times\boldsymbol{b}}{|\boldsymbol{a}|^2}$.

8. 设向量 $\boldsymbol{a}$ 和 $\boldsymbol{b}$ 不垂直，$\boldsymbol{c}$ 和 $\boldsymbol{b}$ 垂直，已知向量 $\boldsymbol{d}$ 满足

$$\boldsymbol{a}\cdot\boldsymbol{d}=k\ ,\quad \boldsymbol{b}\times\boldsymbol{d}=\boldsymbol{c}\ ,$$

试求向量 $\boldsymbol{d}$.

习题 1.6 答案

小　结

解析几何是几何学的重要分支之一，它用代数方法来研究几何问题. 在数学史上，解析几何的建立第一次实现了代数与几何的结合. 点作为几何学的基本研究对象，如何将其代数化是将代数方法引入到几何学中的关键. 本章系统地介绍了向量代数的基本知识，它们也是将点代数化的理论基础. 可见，向量的重要性不言而喻.

除此之外，有了向量后，许多几何问题的解决也将会显得更为简单. 解析几何中的向量用有向线段表示，有很强的几何直观. 在高等代数中，向量的概念是抽象的. 它是指某非空集合中的元素，该集合中定义了加法和数乘两种运算且满足定理 1.1.1 和定理 1.1.2 中总共 8 条规律.

向量的运算是解决一些实际问题的有效手段，包括线性运算和非线性运算. 其中，线性运算有向量的加法和数乘，非线性运算有数量积、向量积、混合积和二重向量积等. 对于线性运算，可以用来解决三点共线、四点共面以及三线是否共点等问题，它们均与向量的长度和夹角无关. 为了完善相关问题的讨论，引入了数量积，运算的结果是一个数量，可以用来表示向量的长度和夹角. 设有空间非零向量 $\boldsymbol{a}$、$\boldsymbol{b}$，则

$$|\boldsymbol{a}| = \sqrt{\boldsymbol{a}\cdot\boldsymbol{a}}\ ,\quad \cos\angle(\boldsymbol{a},\boldsymbol{b}) = \frac{\boldsymbol{a}\cdot\boldsymbol{b}}{|\boldsymbol{a}||\boldsymbol{b}|}.$$

向量积源于力学中力矩的概念，与数量积有着本质的区别，运算的结果不再是数量，而是一个新的向量. 最后两种运算中，值得一提的是混合积的几何意义. 如果三向量不共面，那么它们混合积的绝对值恰好是以这三个向量为邻边的平行六面体的体积. 最后关于二重向量积作一点说明. 二重向量积公式为

$$(\boldsymbol{a}\times\boldsymbol{b})\times\boldsymbol{c} = (\boldsymbol{a}\cdot\boldsymbol{c})\boldsymbol{b} - (\boldsymbol{b}\cdot\boldsymbol{c})\boldsymbol{a}\ .$$

在上式两边与向量 $\boldsymbol{d}$ 再作向量积，于是有四个向量的三重向量可以用两个向量积来表示. 如果考虑五个向量的四重向量积，则它们可以写成两个二重向量积的组合. 结合二重向量积公式，此时四重向量积形式上与二重向量积公式一样. 这就意味着二重向量积是最基本的，三重及上的向量积总可以利用其进行转化.

由向量空间的线性结构可以建立标架，这样向量与一个三元有序数组一一对应，即向量拥有了坐标. 如果把空间所有向量的起点移动到某固定点，那么向量与点一一对应. 因此，向量空间中的标架可以发展为几何空间中的坐标系. 设点 O 是一定点，$\boldsymbol{e}_1$、$\boldsymbol{e}_2$、$\boldsymbol{e}_3$ 是不共面有序的三向量，仿射标架和仿射坐标系均表示为[O；$\boldsymbol{e}_1$、$\boldsymbol{e}_2$、$\boldsymbol{e}_3$]，其中 $\boldsymbol{e}_1$、$\boldsymbol{e}_2$、$\boldsymbol{e}_3$ 叫作坐标向量. 坐标向量互相垂直的标架（坐标系）称为直角标架（坐标系）. 前两节内容是坐标系建立的基础，本质上是点代数化的过程.

第三节建立坐标系后，向量的运算都有相关坐标计算公式，但要注意区分所用的坐标系. 线性运算的坐标公式是在仿射坐标系下推导的，而非线性运算的坐标公式是在直角右手坐标系下得到的. 所以我们称共线、共面、共点、相交，甚至是定比分点等方面为仿射性质问题，与长度和角度有关方面称为度量问题.

之所以要选取不同的坐标系，是因为它们对运算的结果有很大的影响. 设$[O;\ \boldsymbol{e}_1、\boldsymbol{e}_2、\boldsymbol{e}_3]$是几何空间中的仿射坐标系，而$[O;\ \boldsymbol{i}、\boldsymbol{j}、\boldsymbol{k}]$是直角坐标系，其中坐标向量$\boldsymbol{i}、\boldsymbol{j}、\boldsymbol{k}$均为单位向量. 下面将以向量的数量积运算为例进行说明. 设向量$\boldsymbol{a}、\boldsymbol{b}$在$[O;\ \boldsymbol{i}、\boldsymbol{j}、\boldsymbol{k}]$下的坐标是$\{a_1,a_2,a_3\}$、$\{b_1,b_2,b_3\}$，则

$$\boldsymbol{a}=a_1\boldsymbol{i}+a_2\boldsymbol{j}+a_3\boldsymbol{k},$$

$$\boldsymbol{b}=b_1\boldsymbol{i}+b_2\boldsymbol{j}+b_3\boldsymbol{k}.$$

又$|\boldsymbol{i}|=|\boldsymbol{j}|=|\boldsymbol{k}|=1$，$\boldsymbol{i}\cdot\boldsymbol{j}=\boldsymbol{i}\cdot\boldsymbol{k}=\boldsymbol{j}\cdot\boldsymbol{k}=0$，从而

$$\begin{aligned}\boldsymbol{a}\cdot\boldsymbol{b}&=a_1b_1\boldsymbol{i}\cdot\boldsymbol{i}+a_1b_2\boldsymbol{i}\cdot\boldsymbol{j}+a_1b_3\boldsymbol{i}\cdot\boldsymbol{k}+\\&\quad a_2b_1\boldsymbol{j}\cdot\boldsymbol{i}+a_2b_2\boldsymbol{j}\cdot\boldsymbol{j}+a_2b_3\boldsymbol{j}\cdot\boldsymbol{k}+\\&\quad a_3b_1\boldsymbol{k}\cdot\boldsymbol{i}+a_3b_2\boldsymbol{k}\cdot\boldsymbol{j}+a_3b_3\boldsymbol{k}\cdot\boldsymbol{k}\\&=a_1b_1|\boldsymbol{i}|^2+a_2b_2|\boldsymbol{j}|^2+a_3b_3|\boldsymbol{k}|^2\\&=a_1b_1+a_2b_2+a_3b_3.\end{aligned}$$

上述公式非常简洁，这恰恰就是中学所说的两个向量的数量积等于它们对应坐标的乘积和，因为中学所学习的都是直角坐标系.

设向量$\boldsymbol{a}、\boldsymbol{b}$在$[O;\ \boldsymbol{e}_1、\boldsymbol{e}_2、\boldsymbol{e}_3]$下的坐标是$\{a_1',a_2',a_3'\}$、$\{b_1',b_2',b_3'\}$，则

$$\boldsymbol{a}=a_1'\boldsymbol{e}_1+a_2'\boldsymbol{e}_2+a_3'\boldsymbol{e}_3,$$

$$\boldsymbol{b}=b_1'\boldsymbol{e}_1+b_2'\boldsymbol{e}_2+b_3'\boldsymbol{e}_3.$$

那么由数量积的双线性性得

$$\begin{aligned}\boldsymbol{a}\cdot\boldsymbol{b}&=a_1'b_1'\boldsymbol{e}_1\cdot\boldsymbol{e}_1+a_1'b_2'\boldsymbol{e}_1\cdot\boldsymbol{e}_2+a_1'b_3'\boldsymbol{e}_1\cdot\boldsymbol{e}_3+\\&\quad a_2'b_1'\boldsymbol{e}_2\cdot\boldsymbol{e}_1+a_2'b_2'\boldsymbol{e}_2\cdot\boldsymbol{e}_2+a_2'b_3'\boldsymbol{e}_2\cdot\boldsymbol{e}_3+\\&\quad a_3'b_1'\boldsymbol{e}_3\cdot\boldsymbol{e}_1+a_3'b_2'\boldsymbol{e}_3\cdot\boldsymbol{e}_2+a_3'b_3'\boldsymbol{e}_3\cdot\boldsymbol{e}_3\\&=a_1'b_1'\boldsymbol{e}_1^{\,2}+a_2'b_2'\boldsymbol{e}_2^{\,2}+a_3'b_3'\boldsymbol{e}_3^{\,2}+(a_1'b_2'+a_1'b_2')\boldsymbol{e}_1\cdot\boldsymbol{e}_2+\\&\quad(a_1'b_3'+a_3'b_1')\boldsymbol{e}_1\cdot\boldsymbol{e}_3+(a_2'b_3'+a_3'b_2')\boldsymbol{e}_2\cdot\boldsymbol{e}_3.\end{aligned}$$

但因为仿射坐标系不一定有$|\boldsymbol{e}_1|=|\boldsymbol{e}_2|=|\boldsymbol{e}_3|=1$，$\boldsymbol{e}_1\cdot\boldsymbol{e}_2=\boldsymbol{e}_1\cdot\boldsymbol{e}_3=\boldsymbol{e}_2\cdot\boldsymbol{e}_3=0$，所以上式无法再做进一步化简. 可见，仿射坐标系下，数量积的坐标公式与坐标向量的数量积有关. 在微分几何中，称说上述坐标向量的数量积为空间的度量系数.

类似地，在仿射坐标系下也可以得到向量积相应的坐标运算公式，它们远不如直角坐标系下的简单，这里提醒读者特别注意.

第 2 章

平面与空间直线

平面和空间直线是空间解析几何中的基本图形，占据着重要地位．本章将就它们的方程及相关几何特征进行说明．与中学相比较，我们增加了仿射坐标系下的讨论，更具一般性．在取定空间仿射坐标系之后，点与一个三元有序数组一一对应，从而就拥有了坐标．如果点在平面或者空间直线上，那么它们的坐标应该要满足某种关系（三元一次方程或方程组）．从而关于平面或直线的几何问题，便可以转化为关于三元一次方程或方程组的代数问题．

与第 1 章内容结构上类似，关于相交、共线和共面等仿射性质方面的讨论，均在仿射坐标系下进行；而关于距离、夹角和垂直等度量问题，均在直角坐标系下考虑．

2.1 平面方程

立体几何告诉我们，两条相交直线或不在同一直线上三点可以决定唯一的平面. 这两个决定平面的情况可以归结为：一个点和两个不共线的向量决定唯一的平面. 下面将首先在仿射坐标系下建立平面方程.

2.1.1 仿射坐标系下平面方程

取定仿射坐标系$[O;\ \boldsymbol{e}_1、\boldsymbol{e}_2、\boldsymbol{e}_3]$，设点$M_0$的坐标是$(x_0,y_0,z_0)$，两个不共线向量 $\boldsymbol{v}_1$、$\boldsymbol{v}_2$的坐标是$\{a_1,a_2,a_3\}$、$\{b_1,b_2,b_3\}$，由M_0和 $\boldsymbol{v}_1$、$\boldsymbol{v}_2$确定的平面记作π. 空间任意点 M 在平面π上当且仅当向量$\overrightarrow{M_0M}$在平面π上. 将$\boldsymbol{v}_1$、$\boldsymbol{v}_2$的起点归结为点M_0，则向量$\overrightarrow{M_0M}$在π上当且仅当向量$\overrightarrow{M_0M}$、$\boldsymbol{v}_1$、$\boldsymbol{v}_2$共面. 如果空间点M的坐标是(x,y,z)，根据定理 1.2.3，那么点$M\in\pi\Leftrightarrow$存在一组实数λ，μ使得

$$\overrightarrow{M_0M}=\lambda\boldsymbol{v}_1+\mu\boldsymbol{v}_2\text{（称为平面的向量式参数方程）},$$

即

$$\begin{cases}x=x_0+\lambda a_1+\mu b_1\\ y=y_0+\lambda a_2+\mu b_2,\quad(\lambda,\mu\in\mathbf{R}).\\ z=z_0+\lambda a_3+\mu b_3\end{cases}$$

上式叫作**平面的坐标式参数方程**.

在实际过程中，平面的向量式（坐标式）参数方程应用得并不多. 由定理 1.3.5，向量

$$\overrightarrow{M_0M}、\boldsymbol{v}_1、\boldsymbol{v}_2\text{共面}\Leftrightarrow\begin{vmatrix}x-x_0 & y-y_0 & z-z_0\\ a_1 & a_2 & a_3\\ b_1 & b_2 & b_3\end{vmatrix}=0,$$

称其为**平面的点向量式方程**.

平面的点向量式方程化简：

$$(x-x_0)\begin{vmatrix}a_2 & a_3\\ b_2 & b_3\end{vmatrix}-(y-y_0)\begin{vmatrix}a_1 & a_3\\ b_1 & b_3\end{vmatrix}+(z-z_0)\begin{vmatrix}a_1 & a_2\\ b_1 & b_2\end{vmatrix}=0,$$

即 $Ax+By+Cz+D=0$，其中

$$A=\begin{vmatrix}a_2 & a_3\\ b_2 & b_3\end{vmatrix},\ B=-\begin{vmatrix}a_1 & a_3\\ b_1 & b_3\end{vmatrix},\ C=\begin{vmatrix}a_1 & a_2\\ b_1 & b_2\end{vmatrix},\ D=-(Ax_0+By_0+Cz_0),\qquad(2.1.1)$$

且A、B、C不全为零（因为$\boldsymbol{v}_1$、$\boldsymbol{v}_2$是不共线向量，该论断见习题 1.3 中的第 8 题）.

说明：这里的 $Ax+By+Cz+D=0$ 是一个关于 x、y、z 的三元一次方程且系数 A、B、C 不全为零. 进一步，它还具有一定的特殊性，因为 A、B、C、D 要满足式（2.1.1）.

反过来，任给三元一次方程 $Ax+By+Cz+D=0$ 且 A、B、C 不全为零，如果可以将 A、B、C、D 转化为满足以上（2.1.1）式的情形，那么意味着：空间平面与方程 $Ax+By+Cz+D=0$（A、B、C 不全为零）一一对应. 事实上，因为 A、B、C 不全为零，不妨设 $A\neq 0$，取

$$a_1=-B,\ a_2=1,\ a_3=0;$$

$$b_1=-C,\ b_2=0,\ b_3=1;$$

$$x_0=-\frac{D}{A},\ y_0=z_0=0.$$

恰好 A、B、C、D 满足

$$A=\begin{vmatrix}a_2 & a_3\\ b_2 & b_3\end{vmatrix},\ B=-\begin{vmatrix}a_1 & a_3\\ b_1 & b_3\end{vmatrix},\ C=\begin{vmatrix}a_1 & a_2\\ b_1 & b_2\end{vmatrix},\ D=-(Ax_0+By_0+Cz_0).$$

因此，我们有

定义 2.1.1 在仿射坐标系$[O;\ \boldsymbol{e}_1、\boldsymbol{e}_2、\boldsymbol{e}_3]$下，把关于 x、y、z 的三元一次方程 $Ax+By+Cz+D=0$（A、B、C 不全为零）叫作**平面的一般方程**.

平面的一般方程非常重要，也较为常用. 今后在作假设时，默认 A、B、C 不全为零，所以不需要再单独书写强调. 明显的，平面的一般方程中含有四个参数 A、B、C、D，但是在应用时，不必将它们一一求出，只得到彼此之间的比例关系即可.

例 2.1.1 在仿射坐标系下，设平面与三个坐标轴的交点是 P_1、P_2、P_3，对应的坐标为$(a,0,0)$、$(0,b,0)$、$(0,0,c)$. 如果 $abc\neq 0$，求平面方程.

解：设平面方程为

$$Ax+By+Cz+D=0.$$

把点 P_1、P_2、P_3 的坐标代入得

$$A=-\frac{D}{a},\quad B=-\frac{D}{b},\quad C=-\frac{D}{c}.$$

显然 $D\neq 0$. 不然 A、B、C 全为零，矛盾. 将上述等式代入平面的一般方程中，再约去公因子 D 即得所求平面方程为

$$\frac{x}{a}+\frac{y}{b}+\frac{z}{c}=1.$$

我们将利用平面的一般方程来探究其在空间的一些简单的几何特征，包括平面与向量、平面与坐标轴和平面与坐标面的位置关系（它们由平面一般方程的系数所决定）.

定理 2.1.1 在仿射坐标系下，设平面π的方程为

$$Ax+By+Cz+D=0,$$

向量 $\boldsymbol{r}$ 的坐标是$\{a,b,c\}$，则 $\boldsymbol{r}$ 平行于平面π或在平面π上的充要条件是

$$Aa+Bb+Cc=0.$$

证明： 取平面π上的定点 M_0，设坐标为(x_0,y_0,z_0)，则

$$Ax_0+By_0+Cz_0+D=0.$$

又设$(x_0+a,\ y_0+b,\ z_0+c)$为点 M 的坐标，所以 $\boldsymbol{r}=\overrightarrow{M_0M}$. 于是 $\boldsymbol{r}$ 平行于平面π或在平面π上 $\Leftrightarrow$ 点 M 在平面π上 $\Leftrightarrow$ $A(x_0+a)+B(y_0+b)+C(z_0+c)+D=0$，
即

$$Aa+Bb+Cc=0.$$

进一步讨论，因为原点 O 的坐标是$(0,0,0)$，则平面π经过原点 $\Leftrightarrow$ $D=0$. 又坐标向量 $\boldsymbol{e}_1$、$\boldsymbol{e}_2$、$\boldsymbol{e}_3$ 的坐标分别是$\{1,0,0\}$、$\{0,1,0\}$、$\{0,0,1\}$，由定理 2.1.1，可得

（1）π平行于 x 轴 $\Leftrightarrow$ $\boldsymbol{e}_1$ 平行于π且点 O 不在π上 $\Leftrightarrow$ $A=0,\ D\neq 0$；

（2）π平行于 y 轴 $\Leftrightarrow$ $\boldsymbol{e}_2$ 平行于π且点 O 不在π上 $\Leftrightarrow$ $B=0,\ D\neq 0$；

（3）π平行于 z 轴 $\Leftrightarrow$ $\boldsymbol{e}_3$ 平行于π且点 O 不在π上 $\Leftrightarrow$ $C=0,\ D\neq 0$.

特别地，

（1）π经过 x 轴 $\Leftrightarrow$ $\boldsymbol{e}_1$ 和点 O 均在π上 $\Leftrightarrow$ $A=D=0$；

（2）π经过 y 轴 $\Leftrightarrow$ $\boldsymbol{e}_2$ 和点 O 均在π上 $\Leftrightarrow$ $B=D=0$；

（3）π经过 z 轴 $\Leftrightarrow$ $\boldsymbol{e}_3$ 和点 O 均在π上 $\Leftrightarrow$ $C=D=0$.

例 2.1.2 在仿射坐标系下，平面经过 z 轴且其上点 P 的坐标为$(3,\ 1,\ -2)$，求该平面方程.

解： 由条件，设平面的一般方程为

$$Ax+By=0. \tag{2.1.2}$$

又点 P 在其上，将坐标代入上述方程得

$$B=-3A. \tag{2.1.3}$$

把式（2.1.3）代入式（2.1.2），约去公因子 A 得所求平面方程为

$$x-3y=0.$$

可以看出平面的一般方程有其便利性，特别是在满足上述简单几何特征的情况下，但未必是最方便的，有些时候可以结合平面的其他类型的方程.

例 2.1.3 在仿射坐标系下，已知平面上三不共线点 P_1、P_2、P_3 的坐标分别为(x_1,y_1,z_1)、(x_2,y_2,z_2)、(x_3,y_3,z_3)，求其方程.

解： 由条件可知平面上两不共线向量 $\boldsymbol{v}_1=\overrightarrow{P_1P_2}$、$\boldsymbol{v}_2=\overrightarrow{P_1P_3}$ 坐标为

$$\{x_2-x_1,y_2-y_1,z_2-z_1\}、\{x_3\text{-}x_1,y_3-y_1,z_3-z_1\}.$$

设平面上任一点 P 的坐标为(x,y,z)，则 $\overrightarrow{P_1P}$ 坐标是$\{x-x_1,\ y-y_1,\ z-z_1\}$. 利用平面的点

向量式方程得所求平面方程为

$$\begin{vmatrix} x-x_1 & y-y_1 & z-z_1 \\ x_2-x_1 & y_2-y_1 & z_2-z_1 \\ x_3-x_1 & y_3-y_1 & z_3-z_1 \end{vmatrix}=0.$$

我们称其为**平面的三点式方程**.

2.1.2 直角坐标系下平面方程

如果仿射坐标系中的坐标向量相互垂直，则称其为直角坐标系. 在整个 2.1.1 节中并没有对坐标向量有任何限制，可见在仿射坐标系下关于平面的讨论与在直角坐标系下完全相同. 因此，在直角坐标系下平面也有向量式参数方程、坐标式参数方程、点向量式方程、一般方程和三点式方程，而且形式上是一样的. 除此之外，直角坐标系下有其特殊性和便利性.

因为过一点与已知直线垂直的平面有且只有一个，所以空间一定点和一个非零向量可以唯一地决定一张平面. 我们把垂直于平面的非零向量称为该**平面的法向量**. 法向量虽然不唯一，但彼此相互平行. 取直角坐标系$[O;\boldsymbol{i}、\boldsymbol{j}、\boldsymbol{k}]$，设平面$\pi$上定点$M_0$的坐标是$(x_0,y_0,z_0)$，一个法向量$\boldsymbol{n}$的坐标是$\{A,B,C\}$，空间任意点$M$的坐标是$(x,y,z)$. 于是，

$$M\in\pi\Leftrightarrow\overrightarrow{M_0M}\perp\boldsymbol{n}\Leftrightarrow\overrightarrow{M_0M}\cdot\boldsymbol{n}=0\Leftrightarrow A(x-x_0)+B(y-y_0)+C(z-z_0)=0,$$

称其为**平面的点法式方程**.

化简平面的点法式方程可以得到

$$Ax+By+Cz+D=0$$

其中，$D=-(Ax_0+By_0+Cz_0)$，这正是平面的一般方程. 不过此时，一般方程中一次项的系数A、B、C有很直观的几何意义，它们恰好是法向量$\boldsymbol{n}$的坐标.

说明：（1）点法式方程是直角坐标系下所特有的平面方程，因为在整个推导过程中使用了向量的数量积在直角坐标系下的计算公式.

（2）仿射坐标系下平面的一般方程中一次项的系数没有以上那么好的几何意义，即它们未必会是法向量的坐标.

例 2.1.4 在直角坐标系下，设平面的一般方程是$x-2y+3z+1=0$，如果某垂直于该平面的向量的起点P_1的坐标是$(2,9,-6)$，终点P_2的坐标是$(4,b,c)$，求未知量b和c.

解： 向量$\overrightarrow{P_1P_2}$的坐标为$\{2,b-9,c+6\}$，平面的一个法向量$\boldsymbol{n}$的坐标为$\{1,-2,3\}$. 由条件知$\overrightarrow{P_1P_2}/\!/\boldsymbol{n}$，则

$$\frac{2}{1}=\frac{b-9}{-2}=\frac{c+6}{3}.$$

因此$b=5,\ c=0$.

在直角坐标系下，应用平面的点法式方程往往比一般方程要更为简洁和方便，计算量

也相对较小.

例 2.1.5 在直角坐标系下，设点 P_1、P_2 的坐标分别为(1, －2, 3)、(3, 0, －1)，求线段 P_1P_2 的垂直平分面方程.

解: 垂直平分面经过线段 P_1P_2 的中点，坐标为(2, －1, 1)，又其一个法向量为 $\boldsymbol{n}=\overrightarrow{P_1P_2}$，坐标是{2, 2, －4}. 于是，该垂直平面的点法式方程为

$$2(x-2)+2(y+1)-4(z-1)=0 .$$

化简整理，即

$$x+y-2z+1=0 .$$

习题 2.1

1. 在仿射坐标系下点 A、B 的坐标是(3，10，－5)、(0，12，c)，已知向量平行于平面 $7x+4y-z-1=0$，求未知量 c.

2. 在仿射坐标系下求平面的一般方程.

（1）设点 P_1、P_2 的坐标为(2，－1，1)、(3，1，1)，平面经过 P_1、P_2 且平行于 x 轴；

（2）设点 P_0 的坐标为(3，1，－2)，平面经过点 P_0 和 z 轴；

（3）设点 P_1、P_2、P_3 的坐标为(－1，2，0)、(－2，－1，4)、(3，1，－5)，平面经过点 P_1、P_2、P_3；

（4）设点 P 的坐标为(1，1，1)，向量 $\boldsymbol{u}_1$、$\boldsymbol{u}_2$ 的坐标为{1，0，－1}、{0，3，－4}，平面经过点 P 且平行于 $\boldsymbol{u}_1$ 和 $\boldsymbol{u}_2$.

3. 在仿射坐标系中，设点 P_0 的坐标是(1，－2，0)，平面 π_1 的方程是 $2x-y+z-3=0$，平面 π_2 的方程是 $x+2y-z+1=0$. 求由点 P_0 与 π_1 和 π_2 的交线所确定的平面方程.

4. 在直角坐标系下求平面的一般方程.

（1）与平面 $5x+y-2z+3=0$ 垂直且通过 y 轴的平面；

（2）设点 P_1、P_2 的坐标为(3，－5，1)、(4，1，2)，平面经过点 P_1、P_2 且垂直于 $x-8y+3z-1=0$ 的平面；

（3）设点 P_1、P_2 的坐标为(3，－1，2)、(4，－2，－1)，设线段 P_1P_2 的两个三等分点分别是 P、Q，垂直于 $\overrightarrow{P_1P_2}$ 且分别过 P、Q 的两个平面.

5. 在直角坐标系下，设点 M_0 的坐标为(1，－1，1)，平面 π_1 的方程是 $x-y+z-1=0$，平面 π_2 的方程是 $2x+y+z+1=0$. 求过点 M_0 且同时垂直于 π_1 和 π_2 的平面方程.

习题 2.1 答案

2.2 平面的几何特征

在仿射坐标系下，任何平面都可以建立一般方程. 它是关于 x、y、z 的一个三元一次方程，其系数揭示了平面的简单几何特征. 本节将探讨平面更为复杂的几何特征.

2.2.1 平面划分空间问题

任意一张平面都会将空间分成两个部分，每个部分是由位于该平面同一侧的点构成的集合. 取定仿射坐标系$[O;\ \boldsymbol{e}_1、\boldsymbol{e}_2、\boldsymbol{e}_3]$，设空间任一点 P 的坐标是(x,y,z)，平面π的一般方程是

$$Ax+By+Cz+D=0.$$

下面将说明集合

$$\{P \mid P\text{的坐标满足}Ax+By+Cz+D>0\}$$

和

$$\{P \mid P\text{的坐标满足}Ax+By+Cz+D<0\}$$

分别对应平面π所划分空间的两个部分.

对于点 P，规定法则 f 使得 $f(P)=Ax+By+Cz+D$，则 f 是从空间到实数集的一个映射. 我们有，点 $P\in\pi\Leftrightarrow f(P)=0$. 如果设空间任意两点 P_1 和 P_2 的坐标是(x_1, y_1, z_1)、(x_2, y_2, z_2)，还可以证明

定理 2.2.1 $\overrightarrow{P_1P_2}$ 平行于平面π或在平面π上的充要条件是 $f(P_1)=f(P_2)$.

证明： $\overrightarrow{P_1P_2}$ 的坐标是$\{x_2-x_1,\ y_2-y_1,\ z_2-z_1\}$，由定理 2.1.1 知，$\overrightarrow{P_1P_2}$ 平行于平面π或在平面π上当且仅当

$$A(x_2-x_1)+B(y_2-y_1)+C(z_2-z_1)=0.$$

上式等价于

$$Ax_1+By_1+Cz_1+D=Ax_2+By_2+Cz_2+D,$$

即 $f(P_1)=f(P_2)$.

当点 P_0、P_1、P_2 共线时，如果点 P_0 分有向线段 $\overrightarrow{P_1P_2}$ 的定比是λ，即 $\overrightarrow{P_1P_0}=\lambda\overrightarrow{P_0P_2}$，根据例 1.3.1，那么分点 P_0 的坐标为

$$\left(\frac{x_1+\lambda x_2}{1+\lambda},\frac{y_1+\lambda y_2}{1+\lambda},\frac{z_1+\lambda z_2}{1+\lambda}\right).$$

从而，会有

引理 2.2.1 如果点 P_0 分有向线段 $\overrightarrow{P_1P_2}$ 的定比是 λ，那么

$$f(P_0)=\frac{f(P_1)}{1+\lambda}+\frac{\lambda f(P_2)}{1+\lambda}.$$

证明： 将分点 P_0 的坐标代入法则 f，计算得

$$\begin{aligned}f(P_0)&=\frac{A(x_1+\lambda x_2)}{1+\lambda}+\frac{B(y_1+\lambda y_2)}{1+\lambda}+\frac{C(z_1+\lambda z_2)}{1+\lambda}+D\\&=\frac{Ax_1+By_1+Cz_1}{1+\lambda}+\frac{\lambda(Ax_2+By_2+Cz_2)}{1+\lambda}+\frac{D+\lambda D}{1+\lambda}\\&=\frac{f(P_1)}{1+\lambda}+\frac{\lambda f(P_2)}{1+\lambda}.\end{aligned}$$

有了以上引理，现在讨论平面两侧点在法则 f 下对应值的符号情况.

定理 2.2.2 空间任意两点 P_1、P_2 位于平面 π 两侧的充要条件是 $f(P_1)$ 与 $f(P_2)$ 异号.

证明： 必要性 因为点 P_1、P_2 位于平面 π 的两侧，所以线段 P_1P_2 与 π 必相交. 设交点为 P_0，此时 P_0 分有向线段 $\overrightarrow{P_1P_2}$ 的定比 $\lambda>0$. 由引理 2.2.1 得

$$\frac{f(P_1)}{1+\lambda}+\frac{\lambda f(P_2)}{1+\lambda}=f(P_0)=0.$$

从而

$$f(P_1)=-\lambda f(P_2).$$

因此 $f(P_1)$ 与 $f(P_2)$ 异号.

充分性 （反证法）假设 P_1、P_2 位于平面 π 同一侧. 取点 P_3 在 π 的另外一侧，由必要性可知 $f(P_1)$ 与 $f(P_3)$ 异号、$f(P_2)$ 与 $f(P_3)$ 也异号. 因此 $f(P_1)$ 与 $f(P_2)$ 同号，矛盾. 所以假设错误，则 P_1、P_2 位于平面 π 两侧.

最后，证明本小节开头给出的论断. 根据定理 2.2.2，如果空间两点 P_1、P_2 满足 $f(P_1)$ 与 $f(P_2)$ 同号当且仅当它们位于平面 π 同一侧. 于是，对于平面同一侧的点，如果有一个点 P_1 使得 $f(P_1)>0$，那么该侧所有点 P' 都有 $f(P')>0$. 而另一侧所有的点 P'' 对应的 $f(P'')$ 与 $f(P_1)$ 异号，故 $f(P'')<0$.

2.2.2 平面与平面的位置关系

空间任意两平面的位置关系有三种：相交、平行与重合，它们都可以通过仿射坐标系下平面的一般方程来刻画.

定理 2.2.3 在仿射坐标系下，平面 π_1、π_2 的方程为

$$A_1x+B_1y+C_1z+D_1=0,$$

$$A_2x+B_2y+C_2z+D_2=0,$$

则

（1）平面π_1与π_2重合$\Leftrightarrow \dfrac{A_1}{A_2}=\dfrac{B_1}{B_2}=\dfrac{C_1}{C_2}=\dfrac{D_1}{D_2}$；

（2）平面π_1与π_2平行$\Leftrightarrow \dfrac{A_1}{A_2}=\dfrac{B_1}{B_2}=\dfrac{C_1}{C_2}\neq\dfrac{D_1}{D_2}$.

证明：（1）充分性 要证明π_1与π_2重合，只需说明π_2上任意点都在π_1上且π_1上任意点都在π_2上. 假设π_2上任意点的坐标为(x,y,z)，则

$$A_2x+B_2y+C_2z+D_2=0.$$

令

$$\frac{A_1}{A_2}=\frac{B_1}{B_2}=\frac{C_1}{C_2}=\frac{D_1}{D_2}=k,$$

那么

$$A_1x+B_1y+C_1z+D_1=k(A_2x+B_2y+C_2z+D_2)=0.$$

所以π_2上任意点都在π_1上. 同理可证π_1上任意点都在π_2上. 因此平面π_1与π_2重合.

必要性 取坐标是$\{B_1,-A_1,0\}$的向量设为$\boldsymbol{r}$. 根据定理 2.1.1，向量$\boldsymbol{r}$平行于π_1或在π_1上. 因为π_1与π_2重合，所以向量$\boldsymbol{r}$平行于π_2或在π_2上. 从而

$$B_1A_2-A_1B_2+0\cdot C_2=0.$$

所以$\dfrac{A_1}{A_2}=\dfrac{B_1}{B_2}$. 如果取坐标是$\{C_1,0,-A_1\}$的向量，同理可得$\dfrac{A_1}{A_2}=\dfrac{C_1}{C_2}$. 因此

$$\frac{A_1}{A_2}=\frac{B_1}{B_2}=\frac{C_1}{C_2}.$$

下证以上比例式也会等于$\dfrac{D_1}{D_2}$. 反证，假设$\dfrac{A_1}{A_2}=\dfrac{B_1}{B_2}=\dfrac{C_1}{C_2}\neq\dfrac{D_1}{D_2}$. 由比例式的规定，则$D_1$与$D_2$不能同时为零，不妨设$D_2\neq 0$. 设平面$\pi_2$上任意点$M$的坐标为$(x',y',z')$，则

$$A_2x'+B_2y'+C_2z'+D_2=0.$$

令

$$\frac{A_1}{A_2}=\frac{B_1}{B_2}=\frac{C_1}{C_2}=l,$$

那么

$$\begin{aligned}A_1x+B_1y+C_1z+D_1&=l(A_2x+B_2y+C_2z)+D_1\\&=-lD_2+D_1\end{aligned}$$

$$=D_2\left(\frac{D_1}{D_2}-l\right)\neq 0.$$

所以点 M 不在平面 π_1 上．这和 π_1 与 π_2 重合矛盾．因此

$$\frac{A_1}{A_2}=\frac{B_1}{B_2}=\frac{C_1}{C_2}=\frac{D_1}{D_2}.$$

（2）充分性　因为条件 A_1、B_1、C_1 不全为零，不妨设 $C_1\neq 0$．从而坐标分别为 $\{0,C_1,-B_1\}$、$\{C_1,0,-A_1\}$ 的两个向量均为非零向量且不共线．由定理 2.1.1，它们同时平行于 π_1 与 π_2 或在 π_1 与 π_2 上．又从（1）必要性证明中的反证法可见 π_1 与 π_2 不重合，因此 π_1 与 π_2 平行．

必要性　因为坐标为 $\{B_1,-A_1,0\}$、$\{C_1,0,-A_1\}$ 的向量平行于 π_1 或在 π_1 上，而 π_1 与 π_2 平行，那么它们也就平行于 π_2 或在平面 π_2 上．由定理 2.1.1，可得

$$\frac{A_1}{A_2}=\frac{B_1}{B_2}=\frac{C_1}{C_2}.$$

再由(1)的结论知

$$\frac{A_1}{A_2}=\frac{B_1}{B_2}=\frac{C_1}{C_2}\neq\frac{D_1}{D_2}.$$

说明： 由定理 2.2.3 知，平面 π_1 与 π_2 相交当且仅当 A_1、B_1、C_1 和 A_2、B_2、C_2 不对应成比例，即如果有 $\frac{A_1}{A_2}\neq\frac{B_1}{B_2}$ 或者 $\frac{A_1}{A_2}\neq\frac{C_1}{C_2}$，那么平面 π_1 与 π_2 相交．

例 2.2.1　在仿射坐标系下，判断下列平面的位置关系．

（1）$x+2y-z-2=0$ 和 $2x+4y-2z+1=0$；

（2）$x-2y+3z+1=0$ 和 $3x+4y+z+1=0$；

（3）$3x+4y-6z+24=0$ 和 $\frac{x}{4}+\frac{y}{3}-\frac{z}{2}+2=0$．

解：（1）$\frac{1}{2}=\frac{2}{4}=\frac{-1}{-2}\neq\frac{-2}{1}$，平行；

（2）$\frac{1}{3}\neq\frac{-2}{4}$，相交；

（3）$\frac{3}{\frac{1}{4}}=\frac{4}{\frac{1}{3}}=\frac{-6}{\frac{1}{-2}}=\frac{24}{2}$，重合．

2.2.3　两平面的夹角与点到平面的距离

两平面的夹角通常是指锐角，通过二面角来定义．当两平面相交时，交线把每个平面都分成两个半平面，这些半平面与交线会形成四个二面角．由这些二面角，我们可以定义两平面的夹角．

定义 2.2.1　空间两平面 π_1 和 π_2 的夹角记作 $\angle(\pi_1,\pi_2)$，规定如下：

（1）当 π_1 和 π_2 平行或重合时，则 $\angle(\pi_1,\pi_2)=0$；

（2）当π_1和π_2垂直时，则$\angle(\pi_1,\pi_2)=90°$；

（3）当π_1和π_2相交但不垂直时，则$\angle(\pi_1,\pi_2)$等于所形成四个二面角中的锐角.

设平面π_1的一个法向量为$\boldsymbol{n}_1$，平面π_2的一个法向量为$\boldsymbol{n}_2$. 下面探讨π_1和π_2的夹角$\angle(\pi_1,\pi_2)$与它们的法向量$\boldsymbol{n}_1$和$\boldsymbol{n}_2$的夹角$\angle(\boldsymbol{n}_1,\boldsymbol{n}_2)$的关系. 当$\pi_1$和$\pi_2$相交时，如图 2.2.1 所示，设交线为$l$，其上一点为$P$. 在$\pi_1$中过点$P$作$l$的垂线，垂线上取一点$P_1$；在$\pi_2$中过点$P$也作$l$的垂线，垂线上取一点$P_2$，设三点$P$、$P_1$、$P_2$决定的平面为$\pi$. 在$\pi$中过$P_1$作线段$PP_1$的垂线，过$P_2$作线段$PP_2$的垂线，它们的交点是$P_0$.

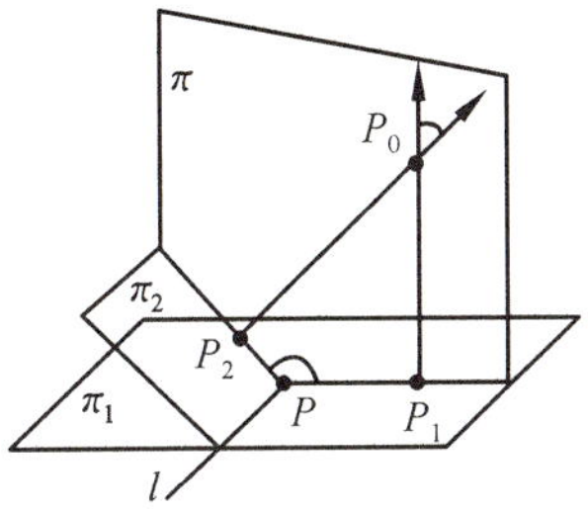

图 2.2.1

由立体几何知识得$\overrightarrow{P_1P_0}$是π_1的法向量，$\overrightarrow{P_2P_0}$是π_2的法向量. 于是，$\overrightarrow{P_1P_0}\parallel\boldsymbol{n}_1$，$\overrightarrow{P_2P_0}\parallel\boldsymbol{n}_2$. 注意到两平面为$\pi_1$和$\pi_2$的夹角满足

$$0\leqslant\angle(\pi_1,\pi_2)\leqslant 90°.$$

因此，如果$\boldsymbol{n}_1$与$\overrightarrow{P_1P_0}$和$\boldsymbol{n}_2$与$\overrightarrow{P_2P_0}$均同向或反向，那么$\angle(\pi_1,\pi_2)=\angle(\boldsymbol{n}_1,\boldsymbol{n}_2)$. 而当$\boldsymbol{n}_1$与$\overrightarrow{P_1P_0}$和$\boldsymbol{n}_2$与$\overrightarrow{P_2P_0}$中一个方向相同另一相反时，则$\angle(\pi_1,\pi_2)=180°-\angle(\boldsymbol{n}_1,\boldsymbol{n}_2)$. 于是，我们有

定理 2.2.4 平面π_1、π_2夹角的余弦等于它们各自对应的一个法向量$\boldsymbol{n}_1$、$\boldsymbol{n}_2$夹角余弦的绝对值，即$\cos\angle(\pi_1,\pi_2)=|\cos\angle(\boldsymbol{n}_1,\boldsymbol{n}_2)|$.

证明：当平面π_1和π_2平行或重合时，$\angle(\pi_1,\pi_2)=0$，此时$\boldsymbol{n}_1\parallel\boldsymbol{n}_2$. 于是当$\boldsymbol{n}_1$与$\boldsymbol{n}_2$方向同向，则有$\angle(\pi_1,\pi_2)=\angle(\boldsymbol{n}_1,\boldsymbol{n}_2)$；当$\boldsymbol{n}_1$与$\boldsymbol{n}_2$方向反向时，则有$\angle(\pi_1,\pi_2)=180°-\angle(\boldsymbol{n}_1,\boldsymbol{n}_2)$. 结合以上平面$\pi_1$和$\pi_2$相交情况下的讨论，所以无论平面$\pi_1$和$\pi_2$平行、重合还是相交，我们总有

$$\angle(\pi_1,\pi_2)=\angle(\boldsymbol{n}_1,\boldsymbol{n}_2)\text{ 或 }\angle(\pi_1,\pi_2)=180°-\angle(\boldsymbol{n}_1,\boldsymbol{n}_2).$$

而两平面夹角满足

$$0\leqslant\angle(\pi_1,\pi_2)\leqslant 90°,$$

则

$$\cos\angle(\pi_1,\pi_2)=|\cos\angle(\boldsymbol{n}_1,\boldsymbol{n}_2)|.$$

取空间直角坐标系$[O;\ \boldsymbol{i}、\boldsymbol{j}、\boldsymbol{k}]$，此时平面一般方程的系数就可以作为其一个法向量的坐标，那么平面的夹角则可以做更为精确的计算. 设平面π_1和π_2的一般方程分别为

$$A_1x+B_1y+C_1z+D_1=0,$$

$$A_2x+B_2y+C_2z+D_2=0,$$

则平面π_1的一个法向量 $\boldsymbol{n}_1$ 的坐标是$\{A_1,B_1,C_1\}$，平面π_2的一个法向量 $\boldsymbol{n}_2$ 的坐标是$\{A_2,B_2,C_2\}$. 于是

$$\cos\angle(\boldsymbol{n}_1,\boldsymbol{n}_2)=\frac{A_1A_2+B_1B_2+C_1C_2}{\sqrt{A_1^2+B_1^2+C_1^2}\sqrt{A_2^2+B_2^2+C_2^2}}.$$

因此，便有

定理 2.2.5 平面π_1和π_2夹角的余弦

$$\cos\angle(\pi_1,\pi_2)=\left|\frac{A_1A_2+B_1B_2+C_1C_2}{\sqrt{A_1^2+B_1^2+C_1^2}\sqrt{A_2^2+B_2^2+C_2^2}}\right|.$$

两平面π_1和π_2垂直的充分必要条件是$\angle(\pi_1,\pi_2)=90°$，即$\cos\angle(\pi_1,\pi_2)=0$. 由定理 2.2.5 得，在直角坐标系下平面$\pi_1$和$\pi_2$垂直当且仅当

$$A_1A_2+B_1B_2+C_1C_2=0.$$

例 2.2.2 在直角坐标系下，

（1）若$kx+y-3z+1=0$和$7x-2y+4z=0$表示两垂直平面，求k；

（2）求平面π_1：$x+y-21=0$和平面π_2：$3x+5=0$的夹角.

解：（1）由条件得

$$k\cdot7+1\cdot(-2)+(-3)\cdot4=0,$$

所以$k=2$.

（2）由定理 2.2.5 得

$$\cos\angle(\pi_1,\pi_2)=\left|\frac{1\cdot3+1\cdot0+0\cdot0}{\sqrt{1^2+1^2+0^2}\sqrt{3^2+0^2+0^2}}\right|=\frac{\sqrt{2}}{2}.$$

所以$\angle(\pi_1,\pi_2)=45°$.

最后，本小节将讨论平面与空间点的位置关系，无外乎有两种：点在平面上或点不在平面上. 当点不在平面上时，很自然地想知道点偏离平面的程度，它由点到平面的距离来决定.

定义 2.2.2 设空间任意一点为P，平面为π. 过P作π的垂线，垂足为点P_0，则P与P_0的距离称为**点 P 到平面π的距离**，记为$d(P,\pi)$.

如果P在π上，此时垂足也是P，因此P到π的距离等于零. 如果P不在π上，如图 2.2.2 所示，Q为π上任意一点，设$\boldsymbol{n}$为π的一个法向量，将其起点移动到π上的任一点Q'处，过P作$\boldsymbol{n}$的垂线交其延长线于P'. 四边形$P_0PP'Q'$为矩形，而线段QQ'垂直于$\boldsymbol{n}$，所以向量$\overrightarrow{PQ}$在$\boldsymbol{n}$上的投影向量为$\overrightarrow{P'Q'}$. 于是P到π的距离

$$d(P,\pi)=\left|\overrightarrow{PP_0}\right|=\left|\overrightarrow{P'Q'}\right|=\left|\mathrm{prj}_{\boldsymbol{n}}\overrightarrow{PQ}\right|.$$

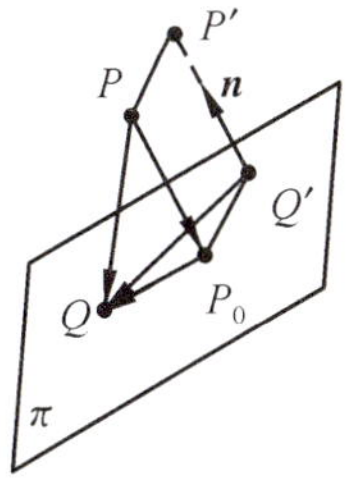

图 2.2.2

当取定直角坐标系取空间直角坐标系[O; $\boldsymbol{i}$、$\boldsymbol{j}$、$\boldsymbol{k}$]，则有

定理 2.2.6 在空间直角坐标系下，设平面π的方程为

$$Ax+By+Cz+D=0,$$

点 P 的坐标是(x_1, y_1, z_1)，则 P 到π的距离

$$d(P,\pi)=\left|\frac{Ax_1+By_1+Cz_1+D}{\sqrt{A^2+B^2+C^2}}\right|.$$

证明： 如图 2.2.2 所示，如果设点 Q 的坐标是(x_2, y_2, z_2)，则 $\overrightarrow{PQ}$ 的坐标是$\{x_2-x_1, y_2-y_1, z_2-z_1\}$. 又平面$\pi$的一个法向量 $\boldsymbol{n}$ 的坐标是$\{A, B, C\}$. 所以点 P 到平面π的距离

$$d(P,\pi)=\left|\mathrm{prj}_{\boldsymbol{n}}\overrightarrow{PQ}\right|=\frac{\left|\overrightarrow{PQ}\cdot\boldsymbol{n}\right|}{|\boldsymbol{n}|}$$

$$=\frac{|A(x_2-x_1)+B(y_2-y_1)+C(z_2-z_1)|}{\sqrt{A^2+B^2+C^2}}.$$

因为 Q 为π上的点，所以

$$Ax_2+By_2+Cz_2+D=0,$$

于是

$$Ax_2+By_2+Cz_2=-D$$

代入上述 $d(P,\pi)$ 的表达式即得证.

例 2.2.3 在直角坐标系下，设两平行平面π_1和π_2的方程分别是

$$Ax+By+Cz+D=0,$$

$$Ax+By+Cz+D'=0.$$

其中，$D\neq D'$. 求π_1和π_2的距离.

分析：求两个平行平面的距离，只需要在其中一个平面上取一点，求该点到另外一个平面的距离.

解： 设 P 为π_1上任取的点，坐标为(x_1, y_1, z_1)，则

$$Ax_1 + By_1 + Cz_1 + D = 0$$

点 P 到平面 π_2 的距离就是 π_1 和 π_2 的距离 d，所以

$$d = \left| \frac{Ax_1 + By_1 + Cz_1 + D'}{\sqrt{A^2 + B^2 + C^2}} \right|$$

$$= \left| \frac{D' - D}{\sqrt{A^2 + B^2 + C^2}} \right| .$$

习题 2.2

1. 在仿射坐标系下，设点 P_0 的坐标为(2, 1, 3)，求经过点 P_0 且平行于平面 $2x - 3y + z - 4 = 0$ 的平面方程.

2. 在仿射坐标系下，判断下列个平面的位置关系.

（1）$x + 3y - z - 4 = 0$ 和 $2x + 6y - 2z - 4 = 0$；

（2）$x + y + 3z + 2 = 0$ 和 $x + 2y + z + 2 = 0$；

（3）$3x + 2y + z - 12 = 0$ 和 $\frac{x}{2} + \frac{y}{3} + \frac{z}{6} - 2 = 0$.

3. 在仿射坐标系下，平面 π 的方程是

$$Ax + By + Cz + D = 0.$$

点 P_1、P_2 位于平面 π 两侧，坐标分别是 (x_1, y_1, z_1)、(x_2, y_2, z_2)，线段 P_1P_2 与 π 的交点为 P，设点 P 分有向线段 $\overrightarrow{P_1P_2}$ 成定比 λ，即 $\overrightarrow{P_1P} = \lambda \overrightarrow{PP_2}$，求证：

$$\lambda = -\frac{Ax_1 + By_1 + Cz_1 + D}{Ax_2 + By_2 + Cz_2 + D}$$

4. 在仿射坐标系下，点 P、Q 的坐标为(2, −1, 1)、(1, 2, −3)，判断它们在下列相交平面所形成的同一个二面角内、还是分别在相邻的二面角内，或是在对顶的二面角内？

（1）$3x - y + 2z - 3 = 0$ 和 $x - 2y - z + 4 = 0$；

（2）$2x - y + 5z - 1 = 0$ 和 $3x - 2y + 6z - 1 = 0$.

5. 在直角坐标系下，求下列各点的坐标.

（1）在 y 轴上且到平面 $x + 2y - 2z - 5 = 0$ 的距离等于 3 的点；

（2）点 P 的坐标为(0, −2,1)，在 x 轴上且到 P 与到平面 $6x - 2y + 3z - 9 = 0$ 距离相等的点；

（3）在 z 轴上且到两平面 $15x - 16y + 12z + 1 = 0$ 和 $x - 2y - 2z + 1 = 0$ 距离相等的点.

6. 在直角坐标系下，求下列平行平面的距离.

（1）$15x - 16y + 12z + 1 = 0$ 和 $15x - 16y + 12z + 26 = 0$；

（2）$2x + y - 2z + 1 = 0$ 和 $4x + 2y - 4z + 5 = 0$.

7. 在直角坐标系下，求与平面 $Ax + By + Cz + D = 0$ 平行且相距离 d 的平面方程.

8. 在直角坐标系下，平面 $kx + 3y + 3z + 7 = 0$ 和 $2x - 5y + z + 3 = 0$ 相互垂直，求参数 k.

9. 在直角坐标系下，求平面 $3x-4y-5z-23=0$ 与 $4x+y-z+37=0$ 的夹角.

10. 在直角坐标系下，求下列平面的方程.

（1）点 P_1、P_2 的坐标分别是 $(1,0,0)$、$(0,\dfrac{\sqrt{2}}{2},0)$，平面经过 P_1、P_2 且与 xOy 面的夹角为 $60°$；

（2）平面经过 x 轴且与 $\sqrt{5}x-2y-z-23=0$ 夹角为 $60°$.

习题 2.2 答案

2.3 空间直线方程

空间直线是指点在空间内沿相同和相反方向两端无限运动的轨迹．所以空间一定点和一定方向可以确定一条直线．设空间定点为 P_0，定方向为向量 $\boldsymbol{v}$，它们确定的直线为 l，则空间任意点 P 在直线上 $l \Leftrightarrow \overrightarrow{PP_0} /\!/ \boldsymbol{v}$．当然，这里的非零向量 $\boldsymbol{v}$ 与直线 l 也平行．一般地，只要是与直线平行的非零向量均称为该**直线的方向向量**．

取仿射坐标系$[O;\ \boldsymbol{e}_1、\boldsymbol{e}_2、\boldsymbol{e}_3]$，若定点 P_0 和非零向量 $\boldsymbol{v}$ 的坐标分别为(x_0,y_0,z_0)、$\{m,n,p\}$，设空间任意点 P 的坐标是(x,y,z)，由以上讨论和命题 1.1.1 得，空间任意点 P 在直线上 $l \Leftrightarrow$ 存在实数 t 使得 $\overrightarrow{PP_0} = t\boldsymbol{v}$，从而

$$\begin{cases} x = x_0 + mt \\ y = y_0 + nt, & t \in \mathbf{R}, \\ z = z_0 + pt \end{cases}$$

称其为**直线的参数式方程**.

因为 $\overrightarrow{PP_0}$ 与 $\boldsymbol{v}$ 共线，由定理 1.3.2 也可得，空间任意点 P 在直线 l 上 $\Leftrightarrow$

$$\frac{x-x_0}{m} = \frac{y-y_0}{n} = \frac{z-z_0}{p},$$

称其为**直线的标准方程（对称式方程）**.

注 1：直线上的任何点都可以作为确定直线的定点，所以直线的参数式方程或标准式方程在形式上固定但不唯一．然而这两种方程可以相互转化．如果令标准方程中的比例为实数 t，便得到参数式方程．反之，消去参数式方程中的参数就可得到标准方程，这为求标准方程提供了一种方法（先找参数式方程再消参数）.

注 2：直线的参数式方程中参数 t 的系数以及标准方程中的分母，恰恰是该直线一个方向向量的三个坐标，称它们为**直线的方向数**.

我们常说两点确定的一条直线．其实，在本质上可以转化为定点和定方向确定一条直线.

例 2.3.1 设仿射坐标系下，点 P_1 和 P_2 的坐标为(x_1,y_1,z_1)、(x_2,y_2,z_2)，求通过它们的直线方程.

解：$\overrightarrow{P_1P_2}$ 是直线的一个方向向量，其坐标为$\{x_2-x_1, y_2-y_1, z_2-z_1\}$．选 P_1 为直线经过的定点，所以所求直线的参数式方程为

$$\begin{cases} x = x_1 + (x_2 - x_1)t \\ y = y_1 + (y_2 - y_1)t, & t \in \mathbf{R}, \\ z = z_1 + (z_2 - z_1)t \end{cases}$$

标准方程为

$$\frac{x-x_1}{x_2-x_1}=\frac{y-y_1}{y_2-y_1}=\frac{z-z_1}{z_2-z_1}.$$

上述由两个点确定的直线方程统称为**直线的两点式方程**.

除此之外，直线也可以看成是两个相交平面的交线. 在仿射坐标系下，设两相交平面 π_1、π_2 的方程为

$$A_1x+B_1y+C_1z+D_1=0,$$

$$A_2x+B_2y+C_2z+D_2=0,$$

则将它们联立得到的方程组

$$\begin{cases} A_1x+B_1y+C_1z+D_1=0 \\ A_2x+B_2y+C_2z+D_2=0 \end{cases},$$

称为**直线的一般方程**. 确定空间直线的两个相交平面不止一组，所以直线的一般方程也不唯一.

由直线的标准方程，不难得到其一个一般方程. 事实上，因为方向向量 $\boldsymbol{v}$ 非零，所以方向数 m，n，p 至少有一个不等于零. 不妨设 $m\neq 0$，则将标准方程拆开，可写成

$$\begin{cases} \dfrac{x-x_0}{m}=\dfrac{y-y_0}{n} \\ \dfrac{x-x_0}{m}=\dfrac{z-z_0}{p} \end{cases}. \tag{2.3.1}$$

式（2.3.1）等价于

$$\begin{cases} nx-my+(y_0m-x_0n)=0 \\ px-mz+(z_0m-x_0p)=0 \end{cases} \tag{2.3.2}$$

这便是平面的一个一般方程.

反过来，将平面的一般方程化为标准方程，我们借助参数式方程. 因为平面 π_1 与 π_2 相交，由定理 2.2.3 的说明，则 A_1、B_1、C_1 和 A_2、B_2、C_2 不对应成比例. 从而向量 $\{A_1, B_1, C_1\}$ 与 $\{A_2, B_2, C_2\}$ 不共线. 根据习题 1.3 中的第 8 题，于是有

$$\begin{vmatrix} B_1 & C_1 \\ B_2 & C_2 \end{vmatrix},\ -\begin{vmatrix} A_1 & C_1 \\ A_2 & C_2 \end{vmatrix},\ \begin{vmatrix} A_1 & B_1 \\ A_2 & B_2 \end{vmatrix}$$

不全为 0. 不妨设

$$\begin{vmatrix} B_1 & C_1 \\ B_2 & C_2 \end{vmatrix}\neq 0,$$

令 $x=t$，则平面的一般方程变成关于 x、y 的线性方程组

$$\begin{cases} B_1y+C_1z=-A_1t-D_1 \\ B_2y+C_2z=-A_2t-D_2 \end{cases}.$$

由高等代数中的克莱姆法则，解得

$$\begin{cases} y=\dfrac{\begin{vmatrix} -A_1t-D_1 & C_1 \\ -A_2t-D_2 & C_2 \end{vmatrix}}{\begin{vmatrix} B_1 & C_1 \\ B_2 & C_2 \end{vmatrix}}=\dfrac{\begin{vmatrix} C_1 & D_1 \\ C_2 & D_2 \end{vmatrix}}{\begin{vmatrix} B_1 & C_1 \\ B_2 & C_2 \end{vmatrix}}-\dfrac{\begin{vmatrix} A_1 & C_1 \\ A_2 & C_2 \end{vmatrix}}{\begin{vmatrix} B_1 & C_1 \\ B_2 & C_2 \end{vmatrix}}t \\ z=\dfrac{\begin{vmatrix} B_1 & -A_1t-D_1 \\ B_2 & -A_2t-D_2 \end{vmatrix}}{\begin{vmatrix} B_1 & C_1 \\ B_2 & C_2 \end{vmatrix}}=-\dfrac{\begin{vmatrix} B_1 & D_1 \\ B_2 & D_2 \end{vmatrix}}{\begin{vmatrix} B_1 & C_1 \\ B_2 & C_2 \end{vmatrix}}+\dfrac{\begin{vmatrix} A_1 & B_1 \\ A_2 & B_2 \end{vmatrix}}{\begin{vmatrix} B_1 & C_1 \\ B_2 & C_2 \end{vmatrix}}t \end{cases}.$$

上式联合上 $x=t$ 便是直线的参数式方程. 因此直线的标准方程为

$$\frac{x-x_0}{\begin{vmatrix} B_1 & C_1 \\ B_2 & C_2 \end{vmatrix}}=\frac{y-y_0}{-\begin{vmatrix} A_1 & C_1 \\ A_2 & C_2 \end{vmatrix}}=\frac{z-z_0}{\begin{vmatrix} A_1 & B_1 \\ A_2 & B_2 \end{vmatrix}}. \qquad (2.3.3)$$

其中， $x_0=0$， $y_0=\dfrac{\begin{vmatrix} C_1 & D_1 \\ C_2 & D_2 \end{vmatrix}}{\begin{vmatrix} B_1 & C_1 \\ B_2 & C_2 \end{vmatrix}}$， $z_0=-\dfrac{\begin{vmatrix} B_1 & D_1 \\ B_2 & D_2 \end{vmatrix}}{\begin{vmatrix} B_1 & C_1 \\ B_2 & C_2 \end{vmatrix}}$.

说明：在直线的一般方程转化为标准方程时，从式（2.3.3）可知，直线的一个方向向量的坐标是

$$\left\{\begin{vmatrix} B_1 & C_1 \\ B_2 & C_2 \end{vmatrix},-\begin{vmatrix} A_1 & C_1 \\ A_2 & C_2 \end{vmatrix},\begin{vmatrix} A_1 & B_1 \\ A_2 & B_2 \end{vmatrix}\right\}.$$

如果 $\begin{vmatrix} B_1 & C_1 \\ B_2 & C_2 \end{vmatrix}\neq 0$，在一般方程中令 $x=0$，便可解出 y_0， z_0，从而可得直线上定点的坐标为 $(0,y_0,z_0)$.

例 2.3.2 在仿射坐标系下，把直线的一般方程

$$\begin{cases} 2x+y-z=0 \\ 3x-y-2z-3=0 \end{cases}$$

化为标准方程.

解： 因为

$$\begin{vmatrix} 1 & -1 \\ -1 & -2 \end{vmatrix}=-3, \quad -\begin{vmatrix} 2 & -1 \\ 3 & -2 \end{vmatrix}=1, \quad \begin{vmatrix} 2 & 1 \\ 3 & -1 \end{vmatrix}=-5,$$

所以直线的一个方向向量坐标为{－3,1,－5}. 令 $x=0$，解得 $y=-1$， $z=-1$. 因此直线

的标准方程为

$$\frac{x}{-3}=\frac{y+1}{1}=\frac{z+1}{-5}.$$

与标准方程不同，从一般方程不容易直接看出直线的方向向量和经过的定点. 所以，当遇到一般方程时，我们常常都会将其转化为标准方程. 然而，一般方程也有独有的优势，如下题.

例 2.3.3 在仿射坐标系下，设点 P 的坐标为$(0, 0, -2)$，直线 l 的标准方程为

$$\frac{x-1}{4}=\frac{y-3}{-2}=\frac{z}{1},$$

平面π的方程为 $3x-y+2z-1=0$. 求过点 P 平行于π且和 l 相交的直线方程.

解： 过点 P 作平面π_1 与π平行，如图 2.3.1 所示，所求直线必定在平面π_1 上. 因为π_1 与π平行，可设其方程为 $3x-y+2z+D=0$，将点 P 的坐标代入该方程，从而有 $D=4$，则π_1 方程为

$$3x-y+2z+4=0.$$

另一方面，设所求直线与 l 决定的平面为π_2. 直线 l 上的定点 P_0 和方向向量 $\boldsymbol{v}$ 的坐标分别为$(1, 3, 0)$和$\{4, -2, 1\}$，它们均在π_2 上. 又点 P 也在π_2 上，因此π_2 上还有向量 $\overrightarrow{PP_0}$，其坐标为$\{1, 3, 2\}$. 利用平面的点向量式方程可得π_2 的方程为

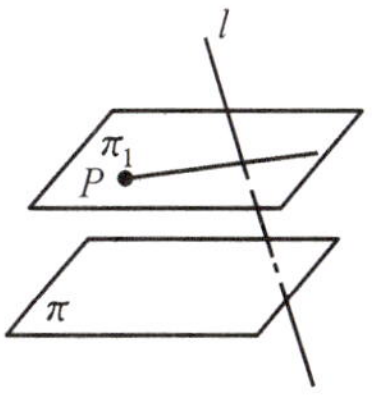

图 2.3.1

$$\begin{vmatrix} x-1 & y-3 & z-0 \\ 4 & -2 & 1 \\ 1 & 3 & 2 \end{vmatrix}=0,$$

即

$$x+y-2z-4=0.$$

于是，所求直线方程为

$$\begin{cases} 3x-y+2z+4=0 \\ x+y-2z-4=0 \end{cases}.$$

最后，我们需要指出，如果将仿射坐标系换成直角坐标系，上述关于直线的一般方程与标准方程相互转化的讨论仍然是成立的. 但是值得注意的是，将一般方程化为标准方程的过程会更简单且直观，见以下例题.

例 2.3.4 在直角坐标系下，将直线$\begin{cases} 2x-2y+z+3=0 \\ 3x-2y+2z+17=0 \end{cases}$化为标准方程.

解： 平面 $2x-2y+z+3=0$ 的法向量 $\boldsymbol{n}_1$ 的坐标为$\{2, -2, 1\}$，平面 $3x-2y+2z+17=0$ 的法向量 $\boldsymbol{n}_2$ 的坐标为$\{3, -2, 2\}$. 因为直线是这两平面的交线，即同时在此两平面上，因此既垂

直于 $\boldsymbol{n}_1$ 又垂直于 $\boldsymbol{n}_2$. 于是，取所求直线的一个方向向量为

$$\boldsymbol{v}=\boldsymbol{n}_1\times\boldsymbol{n}_2=\begin{vmatrix}\boldsymbol{i} & \boldsymbol{j} & \boldsymbol{k}\\ 2 & -2 & 1\\ 3 & -2 & 2\end{vmatrix}=-2\boldsymbol{i}-\boldsymbol{j}+2\boldsymbol{k}.$$

找直线上一定点，为了计算简便，这里在直线一般方程中令 $x=1$，解得 $y=-5$，$z=-15$. 则有定点坐标为(1, －5, －15). 从而直线标准方程为

$$\frac{x-1}{-2}=\frac{y+5}{-1}=\frac{z+15}{2}.$$

习题 2.3

1. 在仿射坐标系下，求下列直线的方程.

（1）点 P、Q 的坐标为(2, －1, 1)、(1, 2, －3)，直线通过点 P、Q；

（2）点 P 的坐标为(3, 2, 5)，向量 $\boldsymbol{v}$ 的坐标为{2, 3, 4}，直线通过点 P 且与向量 $\boldsymbol{v}$ 平行.

2. 在仿射坐标系下，把下列直线的一般方程化为标准方程.

（1）$\begin{cases}x+y-z-1=0\\ y+2z=0\end{cases}$；

（2）$\begin{cases}2x+y-z+1=0\\ x=3\end{cases}$；

（3）$\begin{cases}y=2\\ z=-1\end{cases}$.

3. 在仿射坐标系下，求下列各平面.

（1）点 P 的坐标为(2, 0, －1)，直线 l 的标准方程是 $\frac{x}{2}=\frac{y+1}{1}=\frac{z-2}{-2}$，平面经过直线 l 且通过点 P；

（2）向量 $\boldsymbol{u}$ 的坐标为{8, 7, 1}，直线 l 的标准方程是 $\frac{x+13}{2}=\frac{y-5}{3}=\frac{z}{1}$，平面通过直线 l 且与向量 $\boldsymbol{u}$ 平行；

（3）直线 l 的标准方程是 $\frac{x-1}{2}=\frac{y+2}{1}=\frac{z+1}{-3}$，直线 l' 的一般方程是 $\begin{cases}2x+y-z=0\\ 3x-y-2z-3=0\end{cases}$，平面通过直线 l 且与直线 l' 平行.

4. 在仿射坐标系下，向量 $\boldsymbol{u}$ 的坐标为{8,7,1}，直线 l 和 l' 的标准方程分别是 $\frac{x+13}{2}=\frac{y-5}{3}=\frac{z}{1}$、$\frac{x-10}{5}=\frac{y+7}{4}=\frac{z}{1}$，求平行于向量 $\boldsymbol{u}$ 且与直线 l 和 l' 都相交的直线方程.

5. 在仿射坐标系下，点 P 的坐标为(0,1, －1)，直线 l 和 l' 的一般方程分别是

$\begin{cases}2x-y-5=0\\3x-2z+7=0\end{cases}$、$\begin{cases}x+5y-10=0\\y+z-3=0\end{cases}$，求过点 P 且与直线 l 和 l' 都相交的直线方程.

6. 在仿射坐标系下，点 P 的坐标为 $(0,1,-1)$，求与平面 $x-3y+z-2=0$ 平行且与直线 $\begin{cases}3x-2y+2z+3=0\\2x+y+z+1=0\end{cases}$ 相交的直线方程.

习题 2.3 答案

2.4　空间直线、点和平面的相关位置

空间直线、点和平面的相关位置包括直线与直线、直线与平面以及直线与点的位置关系. 其中如果涉及距离、夹角，所用的坐标系都选择为直角坐标系，而其他则是在仿射坐标系下进行讨论.

2.4.1　空间直线与点的位置关系

给定空间直线与点，可能点在直线上或点在直线外. 无论哪种情况，都可以通过点的坐标是否满足直线方程来进行判断. 当点在直线外时，我们关心的一个问题是它离直线有多远，即点到直线的距离是多少.

定义 2.4.1　点 P 与空间直线 l 上的点之间的最短距离称为 P 到 l 的距离，记为 $d(P,l)$.

设 l 经过的定点为 P_0，方向向量是 $\boldsymbol{v}$，如图 2.4.1 所示，把方向向量 $\boldsymbol{v}$ 的起点移动到 P_0 处，过 P 作 l 的垂线，垂足为 P'，那么线段 PP' 的长就是 P 到 l 的距离 $d(P,l)$. 此时 $d(P,l)$ 等于以向量 $\overrightarrow{P_0P}$ 和 $\boldsymbol{v}$ 为邻边的平行四边形在底边 $\boldsymbol{v}$ 上的高，故

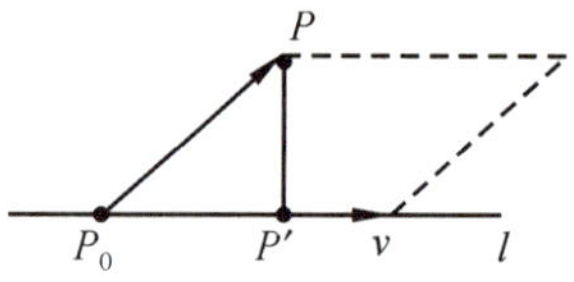

图 2.4.1

$$d(P,l)=\frac{\left|\boldsymbol{v}\times\overrightarrow{P_0P}\right|}{|\boldsymbol{v}|}.$$

取空间直角坐标系$[O;\ \boldsymbol{i}、\boldsymbol{j}、\boldsymbol{k}]$，设空间直线 l 经过的定点 P_0 和方向向量 $\boldsymbol{v}$ 的坐标分别为(x_0,y_0,z_0)、$\{m,n,p\}$，点 P 的坐标为(x',y',z')，则向量积 $\boldsymbol{v}\times\overrightarrow{P_0P}$ 等于

$$\begin{vmatrix}\boldsymbol{i} & \boldsymbol{j} & \boldsymbol{k}\\ m & n & p\\ x'-x_0 & y'-y_0 & z'-z_0\end{vmatrix}=\begin{vmatrix}n & p\\ y'-y_0 & z'-z_0\end{vmatrix}\boldsymbol{i}-\begin{vmatrix}m & p\\ x'-x_0 & z'-z_0\end{vmatrix}\boldsymbol{j}+\begin{vmatrix}m & n\\ x'-x_0 & y'-y_0\end{vmatrix}\boldsymbol{k}.$$

为了方便，记 $\boldsymbol{v}\times\overrightarrow{P_0P}$ 的坐标为$\{X,Y,Z\}$，其中

$$X=\begin{vmatrix}n & p\\ y'-y_0 & z'-z_0\end{vmatrix},\quad Y=-\begin{vmatrix}m & p\\ x'-x_0 & z'-z_0\end{vmatrix},\quad Z=\begin{vmatrix}m & n\\ x'-x_0 & y'-y_0\end{vmatrix}.$$

因此

$$d(P,l)=\frac{\sqrt{X^2+Y^2+Z^2}}{\sqrt{m^2+n^2+p^2}}.$$

例 2.4.1 在直角坐标系下，求直线 l: $\begin{cases}2x-2y+z+3=0\\3x-2y+2z+17=0\end{cases}$ 和点 $P(2,3,-1)$的距离.

解: 由例题 2.3.4 知，直线 l 经过的定点 P_0 和方向向量 $\boldsymbol{v}$ 的坐标分别为$(1,-5,-15)$、$\{-2,-1,2\}$，则 $\boldsymbol{v}\times\overrightarrow{P_0P}$ 等于

$$\begin{vmatrix}\boldsymbol{i} & \boldsymbol{j} & \boldsymbol{k}\\ -2 & -1 & 2\\ 1 & 8 & 14\end{vmatrix}=-30\boldsymbol{i}+30\boldsymbol{j}-15\boldsymbol{k},$$

所以

$$d(P,l)=\frac{\sqrt{(-30)^2+30^2+(-15)^2}}{\sqrt{(-2)^2+(-1)^2+2^2}}=15.$$

2.4.2 空间直线与直线的位置关系

空间直线与直线可能共面，也可能异面. 在共面时，它们的位置有三种可能性：平行、相交和重合. 在仿射坐标系$[O;\ \boldsymbol{e}_1、\boldsymbol{e}_2、\boldsymbol{e}_3]$下，设空间直线 l_1 经过的定点 P_1 和方向向量 $\boldsymbol{v}_1$ 的坐标分别为(x_1, y_1, z_1)、$\{m_1, n_1, p_1\}$，空间直线 l_2 经过的定点 P_2 和方向向量 $\boldsymbol{v}_2$ 的坐标分别为(x_2, y_2, z_2)、$\{m_2, n_2, p_2\}$. 可以看出 l_1 与 l_2 共面当且仅当向量 $\overrightarrow{P_1P_2}$、$\boldsymbol{v}_1$ 和 $\boldsymbol{v}_2$ 共面. 由定理 1.3.3，有

定理 2.4.1 在仿射坐标系下，空间直线 l_1 和 l_2 的位置关系为

（1）共面的充要条件是

$$\begin{vmatrix}x_2-x_1 & y_2-y_1 & z_2-z_1\\ m_1 & n_1 & p_1\\ m_2 & n_2 & p_2\end{vmatrix}=0.$$

（2）异面的充要条件是

$$\begin{vmatrix}x_2-x_1 & y_2-y_1 & z_2-z_1\\ m_1 & n_1 & p_1\\ m_2 & n_2 & p_2\end{vmatrix}\neq 0.$$

当 l_1 与 l_2 共面时，$l_1 /\!/ l_2$ 当且仅当 $\boldsymbol{v}_1 /\!/ \boldsymbol{v}_2$ 且 P_1 不在 l_2 上. 因此，由定理 1.3.2，又有

定理 2.4.2 在仿射坐标系下，如果空间直线 l_1 和 l_2 共面，那么

（1）它们相交的充要条件是 m_1、n_1、p_1 和 m_2、n_2、p_2 不对应成比例；

（2）它们平行的充要条件是

$$\frac{m_1}{m_2}=\frac{n_1}{n_2}=\frac{p_1}{p_2},$$

且 (x_2-x_1)、(y_2-y_1)、(z_2-z_1) 和 m_2、n_2、p_2 不对应成比例；

（3）它们重合的充要条件是

$$\frac{m_1}{m_2}=\frac{n_1}{n_2}=\frac{p_1}{p_2},$$

且

$$\frac{x_2-x_1}{m_2}=\frac{y_2-y_1}{n_2}=\frac{z_2-z_1}{p_2}.$$

例 2.4.2 在仿射坐标系下，判断下列各对直线的位置关系.

（1）l_1：$\dfrac{x+1}{3}=\dfrac{y-1}{9}=\dfrac{z-2}{1}$，$l_2$：$\dfrac{x}{-1}=\dfrac{y-2}{2}=\dfrac{z-1}{3}$；

（2）l_1：$\dfrac{x+1}{3}=\dfrac{y-1}{3}=\dfrac{z-2}{1}$，$l_2$：$\dfrac{x}{-1}=\dfrac{y-6}{2}=\dfrac{z+5}{3}$.

解：（1）l_1 经过的定点 P_1 和方向向量 $\boldsymbol{v}_1$ 的坐标分别为$(-1, 1, 2)$、$\{3, 9, 1\}$，空间直线 l_2 经过的定点 P_2 和方向向量 $\boldsymbol{v}_2$ 的坐标分别为$(0,2,1)$、$\{-1, 2, 3\}$. 则

$$\begin{vmatrix} x_2-x_1 & y_2-y_1 & z_2-z_1 \\ m_1 & n_1 & p_1 \\ m_2 & n_2 & p_2 \end{vmatrix}=\begin{vmatrix} 1 & 1 & -1 \\ 3 & 9 & 1 \\ -1 & 2 & 3 \end{vmatrix}=0.$$

所以直线 l_1 和 l_2 共面. 又 3，9，1 和-1，2，3 不对应成比例，因此 l_1 和 l_2 相交.

（2）l_1 经过的定点 P_1 和方向向量 $\boldsymbol{v}_1$ 的坐标分别为$(-1, 1, 2)$、$\{3, 3, 1\}$，空间直线 l_2 经过的定点 P_2 和方向向量 $\boldsymbol{v}_2$ 的坐标分别为$(0, 6, -5)$、$\{-1, 2, 3\}$. 则

$$\begin{vmatrix} x_2-x_1 & y_2-y_1 & z_2-z_1 \\ m_1 & n_1 & p_1 \\ m_2 & n_2 & p_2 \end{vmatrix}=\begin{vmatrix} 1 & 5 & -7 \\ 3 & 3 & 1 \\ -1 & 2 & 3 \end{vmatrix}=-106\neq 0.$$

因此 l_1 和 l_2 异面.

无论两直线共面与否，总可以用他们的方向向量的夹角来定义该两直线的夹角. 当向量 $\boldsymbol{\alpha}$ 和 $\boldsymbol{\beta}$ 的夹角 $\angle(\boldsymbol{\alpha},\boldsymbol{\beta})$ 为钝角时，那么 $-\boldsymbol{\alpha}$ 和 $\boldsymbol{\beta}$ 的夹角 $\angle(-\boldsymbol{\alpha},\boldsymbol{\beta})$ 为锐角且等于 $180°-\angle(\boldsymbol{\alpha},\boldsymbol{\beta})$. 又注意到如果 $\boldsymbol{\alpha}$ 为直线的方向向量，则 $-\boldsymbol{\alpha}$ 也是该直线的方向向量. 所以有

定义 2.4.2 设向量 $\boldsymbol{v}_1$ 和 $\boldsymbol{v}_2$ 分别是空间直线 l_1 和 l_2 的一个方向向量，记 **l_1 和 l_2 的夹角**为 $\angle(l_1,l_2)$，规定它们等于方向向量夹角中不大于 90°的那个角，即

(1)当 $0°\leqslant\angle(\boldsymbol{v}_1,\boldsymbol{v}_2)\leqslant 90°$ 时，则 $\angle(l_1,l_2)=\angle(\boldsymbol{v}_1,\boldsymbol{v}_2)$；

(2)当 $90°<\angle(\boldsymbol{v}_1,\boldsymbol{v}_2)\leqslant 180°$ 时，则 $\angle(l_1,l_2)=180°-\angle(\boldsymbol{v}_1,\boldsymbol{v}_2)$.

由以上直线夹角的规定，有

定理 2.4.3 直线 l_1、l_2 夹角的余弦等于它们各自对应的一个方向向量 $\boldsymbol{v}_1$、$\boldsymbol{v}_2$ 夹角余弦的绝对值，即 $\cos\angle(l_1,l_2)=\left|\cos\angle(\boldsymbol{v}_1,\boldsymbol{v}_2)\right|$.

如果已知直角坐标系下两直线的标准方程，那么它们的夹角可以做更为精确的计算.

取空间直角坐标系$[O;\ \boldsymbol{i}、\boldsymbol{j}、\boldsymbol{k}]$，设直线 l_1 和 l_2 的一般方程分别为

$$\frac{x-x_1}{m_1}=\frac{y-y_1}{n_1}=\frac{z-z_1}{p_1},$$

$$\frac{x-x_2}{m_2}=\frac{y-y_2}{n_2}=\frac{z-z_2}{p_2}.$$

从而 l_1 的一个方向向量 $\boldsymbol{v}_1$ 的坐标是$\{m_1,n_1,p_1\}$，l_2 的一个方向向量 $\boldsymbol{v}_2$ 的坐标是$\{m_2,n_2,p_2\}$. 于是

$$\cos\angle(\boldsymbol{v}_1,\boldsymbol{v}_2)=\frac{m_1m_2+n_1n_2+p_1p_2}{\sqrt{m_1^{\ 2}+n_1^{\ 2}+p_1^{\ 2}}\sqrt{m_2^{\ 2}+n_2^{\ 2}+p_2^{\ 2}}}.$$

结合定理 2.4.2，便有

定理 2.4.4 直线 l_1、l_2 夹角的余弦

$$\cos\angle(l_1,l_2)=\left|\frac{m_1m_2+n_1n_2+p_1p_2}{\sqrt{m_1^{\ 2}+n_1^{\ 2}+p_1^{\ 2}}\sqrt{m_2^{\ 2}+n_2^{\ 2}+p_2^{\ 2}}}\right|.$$

例 2.4.3 在直角坐标系下，求直线 l_1：$\dfrac{x+1}{-1}=\dfrac{y-3}{1}=\dfrac{z+1}{2}$ 和 l_2：$\dfrac{x-1}{-2}=\dfrac{y}{4}=\dfrac{z-1}{-3}$ 的夹角.

解：l_1 的一个方向向量 $\boldsymbol{v}_1$ 的坐标为$\{-1, 1, 2\}$，l_2 的一个方向向量 $\boldsymbol{v}_2$ 的坐标为$\{-2, 4, -3\}$. 因为 $(-1)\cdot(-2)+1\cdot4+2\cdot(-3)=0$，所以

$$\angle(l_1,l_2)=90^\circ.$$

最后，本小节将讨论两直线的距离和异面直线的公垂线.

定义 2.4.3 空间直线 l_1 和 l_2 上的点之间的最短距离称为这**两条直线的距离**，记为 $d(l_1,l_2)$.

如果两直线相交或重合时，它们的距离等于零. 如果两直线平行时，它们的距离等于其中一条直线上的点到另一条直线的距离. 对于空间两不相交直线，我们有

定义 2.4.4 与空间两不相交直线 l_1 和 l_2 均垂直且相交的直线称为它们的**公垂线**. 设这两个交点分别是 P_1 和 P_2，称线段 P_1P_2 为 l_1 和 l_2 的**公垂线段**.

说明 1：两异面直线的公垂线是唯一存在的. 设 l_1 和 l_2 异面，则它们的方向向量 $\boldsymbol{v}_1$ 和 $\boldsymbol{v}_2$ 的向量积 $\boldsymbol{v}=\boldsymbol{v}_1\times\boldsymbol{v}_2\neq\boldsymbol{0}$. 如图 2.4.2 所示，在 l_1 上取一点 P'，过 P' 以 $\boldsymbol{v}$ 为方向向量可得直线 l_1'，设 l_1 和 l_1' 决定的平面为π，π与 l_2 的交点是 Q，在π中过 Q 作 l_1 的垂线，垂足为 P，此时由 P 和 Q 决定的直线就是公垂线，而线段 PQ 就是公垂线段.

说明 2：两异面直线的距离等于它们公垂线段的长. 如图 2.4.3 所示，异面直线 l_1 和 l_2 的公垂线为 l_0，公垂线段为 PQ. 过点 Q 作 l_1 的平行线 $\overline{l_1}$，其与 l_2 决定的平面为π_1，点 P_1 和 P_2 分别是在 l_1 和 l_2 上任取的点，在 $\overline{l_1}$ 上有点 N 使得 $PQNP_1$ 是矩形，连接 P_1P_2 和 NP_2. 因为$\triangle P_1NP_2$为直角三角形且直角为 $\angle P_1NP_2$，所以

$$\left|\overrightarrow{PQ}\right|=\left|\overrightarrow{P_1N}\right|\leqslant\left|\overrightarrow{P_1P_2}\right|.$$

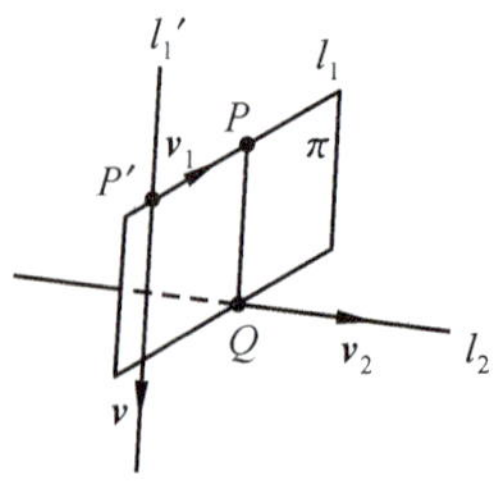

图 2.4.2

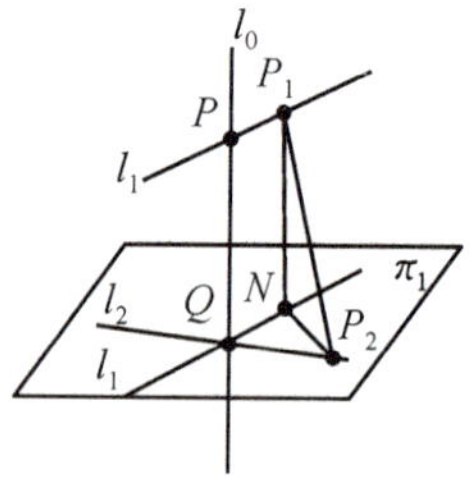

图 2.4.3

定理 2.4.5 设两异面直线 l_1、l_2 分别经过点 P_1 和 P_2，它们对应的一个方向向量分别是 $\boldsymbol{v}_1$、$\boldsymbol{v}_2$，则

$$d(l_1,l_2)=\frac{\left|\left(\boldsymbol{v}_1,\boldsymbol{v}_2,\overrightarrow{P_1P_2}\right)\right|}{\left|\boldsymbol{v}_1\times\boldsymbol{v}_2\right|}.$$

证明： 如图 2.4.3 所示，公垂线 l_0 垂直于平面 π_1，所以 l_2 上任意点在 l_0 上的投影都是 Q. 同理 l_1 上任意点在 l_0 上的投影都是 P. 因此向量 $\overrightarrow{P_1P_2}$ 在 l_0 上的投影向量为 $\overrightarrow{PQ}$. 而 l_0 的一个方向向量是 $\boldsymbol{v}=\boldsymbol{v}_1\times\boldsymbol{v}_2$，于是

$$\left|\overrightarrow{PQ}\right|=\left|\mathrm{prj}_{l_0}\overrightarrow{P_1P_2}\right|=\left|\mathrm{prj}_{\boldsymbol{v}}\overrightarrow{P_1P_2}\right|.$$

运用投影和数量积的关系有

$$\left|\overrightarrow{PQ}\right|=\left|\mathrm{prj}_{\boldsymbol{v}}\overrightarrow{P_1P_2}\right|=\frac{\left|\boldsymbol{v}\cdot\overrightarrow{P_1P_2}\right|}{|\boldsymbol{v}|}=\frac{\left|\left(\boldsymbol{v}_1,\boldsymbol{v}_2,\overrightarrow{P_1P_2}\right)\right|}{\left|\boldsymbol{v}_1\times\boldsymbol{v}_2\right|},$$

即

$$d(l_1,l_2)=\frac{\left|\left(\boldsymbol{v}_1,\boldsymbol{v}_2,\overrightarrow{P_1P_2}\right)\right|}{\left|\boldsymbol{v}_1\times\boldsymbol{v}_2\right|}.$$

以上公式的几何意义是：如果将向量 $\boldsymbol{v}_1$、$\boldsymbol{v}_2$ 和 $\overrightarrow{P_1P_2}$ 的起点归结为点 P_1，参见定理 1.5.2 和定理 1.6.1 可知，异面直线 l_1 和 l_2 的距离 $d(l_1,l_2)$ 等于以 $\boldsymbol{v}_1$、$\boldsymbol{v}_2$ 和 $\overrightarrow{P_1P_2}$ 为邻边的平行六面体在以 $\boldsymbol{v}_1$、$\boldsymbol{v}_2$ 为邻边的平行四边形底面上的高.

在空间直角坐标系$[O;\ \boldsymbol{i}、\boldsymbol{j}、\boldsymbol{k}]$下，设 l_1 经过的定点 P_1 和方向向量 $\boldsymbol{v}_1$ 的坐标分别为(x_1, y_1, z_1)、$\{m_1, n_1, p_1\}$，l_2 经过的定点 P_2 和方向向量 $\boldsymbol{v}_2$ 的坐标分别为(x_2, y_2, z_2)、$\{m_2, n_2, p_2\}$. 若记向量 $\boldsymbol{v}=\boldsymbol{v}_1\times\boldsymbol{v}_2$ 的坐标为$\{m,n,p\}$，由定理 1.5.5，则

$$m=\begin{vmatrix}n_1 & p_1\\ n_2 & p_2\end{vmatrix},\ n=-\begin{vmatrix}m_1 & p_1\\ m_2 & p_2\end{vmatrix},\ p=\begin{vmatrix}m_1 & n_1\\ m_2 & n_2\end{vmatrix}.$$

又由定理 1.6.4，则

$$(\boldsymbol{v}_1,\boldsymbol{v}_2,\overrightarrow{P_1P_2})=\begin{vmatrix} m_1 & n_1 & p_1 \\ m_2 & n_2 & p_2 \\ x_2-x_1 & y_2-y_1 & z_2-z_1 \end{vmatrix}.$$

从而异面直线 l_1 和 l_2 的距离

$$d(l_1,l_2)=\frac{\left\|\begin{matrix} m_1 & n_1 & p_1 \\ m_2 & n_2 & p_2 \\ x_2-x_1 & y_2-y_1 & z_2-z_1 \end{matrix}\right\|}{\sqrt{m^2+n^2+p^2}}.$$

考虑异面直线 l_1 和 l_2 的公垂线 l_0 的方程,这里运用直线的一般方程来求解会更容易. 记 l_1 和 l_0 决定的平面为 π'，l_2 和 l_0 决定的平面为 π''，那么公垂线 l_0 恰恰就是 π' 和 π'' 的交线. 因此只需分别找到 π' 和 π'' 的方程，再联立便是公垂线 l_0 的一般方程.

对于 π'，其上有定点 P_1 和两个向量 $\boldsymbol{v}_1$、$\boldsymbol{v}$，可得平面 π' 的点向量式方程

$$\begin{vmatrix} x-x_1 & y-y_1 & z-z_1 \\ m_1 & n_1 & p_1 \\ m & n & p \end{vmatrix}=0. \qquad (2.4.1)$$

对于 π''，其上有定点 P_2 和两个向量 $\boldsymbol{v}_2$、$\boldsymbol{v}$，可得平面 π'' 的点向量式方程

$$\begin{vmatrix} x-x_2 & y-y_2 & z-z_2 \\ m_2 & n_2 & p_2 \\ m & n & p \end{vmatrix}=0. \qquad (2.4.2)$$

于是，公垂线 l_0 的一般方程便是联立式（2.4.1）和式（2.4.2）.

例 2.4.4 在直角坐标系下，求异面直线 l_1：$\dfrac{x+1}{3}=\dfrac{y-1}{3}=\dfrac{z-2}{1}$ 和 l_2：$\dfrac{x}{-1}=\dfrac{y-6}{2}-\dfrac{z+5}{3}$ 的距离和公垂线方程.

解：l_1 经过的定点 P_1 和方向向量 $\boldsymbol{v}_1$ 的坐标分别为$(-1, 1, 2)$、$\{3, 3, 1\}$，l_2 经过的定点 P_2 和方向向量 $\boldsymbol{v}_2$ 的坐标分别为$(0, 6, -5)$、$\{-1, 2, 3\}$，则 $\boldsymbol{v}=\boldsymbol{v}_1\times\boldsymbol{v}_2$ 为

$$\begin{vmatrix} \boldsymbol{i} & \boldsymbol{j} & \boldsymbol{k} \\ 3 & 3 & 1 \\ -1 & 2 & 3 \end{vmatrix}=7\boldsymbol{i}-10\boldsymbol{j}+9\boldsymbol{k},$$

混合积

$$(\boldsymbol{v}_1,\boldsymbol{v}_2,\overrightarrow{P_1P_2})=\begin{vmatrix} 3 & 3 & 1 \\ -1 & 2 & 3 \\ 1 & 5 & -7 \end{vmatrix}=-106.$$

所以，$d(l_1,l_2)=\dfrac{106}{\sqrt{7^2+(-10)^2+9^2}}=\dfrac{53}{115}\sqrt{230}$.

平面 π' 的点向量式方程

$$\begin{vmatrix} x+1 & y-1 & z-2 \\ 3 & 3 & 1 \\ 7 & -10 & 9 \end{vmatrix}=0,$$

化简得　$37x-20y-51z+159=0$.

平面 π'' 的点向量式方程

$$\begin{vmatrix} x & y-6 & z+5 \\ -1 & 2 & 3 \\ 7 & -10 & 9 \end{vmatrix}=0,$$

化简得　$24x+15y-2z-100=0$.

于是公垂线方程为

$$\begin{cases} 37x-20y-51z+159=0 \\ 24x+15y-2z-100=0 \end{cases}.$$

2.4.3　空间直线与平面的位置关系

设 l 是一空间直线，π是一张平面，则 l 与π可能会相交或者平行，甚至是 l 在π上. 这三种关系，都可以通过直线的方向向量和经过的定点与平面的一般方程来刻画. 在仿射坐标系$[O;\ \boldsymbol{e}_1、\boldsymbol{e}_2、\boldsymbol{e}_3]$下，如果空间直线 l 经过的定点 P_0 和方向向量 $\boldsymbol{v}$ 的坐标分别为(x_0,y_0,z_0)、$\{m,n,p\}$，那么其标准方程为

$$\frac{x-x_0}{m}=\frac{y-y_0}{n}=\frac{z-z_0}{p}. \tag{2.4.3}$$

又假设平面π的一般方程为

$$Ax+By+Cz+D=0. \tag{2.4.4}$$

由定理 2.1.1 知，向量 $\boldsymbol{v}$ 平行于π或在π上当且仅当

$$Am+Bn+Cp=0.$$

进一步，若定点 P_0 在π上，那么 l 就在π上.

定理 2.4.6　在仿射坐标系下，空间直线 l 和平面π的位置关系为

（1）相交的充要条件是

$$Am+Bn+Cp\neq 0;$$

（2）平行的充要条件是同时满足

$$Am+Bn+Cp=0\text{，}$$

$$Ax_0+By_0+Cz_0+D\neq 0\text{；}$$

（3）l 在π上的充要条件是同时满足

$$Am+Bn+Cp=0\text{，}$$

$$Ax_0+By_0+Cz_0+D=0.$$

在相交的情形下，有两个值得关心的问题：第一、如何求直线与平面的交点；第二、直线与平面所成的角如何刻画. 考虑第一个问题时，令直线标准方程（2.4.3）中的比例为 t 得参数方程

$$\begin{cases}x=x_0+mt\\ y=y_0+nt,\ t\in\mathbf{R}.\\ z=z_0+pt\end{cases}\tag{2.4.5}$$

将式（2.4.5）代入平面的一般方程（2.4.4）有

$$(Am+Bn+Cp)t=-(Ax_0+By_0+Cz_0+D).$$

因为 l 和平面π相交，$Am+Bn+Cp\neq 0$，所以可以解出

$$t=-\frac{Ax_0+By_0+Cz_0+D}{Am+Bn+Cp}.$$

再将上述解出的 t 依次代入式（2.4.5）便可得到交点的坐标.

例 2.4.5 在仿射坐标系下，直线 l 的标准方程为

$$\frac{x}{-1}=\frac{y-1}{1}=\frac{z-1}{2}\text{，}$$

平面π的方程为：$2x+y-z-3=0$. 判断 l 和π的位置关系，如果相交求交点.

解：因为

$$2\cdot(-1)+1\cdot 1+(-1)\cdot 2=-3\neq 0\text{，}$$

所以 l 和π相交. 直线 l 的其参数方程为

$$\begin{cases}x=-t\\ y=1+t\text{，}\ t\in\mathbf{R}\text{，}\\ z=1+2t\end{cases}$$

代入π的一般方程有 $t=-1$. 于是，再由参数方程得到交点坐标是$(1, 0, -1)$.

考虑直线与平面所成的角. 设直线 l 的一个方向向量为 $\boldsymbol{v}$, 平面 π 的一个法向量为 $\boldsymbol{n}$. 如图 2.4.4 所示, l 与 π 的交点为 P, 过 P 作 π 的垂线 l', l 与 l' 决定的平面为 π', π 和 π' 的交线为 l'', 称 l'' 为 l 在 π 上的**投影直线**.

定义 2.4.5 空间直线 l 和平面 π 的夹角记为 $\angle(l,\pi)$. 如果空间直线 l 和平面 π 平行或直线在平面上, 规定 $\angle(l,\pi)=0$. 如果空间直线 l 和平面 π 相交, l 在 π 上的投影直线为 l'', 规定 $\angle(l,\pi)=\angle(l,l'')$.

如果空间直线 l 和平面 π 相交, 如图 2.4.4 所示, $\angle(l,l'')=90^\circ-\angle(l,l')$. 直线 l' 的一个方向向量是平面 π 的一个法向量 $\boldsymbol{n}$, 由定义 2.4.1, 所以 $\angle(l,l')=\angle(\boldsymbol{v},\boldsymbol{n})$ 或者 $\angle(l,l')=180^\circ-\angle(\boldsymbol{v},\boldsymbol{n})$. 从而 $\angle(l,l'')=90^\circ-\angle(\boldsymbol{v},\boldsymbol{n})$ 或者 $\angle(l,l'')=\angle(\boldsymbol{v},\boldsymbol{n})-90^\circ$, 即 l 和 π 的夹角 $\angle(l,\pi)=90^\circ-\angle(\boldsymbol{v},\boldsymbol{n})$ 或者 $\angle(l,\pi)=\angle(\boldsymbol{v},\boldsymbol{n})-90^\circ$.

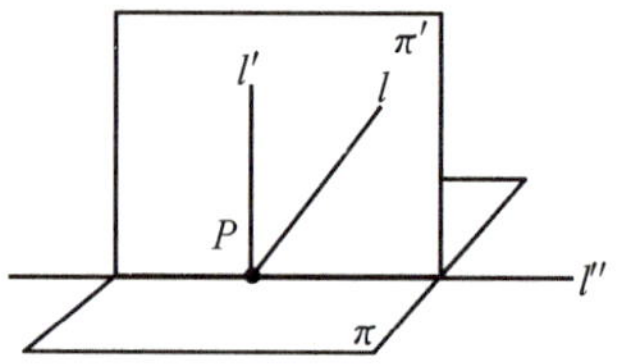

图 2.4.4

如果空间直线 l 和平面 π 平行或直线在平面上, 则 $\boldsymbol{v}$ 和 $\boldsymbol{n}$ 垂直. 于是 $\angle(l,\pi)=0^\circ=90^\circ-\angle(\boldsymbol{v},\boldsymbol{n})=\angle(\boldsymbol{v},\boldsymbol{n})-90^\circ$.

综上所述, 不论直线 l 与平面 π 的位置关系如何, 总有它们的夹角满足

$$\angle(l,\pi)=90^\circ-\angle(\boldsymbol{v},\boldsymbol{n}) \text{ 或者 } \angle(l,\pi)=\angle(\boldsymbol{v},\boldsymbol{n})-90^\circ,$$

其中 $\boldsymbol{v}$ 是直线 l 的一个方向向量, $\boldsymbol{n}$ 是平面 π 的一个法向量. 因此可得

定理 2.4.7 设空间直线 l 的一个方向向量为 $\boldsymbol{v}$, 平面 π 的一个法向量为 $\boldsymbol{n}$, 则 l 与 π 夹角的正弦等于 $\boldsymbol{v}$ 与 $\boldsymbol{n}$ 夹角的余弦, 即 $\sin\angle(l,\pi)=|\cos\angle(\boldsymbol{v},\boldsymbol{n})|=\dfrac{|\boldsymbol{v}\cdot\boldsymbol{n}|}{|\boldsymbol{v}|\cdot|\boldsymbol{n}|}$.

在直角坐标系[O; $\boldsymbol{i}$、$\boldsymbol{j}$、$\boldsymbol{k}$]下, 如果空间直线 l 的标准方程为

$$\frac{x-x_0}{m}=\frac{y-y_0}{n}=\frac{z-z_0}{p}.$$

平面 π 的一般方程为

$$Ax+By+Cz+D=0.$$

则有

推论 2.4.1 在直角坐标系下, 空间直线 l 与平面 π 夹角的正弦

$$\sin\angle(l,\pi)=\frac{|Am+Bn+Cp|}{\sqrt{A^2+B^2+C^2}\cdot\sqrt{m^2+n^2+p^2}},$$

特别地, l 和 π 平行或 l 在 π 上[即 $\angle(l,\pi)=0$]当且仅当

$$Am+Bn+Cp=0.$$

例 2.4.6 在直角坐标系下, 直线 l 的标准方程为

$$\frac{x}{-1}=\frac{y-1}{1}=\frac{z-1}{2},$$

平面π的方程为 $2x+y-z-3=0$．求 l 和π的夹角．

解：

$$\sin\angle(l,\pi)=\frac{|2\cdot(-1)+1\cdot1+(-1)\cdot2|}{\sqrt{2^2+1^2+(-1)^2}\cdot\sqrt{(-1)^2+1^2+2^2}}=\frac{1}{2},$$

所以 $\angle(l,\pi)=30^\circ$．

习题 2.4

1．在仿射坐标系下，判断下列各对直线的位置关系．

（1）l_1：$\frac{x}{1}=\frac{y-1}{2}=\frac{z+2}{-1}$，$l_2$：$\frac{x-1}{4}=\frac{y-4}{7}=\frac{z+2}{-5}$；

（2）l_1：$\begin{cases}x+y+z=0\\y+z+1=0\end{cases}$，$l_2$：$\begin{cases}x+z+1=0\\x+y+1=0\end{cases}$.

2．在直角坐标系下，求下列各对直线的夹角．

（1）l_1：$\frac{x-1}{2}=\frac{y-1}{1}=\frac{z+2}{-1}$，$l_2$：$\frac{x-1}{-2}=\frac{y-4}{4}=\frac{z+2}{-3}$；

（2）l_1：$\begin{cases}x+y+z+1=0\\x+y+2z-1=0\end{cases}$，$l_2$：$\begin{cases}3x+y+6=0\\y+3z+3=0\end{cases}$.

3．在直角坐标系下，判断直线 l_1：$\frac{x-3}{2}=\frac{y+2}{1}=\frac{z-5}{0}$ 和 l_2：$\frac{x+1}{1}=\frac{y-2}{0}=\frac{z}{1}$ 的位置关系，如果异面，求它们的距离和公垂线方程．

4．在仿射坐标系下，判断下列直线与平面的位置关系，如果相交求交点．

（1）l：$\frac{x-3}{-2}=\frac{y+4}{-7}=\frac{z}{3}$，$\pi$：$4x-2y-2z-3=0$；

（2）l：$\frac{x-1}{2}=\frac{y+1}{3}=\frac{z+2}{-1}$，$\pi$：$3x+2y+z=0$；

（3）l：$\begin{cases}x+3y-2z+1=0\\x+2y+z-1=0\end{cases}$，$\pi$：$x+2y+z-3=0$；

（4）l：$\begin{cases}3x-3y+z+4=0\\x+y+z-2=0\end{cases}$，$\pi$：$3y+z-5=0$．

5．在直角坐标系下，求下列直线与平面的夹角．

（1）l：$\frac{x-1}{2}=\frac{y}{1}=\frac{z+1}{-1}$，$\pi$：$x-2y+4z-1=0$；

（2）l：$\begin{cases}x-y-z-1=0\\2x-3y+1=0\end{cases}$，$\pi$：$2x-z-4=0$．

6. 在直角坐标系下，点 P 的坐标是(2, − 3, − 1)，直线 l 的方程为

$$\frac{x-1}{-2}=\frac{y+1}{-1}=\frac{z}{1}.$$

求过 P 作 l 的垂线方程.

7. 在直角坐标系下，点 P 的坐标是(1，0，2)，直线 l 的方程为

$$\begin{cases}2x-y-2z+1=0\\x+y+4z-2=0\end{cases}.$$

求 P 到 l 的距离.

习题 2.4 答案

2.5 平面束方程

在空间给定一直线 l，我们把经过该直线的平面的全体称为**共轴平面束**，简称**平面束**，其中 l 叫作**平面束的轴**. 在仿射坐标系$[O;\ \boldsymbol{e}_1、\boldsymbol{e}_2、\boldsymbol{e}_3]$下，设直线 l 的一般方程为

$$\begin{cases} A_1x+B_1y+C_1z+D_1=0 \\ A_2x+B_2y+C_2z+D_2=0 \end{cases}, \tag{2.5.1}$$

其中方程中的两张平面相交. 由定理 2.2.3 的说明，则 A_1、B_1、C_1 和 A_2、B_2、C_2 不对应成比例.

对于不全为零的一组实数λ、μ，构造如下方程

$$\lambda(A_1x+B_1y+C_1z+D_1)+\mu(A_2x+B_2y+C_2z+D_2)=0, \tag{2.5.2}$$

整理得

$$(\lambda A_1+\mu A_2)x+(\lambda B_1+\mu B_2)y+(\lambda C_1+\mu C_2)z+(\lambda D_1+\mu D_2)=0. \tag{2.5.3}$$

我们声称式（2.5.2）表示经过直线 l 的所有的平面.

一方面，直线 l 上点的坐标会满足方程组（2.5.1），当然会满足方程（2.5.2）. 下说明式（2.5.2）中的一次项系数 $\lambda A_1+\mu A_2$、$\lambda B_1+\mu B_2$、$\lambda C_1+\mu C_2$ 不全为零. 反证，若它们全为零，则

$$\frac{A_1}{A_2}=\frac{B_1}{B_2}=\frac{C_1}{C_2}=\frac{-\mu}{\lambda}.$$

即 A_1、B_1、C_1 和 A_2、B_2、C_2 对应成比例，矛盾. 因此（2.5.2）表示经过直线 l 的平面.

另一方面，设经过直线 l 的任一平面为π. 在π上且在 l 外取一点 P_0，设坐标为(x_0,y_0,z_0). 记

$$\mu_0=-(A_1x_0+B_1y_0+C_1z_0+D_1),$$

$$\lambda_0=A_2x_0+B_2y_0+C_2z_0+D_2,$$

因为 P_0 在 l 外，所以 λ_0、μ_0 不全为零. 利用他们构造方程

$$\lambda_0(A_1x+B_1y+C_1z+D_1)+\mu_0(A_2x+B_2y+C_2z+D_2)=0. \tag{2.5.4}$$

已证明该方程表示经过直线 l 的平面. 又将 P_0 坐标代入，方程（2.5.4）恒成立. 从而式（2.5.4）表示的平面既经过直线 l 又经过 P_0. 而直线和其外一点确定唯一一张平面，可见式（2.5.4）就是π的方程.

定理 2.5.1 在仿射坐标系下，设直线 l 的一般方程为

$$\begin{cases} A_1x+B_1y+C_1z+D_1=0 \\ A_2x+B_2y+C_2z+D_2=0 \end{cases},$$

则以 l 为轴的共轴平面束方程为

$$\lambda(A_1x+B_1y+C_1z+D_1)+\mu(A_2x+B_2y+C_2z+D_2)=0,$$

其中λ、μ是不全为零的实数.

例 2.5.1 在仿射坐标系下，直线 l 的一般方程为

$$\begin{cases} 4x-y+3z-5=0 \\ x-y-z+2=0 \end{cases}.$$

求下列平面方程:（1）平面经过 l 且平行于 y 轴;（2）设点 P 的坐标是(1, 1, − 1)，平面经过 l 和 P.

解： 经过 l 的所有平面方程可设为

$$\lambda(4x-y+3z-5)+\mu(x-y-z+2)=0. \quad (2.5.5)$$

其中，λ、μ是不全为零的实数. 整理得

$$(4\lambda+\mu)x-(\lambda+\mu)y+(3\lambda-\mu)z-5\lambda+2\mu=0. \quad (2.5.6)$$

（1）因为平面平行于 y 轴，所以 $\lambda+\mu=0$，即 $\mu=-\lambda$，代入式（2.5.5）化简得平面方程为

$$3x+4z-7=0.$$

（2）因为平面经过点 P，将其坐标代入式（2.5.6）得 $-5\lambda+3\mu=0$，即 $\mu=\frac{5}{3}\lambda$，代入（2.5.5）式化简得平面方程为

$$17x-8y+4z-5=0.$$

例 2.5.2 在直角坐标系下，直线 l 的一般方程为

$$\begin{cases} 4x-y+3z-1=0 \\ x+5y-z+2=0 \end{cases}.$$

求经过 l 和且与平面 $2x-y+5z-3=0$ 垂直的平面方程.

解： 经过 l 的所有平面方程可设为

$$\lambda(4x-y+3z-1)+\mu(x+5y-z+2)=0, \quad (2.5.7)$$

其中λ、μ是不全为零的实数. 整理得

$$(4\lambda+\mu)x-(\lambda-5\mu)y+(3\lambda-\mu)z-\lambda+2\mu=0.$$

由条件知

$$(4\lambda+\mu)\cdot 2+[-(\lambda-5\mu)]\cdot(-1)+(3\lambda-\mu)\cdot 5=0,$$

即 $\mu=3\lambda$，代入式（2.5.7）化简得平面方程为

$$7x+14y+5=0.$$

习题 2.5

1. 在仿射坐标系下，直线 l 的一般方程为

$$\begin{cases}4x-y+3z-1=0\\ x+5y-z+2=0\end{cases}.$$

求下列平面方程：（1）平面经过 l 且平行于 x 轴；（2）平面经过 l 且平行于 z 轴；（3）平面经过 l 和原点.

2. 在直角坐标系下，直线 l 的一般方程为

$$\begin{cases}x+5y+z=0\\ x-z+4=0\end{cases}.$$

求经过 l 且与平面 $x-4y-8z+12=0$ 夹角为 $\dfrac{\pi}{4}$ 的平面方程.

3. 在直角坐标系下，直线 l 的标准方程为

$$\frac{x+1}{0}=\frac{y+2}{2}=\frac{z-2}{-3},$$

点 P 的坐标是（4,1,2）. 求经过 l 且与 P 的距离等于 3 的平面方程.

4. 在仿射坐标系下，直线 l 的一般方程为

$$\begin{cases}A_1x+B_1y+C_1z+D_1=0\\ A_2x+B_2y+C_2z+D_2=0\end{cases}.$$

上述系数满足什么才能使 l 在 xOz 面上.

习题 2.5 答案

小　结

平面和空间直线是空间解析几何中基础又重要的两种图形. 在有了坐标系之后，便可以建立它们的方程. 平面方程本质上是关于其上点坐标 x、y、z 的三元一次方程. 而直线的一般方程是两个平面一般方程联立的方程组，除此之外直线还有更为重要的标准方程. 建立方程的思想是，根据图形的几何规律，寻找其上点的坐标满足的关系式，使得关系式和图形可以一一对应. 这也为第 3 章曲面和空间曲线方程的建立起到了指示作用.

向量是构建方程的有效工具. 纵观本章，我们应用向量讨论了平面和空间直线的各种几何特征，包括平面划分空间问题、点到平面的距离、空间直线间的位置关系、空间直线与平面的位置关系和点到直线的距离等. 但需要指出的是，其中一些关于仿射性质的讨论，都是在仿射坐标系下进行的. 而关于度量关系的问题，则是在直角坐标系下考虑的. 值得读者注意的是，在仿射坐标系下得到的所有方程、定理以及命题等，在直角坐标系之下必然都有而且完全一样. 如平面的一般方程、平面间的平行、直线间的共面和异面等等问题. 然而，这些问题在直角坐标系下，方程中的各个系数的几何意义会更明显，讨论也会更易于理解，见例题 2.3.4. 目前，在“高等数学”课程中，所有问题的分析和探讨都是在直角坐标系下进行，相对会更容易理解.

关于平面方面，在仿射坐标系下两种广泛使用的是点向量式方程和一般方程. 平面的点向量式方程的确定，需要寻找其两要素，即平面上的一个定点和两个不共线的向量. 平面的一般方程为 $Ax+By+Cz+D=0$，其中 A、B、C、D 是常数. 容易看出如果要完全决定这个方程，我们只需知道这四个常数彼此之间的比例关系即可，而不必得到它们明确的数值. 平面的一般方程中包含的四个常数非常重要. 一方面，它们能揭示平面的一些简单的几何性质，如平面经过原点等价于 $D=0$，平行于 x 轴等价于 $A=0$，平行于 xOy 面等价于 $A=B=0$. 另一方面，两平面的相关位置也是由它们所决定的，如两个平面的这四个系数对应成比例，则这两个平面重合. 最后，在直角坐标系下，我们还讨论了关于距离和夹角的问题：点到平面的距离与平面之间的夹角. 其中前者有具体的公式，该公式与中学所学习的平面解析几何中点到直线的距离公式类似. 后者平面间的夹角完全由它们法向量的夹角来决定.

关于空间直线方面，在仿射坐标系下有两种方程：标准方程和一般方程. 标准方程能够凸显直线的几何特征，即直线经过的定点和方向向量. 然而，从直线的一般方程，直观上并不容易看出直线的上述几何特征. 对于这两类方程，重点是相互之间的转化，难点在于如何把直线的一般方程转化为标准方程. 在诸如以下的实际问题中：两直线的异面和共面（相交、平行和重合）、直线与平面的位置关系（平行、相交和直线在平面内）等，都需要把直线的一般方程化成标准方程. 但是有些时候直线的一般方程有其独到的优势，参见例题 2.3.3 和求解两异面直线的公垂线方程. 空间直角坐标系下，我们讨论了直线间的一些度量关系. 夹角方面：两直线的夹角是由它们的方向向量来确定；直线与平面的夹角由直线的方向向量和平面的法向量来确定. 距离方面：无论是两条异面直线间的距离，还是点到直线的距离，结合几何意义都会非常好理解. 其中前者为一个平行六面体的高，而后者为一个平行四边形的高.

除上述方程外，平面与空间直线还具有参数式方程. 它们的不同点在于平面的参数式方程含有两个参数，而空间直线的参数式方程只有一个参数. 参数式方程在实际中具有一定的意义，能够减少变量的个数. 空间任何点的坐标有 x、y 和 z 三个参数，平面的参数式方程用两个参数就可以刻画其上点的坐标，而空间直线的参数式方程只用一个参数就可以刻画其上点的坐标. 求平面和空间直线的交点正是利用了这点.

在本章最后一节，我们讨论了有轴平面束，其能够表示经过轴线的全体平面，这是直线一般方程的重要应用. 当实际问题中出现“某平面经过已知直线”时，我们可考虑用平面束方程来表示该平面. 有些“解析几何”教材中，有轴平面束也被称为共轴平面系.

第3章
曲面与空间曲线

本章将研究空间中的曲面与曲线，并就重要的曲面做详细讨论．在建立坐标系之后，如果空间任意点在某曲面或空间曲线上，那么该点的坐标应该会满足一定的关系式（三元方程或方程组）．如何找到这些关系式是人们所关心的一个问题．另外一个问题是，反过来，如果给定点坐标满足的三元方程或方程组，如何探索它在空间表示的图形及图形的性质．以上是空间解析几何中两个最基本的问题．为了便于理解，本章所有问题均采用直角坐标系．

在开展讨论之前，我们将在空间直角坐标的基础上引入点的柱面坐标和球面坐标．它们是空间坐标系的完善，在积分学中有重要的应用．某些曲面或曲线在柱面坐标系或球面坐标系下方程会显得更简单．

3.1 柱面坐标和球面坐标

中学时，我们已经知道，平面上的点除了具有直角坐标外，还有极坐标. 在空间直角坐标系$[O;\ \boldsymbol{i}、\boldsymbol{j}、\boldsymbol{k}]$下，如果点 P 的坐标是(x, y, z)，则其定位向量 $\overrightarrow{OP}$ 的坐标便是$\{x,y,z\}$. 如图 3.1.1 所示，P 在 xOy 面上的投影点是 P'①，由定理 1.2.4 的说明可知，$\overrightarrow{OP'}$ 的横坐标和纵坐标分别等于 $\overrightarrow{OP}$ 的横坐标和纵坐标，即 P 与 P' 具有相同的横坐标和纵坐标. 而在 xOy 面上，P' 的横坐标和纵坐标可以由其极坐标 r 和 θ 来确定. 从而，P 的横坐标和纵坐标就可以由 P' 的极坐标 r 和 θ 来确定. 我们便称新的有序数组 r、θ、z 为 P 的**柱面坐标**，其中 θ 叫作点 P 的**方位角**，类似于地球的经度. 柱面坐标与点的这种对应关系称为**柱面坐标系**. 显然

$$r \geqslant 0;\quad 0° \leqslant \theta < 360°;\quad -\infty < z < +\infty$$

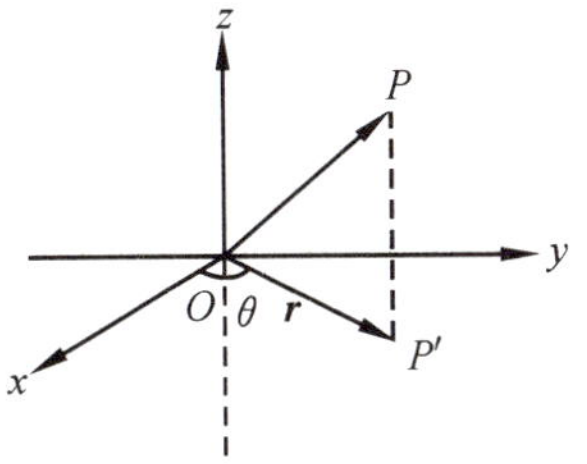

图 3.1.1

点 P 的柱面坐标与直角坐标的关系是

$$\begin{cases} x = r\cos\theta \\ y = r\sin\theta \\ z = z \end{cases}.$$

我们来讨论 $r = a$，其中 a 是大于零的常数，在空间表示的图形. 空间点满足这个方程意味着，它们在 xOy 面上的投影点都会落在以原点 O 为圆心，a 为半径的圆上. 可见这些空间点构成的图形是一圆柱面. 反过来，在该圆柱面上的点一定都满足 $r = a$. 因此，这个圆柱面的方程就是 $r = a$. 关于一般柱面的详细讨论将放在本章第 3 节，我们会发现 $r = a$ 是最简单的柱面方程.

类似地，方程 $\theta = \theta_0$，其中 θ_0 是常数满足 $0° \leqslant \theta_0 < 360°$，在空间表示以 z 轴为边界的半平面. 而方程 $z = b$，其中 b 是常数，表示平行于 xOy 面的平面. 我们称上述圆柱面、半平面和平面为柱面坐标系的坐标面. 此时的坐标面并非都是平面.

---

① 过点 P 作平面的垂线，垂足 P' 称为点在平面上的投影点. 进一步，如果线段 PQ 以 P' 为中点，则称 Q 为 P 关于平面的对称点.

球面坐标是以原点为参考，由距离、仰角和方位角构成．如图 3.1.2 所示，原点 O 到 P 的距离记为ρ．仰角是指向量$\overrightarrow{OP}$与 z 轴正向的夹角，记为φ．方位角为θ，即 P 在 xOy 面上的投影点 P' 的极角．

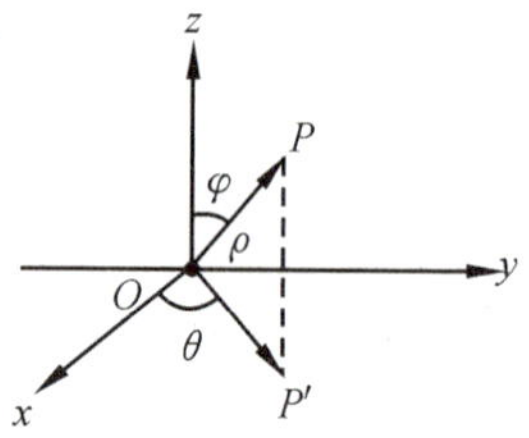

图 3.1.2

我们称有序数组ρ、φ、θ为 P 的**球面坐标**．球面坐标与点的这种对应关系称为**球面坐标系**．显然

$$\rho \geqslant 0\ ;\quad 0° \leqslant \varphi \leqslant 180°\ ;\quad 0° \leqslant \theta < 360°.$$

球面坐标中的φ和地球的纬度相似，但有区别．纬度是 xOy 面即赤道为 0°，向南北两极递增，最大达到南北极时为 90°．而φ是北极为 0°，向南极递增，到 xOy 面时为 90°，到南极时为最大 180°．仰角φ也预示了$\overrightarrow{OP}$的南北朝向，当$0° \leqslant \varphi < 90°$时，$\overrightarrow{OP}$朝北；当$90° < \varphi \leqslant 180°$时，$\overrightarrow{OP}$朝南．

点 P 的球面坐标与直角坐标的关系是

$$\begin{cases} x = \rho\sin\varphi\cos\theta \\ y = \rho\sin\varphi\sin\theta \\ z = \rho\cos\varphi \end{cases}.$$

方程$\rho = a$表示以原点为球心半径等于 a 的球面，其中 a 是大于零的常数．方程$\varphi = \varphi_0$，其中φ_0是常数满足$0° \leqslant \varphi_0 \leqslant 180°$，在空间表示以 z 轴为对称轴，原点为顶点的圆锥面．而方程$\theta = \theta_0$，其中θ_0是常数满足$0° \leqslant \theta_0 < 360°$，则表示以 z 轴为边界的半平面．我们称上述球面、圆锥面和半平面为球面坐标系的坐标面．此时的坐标面均不是平面．

例 3.1.1　把直角坐标系下的平面方程$x + y + z + 1 = 0$分别化为柱面坐标系和球面坐标系下的方程．

解：将直角坐标与柱面坐标的关系代入平面方程得

$$r\cos\theta + r\sin\theta + z + 1 = 0\ ,$$

即

$$r = -\frac{z+1}{\cos\theta + \sin\theta}.$$

将直角坐标与球面坐标的关系代入平面方程得

$$\rho\sin\varphi\cos\theta + \rho\sin\varphi\sin\theta + \rho\cos\varphi + 1 = 0\ ,$$

即

$$\rho = -\frac{1}{\sin\varphi\cos\theta + \sin\varphi\sin\theta + \cos\varphi}.$$

习题 3.1

1. 把直角坐标系下的平面方程 $2x+3y-z-5=0$ 分别化为柱面坐标系和球面坐标系下的方程.

2. 在直角坐标系下，点 P 的坐标是$(\sqrt{3}, -1, 1)$，求他的柱面坐标和球面坐标.

3. 点 P 的柱面坐标是$(2,\ 210^\circ, 1)$，求它的直角坐标和球面坐标.

4. 点 P 的球面坐标是$(\sqrt{2},\ 135^\circ,\ 120^\circ)$，求它的直角坐标和柱面坐标.

习题 3.1 答案

3.2　曲面与空间曲线方程

在空间中，曲面与曲线是很常见的，如足球的表面、水杯的表面、漏斗的表面等都是曲面，而登山运动员的行走轨迹、滑雪运动员的轨迹、盘旋的公路等都是曲线. 本节将讨论曲面与空间曲线方程.

3.2.1　曲面方程

我们将先讨论一类特殊的曲面——球面的方程. 取定空间直角坐标系，设球心 P_0 的坐标为(x_0,y_0,z_0)，半径为 r，空间任意点 P 的坐标为(x,y,z)，则 P 在球面上当且仅当其坐标满足

$$(x-x_0)^2+(y-y_0)^2+(z-z_0)^2=r^2\,, \tag{3.2.1}$$

称之为球面的**标准方程**. 半径等于 1 的球面称为**单位球面**. 特别地，以原点为球心，1 为半径的单位球面方程是

$$x^2+y^2+z^2=1\,.$$

将球面的标准方程（3.2.1）展开得到

$$x^2+y^2+z^2-2x_0x-2y_0y-2z_0z+x_0{}^2+y_0{}^2+z_0{}^2-r^2=0\,. \tag{3.2.2}$$

如果令 $E=-2x_0$， $F=-2y_0$， $G=-2z_0$， $H=x_0{}^2+y_0{}^2+z_0{}^2-r^2$，则式（3.2.2）可改写为

$$x^2+y^2+z^2+Ex+Fy+Gz+H=0\,. \tag{3.2.3}$$

其中

$$\frac{1}{4}(E^2+F^2+G^2-4H)=r^2>0\,,$$

即

$$E^2+F^2+G^2-4H>0\,.$$

我们称满足以上不等式（3.2.3）的为球面的一般方程，其特点是

（1）是关于 x、y、z 的三元二次方程；

（2）二次项中，x^2、y^2、z^2 的系数都等于 1 且不含交叉项 xy、xz、yz.

将球面一般方程进行配方成可得标准方程

$$\left(x+\frac{E}{2}\right)^2+\left(y+\frac{F}{2}\right)^2+\left(z+\frac{G}{2}\right)^2=\frac{1}{4}(E^2+F^2+G^2-4H)\,.$$

如果 $E^2+F^2+G^2-4H=0$，以上方程表示一个点，坐标是

$$\left(-\frac{E}{2},-\frac{F}{2},-\frac{G}{2}\right).$$

如果 $E^2+F^2+G^2-4H<0$，那么以上方程不表示任何图形，称为虚球面.

例 3.2.1 在空间直角坐标系下，求下列球面的球心和半径.

（1）$x^2+y^2+z^2-6x+4y+2z+5=0$；

（2）$2x^2+2y^2+2z^2-2x+6y+2z+5=0$.

解：（1）配方得

$$(x-3)^2+(y+2)^2+(z+1)^2=9,$$

从而球心坐标是(3, －2, －1)，半径为 3.

（2）方程两边同时除以 2 得一般方程

$$x^2+y^2+z^2-x+3y+z+\frac{5}{2}=0$$

配方有

$$\left(x-\frac{1}{2}\right)^2+\left(y+\frac{3}{2}\right)^2+\left(z+\frac{1}{2}\right)^2=\frac{1}{4},$$

从而球心坐标是$\left(\frac{1}{2},-\frac{3}{2},-\frac{1}{2}\right)$，半径为$\frac{1}{2}$.

无论是球面，还是上章学习的平面，它们的方程都是关于其上点坐标的三元方程. 一般地，在空间内任何曲面方程都是一个三元方程.

定义 3.2.1 在直角坐标系中，如果一张曲面 S 与一个三元方程 $F(x,y,z)=0$ 满足以下关系：

（1）曲面 S 上任何一点的坐标都满足 $F(x,y,z)=0$；

（2）以满足 $F(x,y,z)=0$ 的有序数组 x、y、z 为坐标的点都在曲面 S 上，

则称 $F(x,y,z)=0$ 为 S 的方程，而 S 称为 $F(x,y,z)=0$ 表示的图形.

说明 1：曲面 S 的方程 $F(x,y,z)=0$ 有时候也写成 $z=f(x,y)$，此时 z 是关于 x、y 的二元函数，即说明二元函数对应的几何图形就是一张曲面.

说明 2：定义中（1）、（2）两条缺一不可. 如考虑球面的上半个球面，其上所有的点都会满足球面方程，但球面方程不可以作为上半个球面的方程. 因为下半个球面上的点也满足球面方程，而它们均不在上半个球面上，即定义中的（2）是不满足的.

例 3.2.2 在空间直角坐标系下，点 A 和 B 的坐标分别是(1,2,3)、(2,－1,4)，求到它们距离相等的点构成的曲面方程.

解：设空间任意点的坐标为 (x,y,z)，则其在所求曲面上当且仅当

$$\sqrt{(x-1)^2+(y-2)^2+(z-3)^2}=\sqrt{(x-2)^2+(y+1)^2+(z-4)^2},$$

即曲面方程为

$$2x-6y+2z-7=0 .$$

这是平面的一般方程，而到两点距离相等的点恰恰构成以这两点为端点的线段的垂直平分面.

在求曲面方程时，每步必须是当且仅当，即同时符合定义 3.2.1 中的（1）、（2）. 在化简时，有时候可能会忽视方程成立的约束条件，所以求出曲面方程后是需要把它们添加上的.

例 3.2.3 在空间直角坐标系下，点 A 和 B 的坐标分别是$(-2,-2,1)$、$(2,2,1)$，求到 A 的距离比到 B 的距离大 4 的点构成的曲面方程.

解： 设空间任意点的坐标为 (x,y,z)，则其在所求曲面上当且仅当

$$\sqrt{(x+2)^2+(y+2)^2+(z-1)^2}-\sqrt{(x-2)^2+(y-2)^2+(z-1)^2}=4 . \qquad (3.2.4)$$

移项得

$$\sqrt{(x+2)^2+(y+2)^2+(z-1)^2}=4+\sqrt{(x-2)^2+(y-2)^2+(z-1)^2} .$$

两边平方

$$\sqrt{(x-2)^2+(y-2)^2+(z-1)^2}=x+y-2 . \qquad (3.2.5)$$

将（3.2.5）式再次两边平方得

$$z^2-2z-2xy+5=0 . \qquad (3.2.6)$$

以上过程中，式（3.2.5）成立需要满足 $x+y-2>0$，但是化简为式（3.2.6）却没有这个限制，因此所求曲面方程应该是

$$z^2-2z-2xy+5=0 \quad (x+y+2>0) .$$

接下来讨论曲面的参数方程. 空间任意点的直角坐标与球面坐标的关系是

$$\begin{cases} x=\rho\sin\varphi\cos\theta \\ y=\rho\sin\varphi\sin\theta , \quad \rho\geqslant 0 , \quad 0^\circ\leqslant\varphi\leqslant 180^\circ , \quad 0^\circ\leqslant\theta<360^\circ , \\ z=\rho\cos\varphi \end{cases}$$

则方程 $\rho=1$，即在以原点为球心的单位球面上的点的直角坐标为

$$\begin{cases} x=\sin\varphi\cos\theta \\ y=\sin\varphi\sin\theta , \quad 0^\circ\leqslant\varphi\leqslant 180^\circ , \quad 0^\circ\leqslant\theta<360^\circ . \\ z=\cos\varphi \end{cases} \qquad (3.2.7)$$

反过来，上述 x、y、z 满足方程 $x^2+y^2+z^2=1$，说明以式（3.2.7）为直角坐标的点均在以原点为球心的单位球面上. 我们称式（3.2.7）为该球面的**参数方程**. 可见球面的参数方程含有两个参数，这也符合人们所说的曲面的自由度是 2 这一规律.

一般地，刻画单个三元方程 $F(x,y,z)=0$ [或 $z=f(x,y)$]需要引入两个参数. 从而，有曲面参数方程的定义.

定义 3.2.2 在直角坐标系中，当参数 u、v 取完一切可能取值时，以满足下面方程

$$\begin{cases} x = x(u,v) \\ y = y(u,v), \quad a \leqslant u \leqslant b, \quad c \leqslant v \leqslant d \\ z = z(u,v) \end{cases} \tag{3.2.8}$$

的 x、y、z 为直角坐标的点与曲面 S 上的点一一对应，则称式（3.2.8）为曲面 S 的**参数方程**.

注：曲面的参数方程不唯一， 如以原点为球心的单位球面的上半部分，直角坐标系下的方程是

$$z=\sqrt{1-x^2-y^2}\ .$$

以下两种均为其参数方程：

（1）

$$\begin{cases} x = \sin\varphi\cos\theta \\ y = \sin\varphi\sin\theta, \quad 0° \leqslant \varphi \leqslant 90°, \quad 0° \leqslant \theta < 360°. \\ z = \cos\varphi \end{cases}$$

（2）

$$\begin{cases} x = u \\ y = v \\ z = \sqrt{1-u^2-v^2} \end{cases}, \quad 0 \leqslant u^2+v^2 \leqslant 1.$$

3.2.2 空间曲线方程

正如空间直线是两个平面的交线，空间曲线可以看成是两个曲面的交线. 为此，称联立两个曲面方程的方程组

$$\begin{cases} F(x,y,z)=0 \\ G(x,y,z)=0 \end{cases}$$

为**空间曲线的一般方程**.

例 3.2.4 在空间直角坐标系下，求 xOy 面上以原点为圆心 1 为半径的圆的方程.

解：空间的圆可以看成是球面与平面的交线. 所求圆既在以原点为球心的单位圆上，又在 xOy 面上，因此圆的方程为

$$\begin{cases} x^2+y^2+z^2=1 \\ z=0 \end{cases}. \tag{3.2.9}$$

上述方程组与

$$\begin{cases} x^2+y^2=1 \\ z=0 \end{cases} \tag{3.2.10}$$

等价，所以式（3.2.10）也可以作为所求圆的方程. 可见，空间曲线的一般方程并不唯一.

空间曲线与曲面一样也具有参数方程. 在物理学中，空间曲线常常看成是质点随时间 t 的运动轨迹，所以曲线上点的坐标均为 t 的一元函数. 进一步，化例 3.2.4 中圆的一般方程（3.2.9）为参数方程. 首先，球面 $x^2+y^2+z^2=1$ 的参数方程是

$$\begin{cases} x=\sin\varphi\cos\theta \\ y=\sin\varphi\sin\theta \\ z=\cos\varphi \end{cases}, \quad 0°\leqslant\varphi\leqslant 90°, \quad 0°\leqslant\theta<360°.$$

其次，联立上 $z=0$，从而得式（3.2.9）的等价方程，也就是所求圆的参数方程为

$$\begin{cases} x=\cos\theta \\ y=\sin\theta \\ z=0 \end{cases}, \quad 0°\leqslant\theta<360°.$$

此时曲线上点的坐标均为 θ 的一元函数. 以上说明空间曲线的参数方程只含有一个参数，这与曲线的自由度为 1 是相符合的.

定义 3.2.3 在直角坐标系中，当参数 t 取完一切可能取值时，以满足下面方程

$$\begin{cases} x=x(t) \\ y=y(t) \\ z=z(t) \end{cases}, \quad a\leqslant t\leqslant b. \tag{3.2.11}$$

的 x、y、z 为直角坐标的点与曲线 L 上的点一一对应，则称式（3.2.11）为曲线 L 的**参数方程**.

例 3.2.5 设某质点一方面绕着定轴做恒定角速度的圆周运动,另一方面做平行于轴的匀速直线运动，求该质点的轨迹方程.

解：设圆周运动的半径为 r，质点圆周运动的角速度是 ω，直线运动的线速度是 v. 建立空间直角坐标系，使 z 轴与定轴重合，质点运动的起始点为 x 轴上的点 A. 如图 3.2.1 所示，设经过时间 t 后质点运动到点 B 位置，B 在 xOy 面上的投影点为点 C. 由于 C 与 B 的横纵坐标相同，从而质量轨迹的参数方程是

$$\begin{cases} x=r\cos\omega t \\ y=r\sin\omega t \\ z=vt \end{cases}, \quad t\geqslant 0.$$

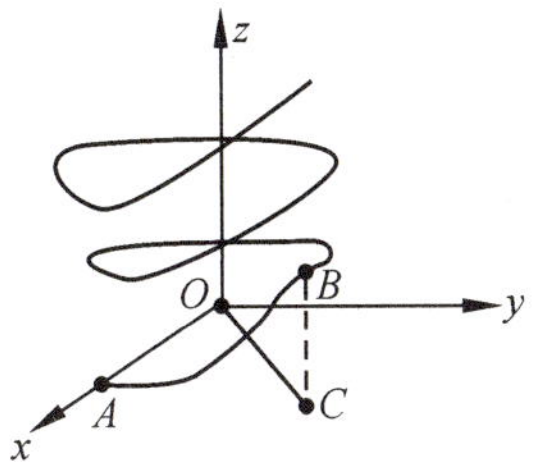

图 3.2.1

如果令参数 $-\infty\leqslant t\leqslant+\infty$，则以上曲线在点 A 处向两端无限延伸，我们称其为**圆柱螺旋线**. 记 $\theta=\omega t$，则圆柱螺旋线的参数方程也可化为

$$\begin{cases}x=r\cos\theta\\ y=r\sin\theta\,,\quad -\infty\leqslant\theta\leqslant+\infty\,.\\ z=k\theta\end{cases}$$

其中，$k=\dfrac{v}{\omega}$. 进一步，消去参数可以得到圆柱螺旋线的一般方程

$$\begin{cases}x=r\cos\dfrac{z}{k}\\ y=r\sin\dfrac{z}{k}\end{cases}.$$

习题 3.2

1. 在空间直角坐标系下，求下列球面的球心和半径.

（1）$x^2+y^2+z^2-2x+4y+6z-11=0$；

（2）$3x^2+3y^2+3z^2-6x+12y+6z+5=0$.

2. 在空间直角坐标系下求下列曲面方程.

（1）设点 A 和 B 的坐标分别是(1,0,1)、(1,2,1)，求以 A 为球心，经过 B 的球面的方程；

（2）设点 A、B、C、D 的坐标分别是(2,0,2)、(2,3,0)、(3,4,1)、(1,1,1)，求经过 A、B、C、D 的球面的方程；

（3）设点 A 的坐标分别是(1,2,0)，求到 A 和 xOy 面距离相等的点的轨迹方程；

（4）建立适当的直角坐标系，求到两定点距离之和等于常数 a 的点的轨迹方程.

3. 在空间直角坐标系下，写出球心的坐标为(x_0,y_0,z_0)，半径为 r 在球面的参数方程.

4. 在空间直角坐标系下，给定球面

$$x^2+y^2+z^2+2x-4y+4z-20=0\,.$$

求切点坐标为(2,4,2)的切平面方程.

5. 在空间直角坐标系下，设点 A、B、C 的坐标分别是(1,0,0)、(0,1,0)、(0,0,1)，求经过这三点的圆方程.

6. 在空间直角坐标系下，证明：参数方程

$$\begin{cases} x = 6\sin t \\ y = 8\sin t \\ z = 10\cos t \end{cases}, \quad -\infty \leqslant t \leqslant +\infty$$

表示的曲线是一个圆，并且求这个圆的圆心和半径.

习题 3.2 答案

3.3 柱　面

给定空间两条平行直线 l_1 和 l_2，我们把 l_2 绕着 l_1 旋转一周形成的曲面叫作**圆柱面**，其中 l_1 称为**对称轴**，l_2 上任意点绕着对称轴旋转得到的圆叫作**纬圆**. 圆柱面也可以看作是由 l_2 沿着纬圆平行于对称轴 l_1 移动形成的. 为此，引入以下概念.

定义 3.3.1　给定空间直线 l 和曲线 C，把 l 沿着 C 平行移动形成的曲面叫作**柱面**，其中 l 称为**柱面的母线**，C 称为**柱面的准线**.

柱面的母线不唯一. 事实上，所有与母线平行的直线都可以作为母线. 类似地，准线也不唯一. 圆柱面是一类特殊的柱面，任何与 l_2 平行的直线都可以作为它的母线，而任何一个纬圆都可以作为准线. 由定义 3.3.1 知，一旦直线 l 的方向和准线 C 给定，那么该柱面就被确定下来了.

在空间直角坐标系下，设柱面 S 的母线 l 的方向向量的坐标为 $\{m,n,p\}$，准线 C 的方程为

$$\begin{cases}F(x,y,z)=0\\G(x,y,z)=0\end{cases}.$$

下面给出求柱面方程的一般方法. 如图 3.3.1 所示，空间任意点 P 的坐标是 (x,y,z)，则 P 在 S 上当且仅当 P 在 S 的某条母线 l' 上. 设 l' 与准线 C 的交点 P_0 的坐标是 (x_0,y_0,z_0)，从而 P 在 l' 上等价于

$$\frac{x-x_0}{m}=\frac{y-y_0}{n}=\frac{z-z_0}{p}, \tag{3.3.1}$$

$$F(x_0,y_0,z_0)=0, \tag{3.3.2}$$

$$G(x_0,y_0,z_0)=0, \tag{3.3.3}$$

联立式（3.3.1）~ 式（3.3.3）总共四个等式，消去 x_0、y_0、z_0 得到关于 x、y、z 的三元方程，这就是所要寻找的柱面 S 的方程.

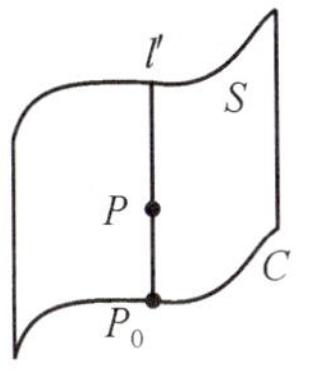

图 3.3.1

如果柱面 S 的准线 C 是由参数方程

$$\begin{cases} x = x(u) \\ y = y(u), \quad a \leqslant u \leqslant b. \\ z = z(u) \end{cases}$$

给出．此时，母线 l' 与准线 C 的交点的坐标是($x(u)$， $y(u)$， $z(u)$)，从而可得柱面的参数方程为

$$\begin{cases} x = x(u) + mv \\ y = y(u) + nv, \quad a \leqslant u \leqslant b, \quad -\infty < v < +\infty. \\ z = z(u) + pv \end{cases}$$

例 3.3.1 在空间直角坐标系下，柱面的准线方程是

$$\begin{cases} x^2 + y^2 + z^2 = 1 \\ 2x^2 + 2y^2 + z^2 = 2 \end{cases},$$

母线的方向向量的坐标为{－1,0,1}，求其方程.

解： 设柱面上任意点 P 的坐标是(x,y,z)，其所在母线与准线的交点的坐标是(x_0,y_0,z_0)，从而有

$$\frac{x - x_0}{-1} = \frac{y - y_0}{0} = \frac{z - z_0}{1}, \tag{3.3.4}$$

$$x_0^2 + y_0^2 + z_0^2 = 1, \tag{3.3.5}$$

$$2x_0^2 + 2y_0^2 + z_0^2 = 2. \tag{3.3.6}$$

联立式（3.3.4）~式（3.3.6）总共四个等式，消去 x_0、y_0、z_0. 令

$$\frac{x - x_0}{-1} = \frac{y - y_0}{0} = \frac{z - z_0}{1} = t,$$

从而

$$x_0 = x + t, \quad y_0 = y, \quad z_0 = z - t.$$

把它们代入式（3.3.5）和式（3.3.6）得

$$(x + t)^2 + y^2 + (z - t)^2 = 1, \tag{3.3.7}$$

$$2(x + t)^2 + 2y^2 + (z - t)^2 = 2. \tag{3.3.8}$$

用式（3.3.7）乘以 2 减去式（3.3.8）得 $t = z$，将其代入式（3.3.7）或式（3.3.8），则所求柱面方程为

$$(x + z)^2 + y^2 = 1,$$

即

$$x^2 + y^2 + z^2 + 2xz - 1 = 0.$$

上述方法适用于任何柱面方程的求解. 但是对于圆柱面而言，其上的点到对称轴的距离都相等，我们也可以根据这个特点来求解方程.

例 3.3.2 在空间直角坐标系下，圆柱面的对称轴 l 方程是

$$\frac{x}{1}=\frac{y}{2}=\frac{z}{3},$$

纬圆半径等于 2，求其方程.

解：设对称轴 l 的方向向量为 $\boldsymbol{v}$，由条件知 $\boldsymbol{v}$ 的坐标是$\{1,2,3\}$，且 l 恰好经过原点 O. 又设点 P 为柱面任取的点，坐标为(x,y,z)，则 P 到 l 的距离等于纬圆的半径 2. 从而

$$\frac{\left|\overrightarrow{OP}\times\boldsymbol{v}\right|}{|\boldsymbol{v}|}=2. \tag{3.3.9}$$

直接计算有

$$\overrightarrow{OP}\times\boldsymbol{v}=\begin{vmatrix}\boldsymbol{i} & \boldsymbol{j} & \boldsymbol{k}\\ x & y & z\\ 1 & 2 & 3\end{vmatrix}=(3y-2z)\boldsymbol{i}-(3x-z)\boldsymbol{j}+(2x-y)\boldsymbol{k}.$$

于是由式（3.3.9）得

$$13x^2+10y^2+5z^2-4xy-6xz-12yz-56=0.$$

下面我们将讨论一种特殊的柱面（母线平行于坐标轴的柱面）. 考虑空间直角坐标系下的方程

$$x^2+y^2=1 \tag{3.3.10}$$

在空间表示的图形.

设 xOy 面上以原点为圆心的单位圆为 C，由例 3.2.4 中的式（3.2.10）知其上所有点的坐标都满足式（3.3.10）. 进一步，在 C 上任取点 P，过 P 作平行于 z 轴的直线 l，根据定理 1.2.4 的说明可知，l 上的任意点与 P 的横坐标和纵坐标分别对应相等，从而 l 上所有点的坐标也都满足式（3.3.10）. 又因为 P 是任意取的，所以以纬圆 C 为准线平行于 z 轴的直线 l 为母线的圆柱面 S 上所有点的坐标均满足方程（3.3.10）.

反过来，任取满足方程（3.3.10）的点 P'，设坐标是(x,y,z)，则其在 xOy 面上的投影点 P'' 的坐标是$(x,y,0)$且满足 $x^2+y^2=1$. 因此 P'' 到原点的距离等于 1，即 P'' 在 C 上. 于是 P' 在圆柱面 S 上.

综上所述，方程（3.3.10）表示的图形就是以 xOy 面上的圆

$$\begin{cases}x^2+y^2=1\\ z=0\end{cases}$$

为准线平行于 z 轴的直线为母线的圆柱面 S.

类似地，方程 $\frac{x^2}{a^2}+\frac{y^2}{b^2}=1$、$\frac{x^2}{a^2}-\frac{y^2}{b^2}=1$ 和 $x=2py^2$ 在空间分别表示的图形是以 xOy 面上的椭圆 $\begin{cases}\frac{x^2}{a^2}+\frac{y^2}{b^2}=1\\ z=0\end{cases}$、双曲线 $\begin{cases}\frac{x^2}{a^2}-\frac{y^2}{b^2}=1\\ z=0\end{cases}$ 和抛物线 $\begin{cases}x=2py^2\\ z=0\end{cases}$ 为准线平行于 z 轴的直线为母线的柱面，分别称为**椭圆柱面**、**双曲柱面**和**抛物柱面**.

一般地，有以下定理.

定理 3.3.1 在空间直角坐标系下，如果关于 x、y、z 的三元方程只含有其中两个坐标，则该方程表示柱面，其母线平行于与缺失坐标同名的坐标轴.

本节最后将讨论空间曲线对坐标面的投影柱面和投影. 设空间曲线 L 的一般方程为

$$\begin{cases}F(x,y,z)=0\\ G(x,y,z)=0\end{cases}. \tag{3.3.11}$$

联立以上方程组消去 z 得一个只含 x、y 的方程

$$H_1(x,y)=0. \tag{3.3.12}$$

满足方程组（3.3.11）的点必定满足方程（3.3.12），即 L 上的点都在式（3.3.12）表示的曲面上. 由定理 3.3.1 知，式（3.3.12）表示母线平行于 z 轴的柱面，也就是说该柱面会垂直于 xOy 面. 我们把式（3.3.12）表示的柱面叫作 L 对 xOy 面的**投影柱面**，而其与 xOy 面的交线

$$\begin{cases}H_1(x,y)=0\\ z=0\end{cases}$$

叫作 L 对 xOy 面的**投影曲线**，简称**投影**.

同理，由式（3.3.11）分别消去 x、y 得方程 $H_2(y,z)=0$、$H_3(x,z)=0$，我们称它们分别为 L 对 yOz 面和 xOz 面的**投影柱面**，而曲线

$$\begin{cases}H_2(y,z)=0\\ x=0\end{cases},\quad \begin{cases}H_3(x,z)=0\\ y=0\end{cases}$$

分别叫作 L 对 yOz 面和 xOz 面的**投影曲线**，简称**投影**.

例 3.3.3 在空间直角坐标系下，空间曲线 L 的方程是

$$\begin{cases}2x^2+z^2+4y=4z\\ x^2+3z^2-8y=12z\end{cases}$$

分别求其对三个坐标面的投影.

解： 对曲线方程分别消去 x，y，z 得

$$z^2-4y-4z=0，\quad x^2+z^2-4z=0，\quad x^2+4y=0.$$

因此 L 对 xOy 面、yOz 面和 xOz 面的投影分别是

$$\begin{cases} x^2+4y=0 \\ z=0 \end{cases},\quad \begin{cases} z^2-4y-4z=0 \\ x=0 \end{cases},\quad \begin{cases} x^2+z^2-4z=0 \\ y=0 \end{cases}.$$

习题 3.3

1. 在空间直角坐标系下，求下列柱面方程.

（1）母线平行于 z 轴，准线方程为 $\begin{cases} x^2=4y \\ z=0 \end{cases}$；

（2）母线平行于 y 轴，准线方程为 $\begin{cases} (x-1)^2+(y+3)^2+(z-2)^2=25 \\ x+y-z+2=0 \end{cases}$；

（3）母线平行于直线 $\begin{cases} x=y \\ z=1 \end{cases}$，准线方程为 $\begin{cases} (x-1)^2+(y+3)^2+(z-2)^2=25 \\ x+y-z+2=0 \end{cases}$；

（4）准线方程为 $\begin{cases} x=y^2+z^2 \\ x=2z \end{cases}$，母线垂直于准线所在的平面.

2. 在空间直角坐标系下，求下列曲线对三个坐标面的投影.

（1）$\begin{cases} x^2+y^2-z=0 \\ z=x+1 \end{cases}$；　　（2）$\begin{cases} x^2+y^2+z^2=1 \\ x^2+(y-1)^2+(z-1)^2=1 \end{cases}$.

3. 在空间直角坐标系下，求下列圆柱面方程.

（1）设两直线 l_1 和 l_2 的方程分别是 $\frac{x-1}{1}=\frac{y+2}{2}=\frac{z-1}{-2}$ 和 $\frac{x}{1}=\frac{y-1}{2}=\frac{z+3}{-2}$，$l_1$ 绕 l_2 形成的圆柱面；

（2）设两直线 l_1 和 l_2 的方程分别是 $\frac{x-1}{1}=\frac{y+2}{2}=\frac{z-1}{-2}$ 和 $\frac{x}{1}=\frac{y-1}{2}=\frac{z+3}{-2}$，$l_2$ 绕 l_1 形成的圆柱面；

（3）已知三条母线方程为 $x=y=z$、$x+1=y=z-1$ 和 $x-1=y+1=z-2$ 的圆柱面.

4. 在空间直角坐标系下，已知准线方程为 $\begin{cases} F(x,y)=0 \\ z=0 \end{cases}$，母线平行于 z 轴，求该柱面方程.

习题 3.3 答案

3.4 锥 面

空间两条相交但不垂直的直线 l_1 和 l_2，我们把 l_2 绕着 l_1 旋转一周形成的曲面叫作**圆锥面**，其中 l_1 和 l_2 的交点叫作**顶点**，l_1 和 l_2 的夹角叫作**半顶角**，l_1 叫作**对称轴**，l_2 叫作母线，l_2 上任意点绕着对称轴旋转得到的圆叫作**纬圆**. 圆锥面也可以看作是通过顶点且与某一定纬圆相交的直线族形成的曲面. 为此，引入以下概念.

定义 3.4.1 给定空间曲线 C 和曲线 C 外一定点 P，则把通过 P 且与 C 相交的直线族形成的曲面叫作**锥面**，其中 P 称为**锥面的顶点**，C 称为**锥面的准线**，过 P 且与 C 相交的直线称为**锥面的母线**.

圆锥面是一类特殊的锥面，它们的母线和准线不唯一. 一般地，锥面的母线和准线都不唯一，所有经过顶点且与准线相交的直线都可以作为母线，而与所有母线都相交的曲线均可以作为准线. 由定义 3.4.1 知，如果顶点和准线给定，那么该锥面就被确定下来了.

在空间直角坐标系下，设锥面 S 的顶点 A 的坐标为(a,b,c)，准线 C 的方程为

$$\begin{cases}F(x,y,z)=0\\G(x,y,z)=0\end{cases}.$$

如图 3.4.1，空间任意点 P 的坐标是(x,y,z)，则 P 在 S 上当且仅当 P 在 S 的某条母线 l' 上. 设 l' 与准线 C 的交点 P_0 的坐标是(x_0,y_0,z_0)，从而 P 在 l' 上等价于

$$\frac{x-a}{x_0-a}=\frac{y-b}{y_0-b}=\frac{z-c}{z_0-c}, \tag{3.4.1}$$

$$F(x_0,y_0,z_0)=0, \tag{3.4.2}$$

$$G(x_0,y_0,z_0)=0, \tag{3.4.3}$$

联立式（3.4.1）~式（3.4.3）总共四个等式，消去 x_0、y_0、z_0 得到关于 x、y、z 的三元方程，即为锥面 S 的方程. 这里要指出图 3.4.1 只是锥面的一部分，因为每条母线都是向两端无线延伸的.

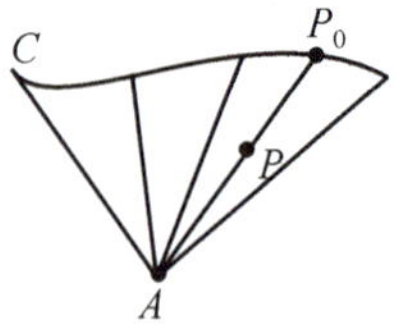

图 3.4.1

例 3.4.1 在空间直角坐标系下，设顶点 A 的坐标是$(4,0,-3)$，准线 C 的方程为

$$\begin{cases}\dfrac{x^2}{25}+\dfrac{y^2}{9}=1\\z=0\end{cases},$$

求锥面 S 的方程.

解： 设空间点 P 的坐标是(x,y,z)，则 P 在 S 上当且仅当

$$\frac{x-4}{x_0-4}=\frac{y}{y_0}=\frac{z+3}{z_0+3}, \tag{3.4.4}$$

$$\frac{x_0^2}{25}+\frac{y_0^2}{9}=1, \tag{3.4.5}$$

$$z_0=0. \tag{3.4.6}$$

联立式（3.4.4）~式（3.4.6）总共四个等式，消去 x_0、y_0、z_0. 令

$$\frac{x-4}{x_0-4}=\frac{y}{y_0}=\frac{z+3}{z_0+3}=t,$$

从而

$$x_0=\frac{x+4t-4}{t},\quad y_0=\frac{y}{t},\quad z_0=\frac{z-3t+3}{t}.$$

把它们代入式（3.4.5）和式（3.4.6）得

$$\frac{(x+4t-4)^2}{25t^2}+\frac{y^2}{9t^2}=1, \tag{3.4.7}$$

$$t=\frac{z+3}{3}. \tag{3.4.8}$$

将式（3.4.7）代入式（3.4.8）得

$$9x^2+25y^2-9z^2+24xz-150z-225=0.$$

对于圆锥面，除了上述方法，我们也可以根据其特征来求解方程，即圆锥面的任一母线与对称轴的夹角都等于半顶角.

例 3.4.2 在空间直角坐标系下，设圆锥面的顶点 A 的坐标是$(1,2,3)$，对称轴与平面 $2x+2y-z+1=0$ 垂直，半顶角为 30°，求这个圆锥面的方程.

解：由条件，对称轴的方向向量 $\boldsymbol{v}$ 的坐标是$\{2,2,-1\}$. 设空间点 P 的坐标是(x,y,z)，则 P 在锥面上当且仅当向量 $\overrightarrow{AP}$ 与 $\boldsymbol{v}$ 的夹角等于 30°或 150°. 从而

$$\left|\frac{(x-1)\cdot 2+(y-2)\cdot 2+(z-3)\cdot(-1)}{\sqrt{(x-1)^2+(y-2)^2+(z-3)^2}\cdot\sqrt{2^2+2^2+(-1)^2}}\right|=\frac{\sqrt{3}}{2},$$

即圆锥面方程为

$$11x^2+11y^2+23z^2-32xy+16xz+16yz-6x-60y-186z+342=0.$$

在数学分析中有一类重要的多元函数. 以三元函数为例，如下

定义 3.4.2 设 k、t 是实数，如果三元函数 $f(x,y,z)$ 满足

$$f(tx,ty,tz)=t^k f(x,y,z),$$

则称 $f(x,y,z)$ 为 ***k* 次齐次函数**，方程 $f(x,y,z)=0$ 为 ***k* 次齐次方程**.

上述概念可以推广至 n 元函数的情形. 以下是几个三元齐次函数的例子：

$$f(x,y,z)=x+y+z,$$

$$f(x,y,z)=x^2+xy+yz+z^2,$$

$$f(x,y,z)=x^3+2xyz+z^3.$$

齐次方程与锥面有密切关系.

定理 3.4.1 在空间直角坐标下，三元 $k(k\neq 0)$次齐次方程表示顶点在原点的锥面.

证明：设点 O 为坐标原点，非原点点 P_0 的坐标是(x_0,y_0,z_0)，$f(x,y,z)=0$ 为 k 次齐次方程，其中 $k\neq 0$. 如果 P_0 的坐标满足 $f(x_0,y_0,z_0)=0$，则将直线 OP_0 的参数方程

$$\begin{cases} x=x_0t \\ y=y_0t, \quad -\infty<t<+\infty \\ z=z_0t \end{cases}$$

代入 $f(x,y,z)=0$ 得

$$f(tx_0,ty_0,tz_0)=t^k f(x_0,y_0,z_0)=0.$$

由 P_0 的任意性，上式暗示以原点为顶点，直线 OP_0 为母线的锥面 S 上的点均满足齐次方程 $f(x,y,z)=0$. 反之，满足方程 $f(x,y,z)=0$ 的点 P_0，由以上讨论知，其也在锥面 S 上.

注：在某些特殊时候，齐次方程 $f(x,y,z)=0$ 可能只表示一个原点，此时我们称其为具有实顶点的**虚锥面**. 如

$$x^2+y^2+z^2=0.$$

习题 3.4

1. 在空间直角坐标系下，求下列锥面方程.

（1）顶点为原点，准线方程为 $\begin{cases} x^2-2y+1=0 \\ y-z-1=0 \end{cases}$；

（2）顶点为原点，准线方程为 $\begin{cases} x^2-\dfrac{y^2}{4}=1 \\ y=-5 \end{cases}$；

（3）顶点为原点，准线方程为 $\begin{cases} f(x,y)=0 \\ z=h \end{cases}$，其中 h 为非零的常数；

（4）顶点坐标为$(3,-1,-2)$，准线方程为 $\begin{cases} x^2+y^2-z^2=1 \\ x-y+z=0 \end{cases}$；

（5）顶点 A 的坐标为$(2,5,4)$，与 xOy 面相交于半径等于 2 圆心坐标为$(1,1,0)$的圆.

2. 在空间直角坐标系下，求下列圆锥面方程.

（1）以三个坐标轴为母线在第Ⅰ、Ⅶ卦限的圆锥面；

（2）圆锥面顶点 A 的坐标为$(1,2,4)$，对称轴与平面 $2x+2y+z=0$ 垂直，且经过坐标为$(3,2,1)$的点 P_0；

（3）顶点 A 的坐标是$(1,2,3)$，对称轴与平面 $2x+2y-z+1=0$ 垂直，半顶角为 $60°$的圆锥面.

3. 在空间直角坐标系下，两直线 l_1 和 l_2 的方程分别是 $\dfrac{x-a}{1}=\dfrac{y}{-1}=\dfrac{z}{1}$ 和 $\dfrac{x}{1}=\dfrac{y-1}{0}=\dfrac{z}{1}$，如果 l_1 与 l_2 相交，求 a 和 l_2 绕着 l_1 旋转形成的圆锥面方程.

4. 在空间直角坐标系下，如果锥面 S 的顶点 A 的坐标为(x_0,y_0,z_0)，准线 C 是由参数方程

$$\begin{cases} x=x(u) \\ y=y(u), \quad a\leqslant u\leqslant b. \\ z=z(u) \end{cases}$$

给出. 证明 S 的参数方程为

$$\begin{cases} x=vx(u)+(1-v)x_0 \\ y=vy(u)+(1-v)y_0, \quad a\leqslant u\leqslant b, \quad -\infty\leqslant v\leqslant +\infty. \\ z=vz(u)+(1-v)z_0 \end{cases}$$

习题 3.4 答案

3.5 旋转曲面

生活中有很多曲面是由曲线绕着直线旋转而成的，比如灯笼的表面是由半个椭圆绕着直线旋转形成的；轮胎或救生圈是由整个圆绕着与圆相离的直线旋转形成的；而球面是由圆绕着其直径所在的直线旋转形成的. 由此，我们抽象出以下概念.

定义 3.5.1 给定空间曲线 Γ 和直线 l，把 Γ 绕着 l 旋转一周形成的曲面称为**旋转曲面**，其中 l 叫作**旋转轴**，Γ 叫作**母线**.

母线上的点绕着旋转轴旋转一周的圆叫作**纬圆**，旋转曲面也可以看成是由所有的纬圆构成的. 经过旋转轴且以旋转轴为边界的半平面与旋转曲面的交线叫作**经线**. 旋转曲面的母线不唯一，因为任何经线都可以作为其母线. 但是母线未必是经线，参见本章 3.7 节. 前文的圆柱面和圆锥面都是旋转曲面，不过它们的母线都是直线.

在空间直角坐标系下，如图 3.5.1 所示，设旋转曲面 S 的母线 Γ 的方程为

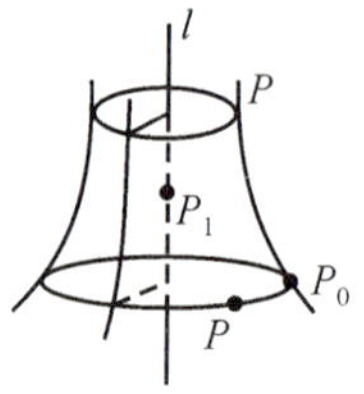

图 3.5.1

$$\begin{cases} F(x,y,z)=0 \\ G(x,y,z)=0 \end{cases},$$

旋转轴 l 经过点 P_1 的坐标为(x_1,y_1,z_1)，方向向量 $\boldsymbol{v}$ 的坐标是$\{m,n,p\}$，空间任意点 P 的坐标是(x,y,z)，则 P 在 S 上当且仅当 P 在某纬圆 C 上. 注意到空间的圆可以看作是球面与平面的交线，设纬圆 C 与母线 Γ 的交点为 P_0，其坐标是(x_0,y_0,z_0)，从而 P 在 S 上等价于

$$(x-x_1)^2+(y-y_1)^2+(z-z_1)^2=(x_0-x_1)^2+(y_0-y_1)^2+(z_0-z_1)^2, \tag{3.5.1}$$

$$m(x-x_0)+n(y-y_0)+p(z-z_0)=0, \tag{3.5.2}$$

$$F(x_0,y_0,z_0)=0, \tag{3.5.3}$$

$$G(x_0,y_0,z_0)=0. \tag{3.5.4}$$

联立式（3.5.1）~式（3.5.4）消去 x_0、y_0、z_0 得到关于 x、y、z 的三元方程，即为旋转曲面 S 的方程.

例 3.5.1 在空间直角坐标系下，设两直线 l_1 和 l_2 的方程分别是 $\dfrac{x}{2}=\dfrac{y}{1}=\dfrac{z}{-2}$ 和 $\dfrac{x-1}{1}=\dfrac{y}{-3}=\dfrac{z}{3}$，求 l_2 绕 l_1 形成的旋转曲面 S 的方程.

解： 由条件知，S 的旋转轴经过原点，方向向量坐标是$\{2,1,-2\}$. 设 S 上任取一点的坐标是(x,y,z)，其所在纬圆与 l_2 的交点坐标是(x_0,y_0,z_0)，从而

$$x^2+y^2+z^2={x_0}^2+{y_0}^2+{z_0}^2, \tag{3.5.5}$$

$$2(x-x_0)+(y-y_0)-2(z-z_0)=0\text{ ,}\qquad(3.5.6)$$

$$\frac{x_0-1}{1}=\frac{y_0}{-3}=\frac{z_0}{3}\text{ ,}\qquad(3.5.7)$$

联立式（3.5.5）～式（3.5.6）消去 x_0、y_0、z_0，令

$$\frac{x_0-1}{1}=\frac{y_0}{-3}=\frac{z_0}{3}=t\text{ ,}$$

从而

$$x_0=1+t\text{ ,}\quad y_0=-3t\text{ ,}\quad z_0=3t\text{ .}$$

把它们代入式（3.5.6）得

$$t=\frac{2}{7}-\frac{2}{7}x-\frac{1}{7}y+\frac{2}{7}z\text{ ,}$$

所以

$$x_0=\frac{9}{7}-\frac{2}{7}x-\frac{1}{7}y+\frac{2}{7}z\text{ ,}\quad y_0=-\frac{6}{7}+\frac{6}{7}x+\frac{3}{7}y-\frac{6}{7}z\text{ ,}\quad z_0=\frac{6}{7}-\frac{6}{7}x-\frac{3}{7}y+\frac{6}{7}z\text{ .}\qquad(3.5.8)$$

将式（3.5.8）代入式（3.5.5）得

$$27x^2-30y^2+27z^2+76xy-152xz-76yz-180x-90y+180z+153=0\text{.}$$

在空间直角坐标系下，我们来考虑一种特殊的旋转曲面：其母线在某坐标面上，旋转轴为该坐标面上的一坐标轴.设 xOy 面上曲线的方程为

$$\begin{cases}f(x,y)=0\\ z=0\end{cases}\text{,}$$

其绕着 x 轴旋转得旋转曲面 S. 因为 x 轴方向向量 $\boldsymbol{v}$ 的坐标是$\{1,0,0\}$且经过原点，如果在 S 上任取一点的坐标是(x,y,z)，其所在纬圆与母线的交点坐标是(x_0,y_0,z_0)，则

$$x^2+y^2+z^2={x_0}^2+{y_0}^2+{z_0}^2\text{ ,}\qquad(3.5.9)$$

$$x-x_0=0\text{ ,}\qquad(3.5.10)$$

$$f(x_0,y_0)=0\text{ ,}\qquad(3.5.11)$$

$$z_0=0\text{ .}\qquad(3.5.12)$$

联立式（3.5.9）～（3.5.12）消去 x_0、y_0、z_0 得旋转曲面 S 的方程

$$f\left(x,\pm\sqrt{y^2+z^2}\right)=0\text{ .}$$

将以上旋转轴换成 y 轴，类似得旋转曲面方程为

$$f\left(\pm\sqrt{x^2+z^2},y\right)=0\text{ .}$$

同理，xOz 面上的曲线

$$\begin{cases} g(x,z)=0 \\ y=0 \end{cases}$$

绕着 x 轴（z 轴）旋转得到旋转曲面方程是

$$g\left(x,\pm\sqrt{y^2+z^2}\right)=0\ \left(g\left(\pm\sqrt{x^2+y^2},z\right)=0\right).$$

而 yOz 面上的曲线

$$\begin{cases} h(y,z)=0 \\ x=0 \end{cases}$$

绕着 y 轴（z 轴）旋转得到旋转曲面方程是

$$h\left(y,\pm\sqrt{x^2+y^2}\right)=0\ \left(h\left(\pm\sqrt{x^2+y^2},z\right)=0\right).$$

一般地，在直角坐标系下，坐标面上的曲线 Γ 绕此坐标面上的一个坐标轴旋转所得旋转曲面的方程可按下列规律写出：将曲线 Γ 一般方程中的那个只含有两个坐标的方程里的与旋转轴同名的坐标保留，然后用其他两个坐标平方和的平方根代替另一坐标.

例 3.5.2 在空间直角坐标系下，求 xOy 面上的椭圆

$$\begin{cases} \dfrac{x^2}{a^2}+\dfrac{y^2}{b^2}=1, \\ z=0 \end{cases}$$

绕着 x 轴（或 y 轴）旋转所得的旋转曲面方程.

解： 按照以上规律，如图 3.5.2 所示，绕着 x 轴旋转所得的旋转曲面方程为

$$\frac{x^2}{a^2}+\frac{y^2+z^2}{b^2}=1. \qquad (3.5.13)$$

如图 3.5.3 所示，绕着 y 轴旋转所得的旋转曲面方程为

$$\frac{x^2+z^2}{a^2}+\frac{y^2}{b^2}=1. \qquad (3.5.14)$$

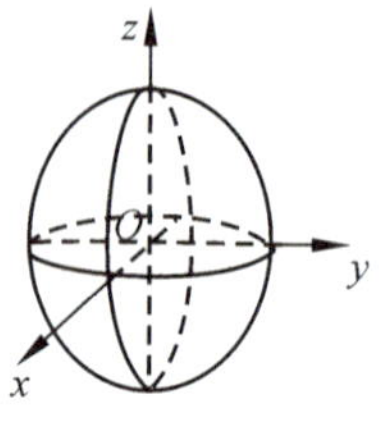

图 3.5.2

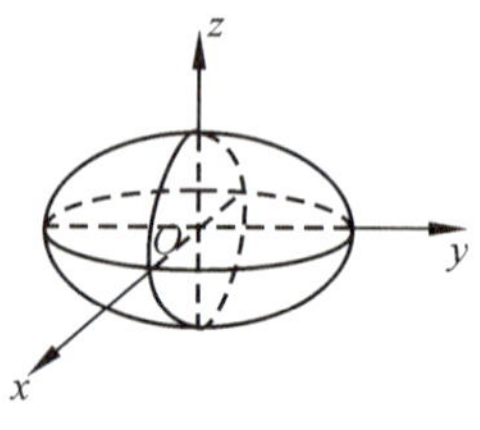

图 3.5.3

例 3.5.2 得到的两个旋转曲面均称为**旋转椭球面**. 当 $a\neq b$ 时，从式（3.5.13）和式（3.5.14）可见，它们并不相同. 当 $a=b$ 时，此时这两个旋转椭球面是同一球面，它们为圆绕直径所

在直线旋转形成的.

例 3.5.3 在空间直角坐标系下，求 yOz 面上的双曲线

$$\begin{cases}\dfrac{y^2}{a^2}-\dfrac{z^2}{b^2}=1\\ x=0\end{cases},$$

绕着 z 轴（或 y 轴）旋转所得的旋转曲面方程.

解： 绕着 z 轴旋转所得的旋转曲面方程为

$$\frac{x^2+y^2}{a^2}-\frac{z^2}{b^2}=1,$$

我们称其为**旋转单叶双曲面**，如图 3.5.4 所示.

绕着 y 轴旋转所得的旋转曲面方程为

$$\frac{y^2}{a^2}-\frac{x^2+z^2}{b^2}=1,$$

我们称其为**旋转双叶双曲面**，如图 3.5.5 所示.

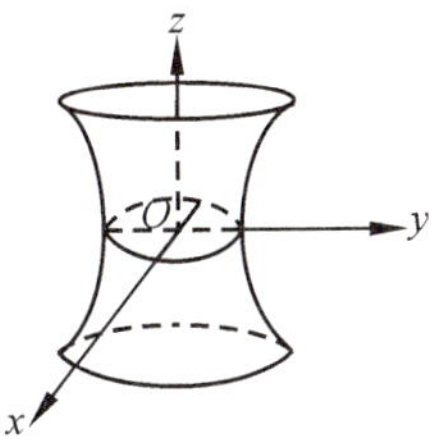

图 3.5.4

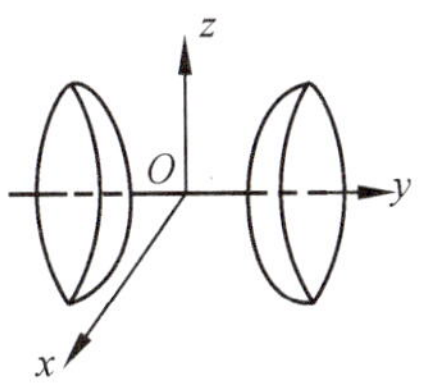

图 3.5.5

例 3.5.4 在空间直角坐标系下，求 yOz 面上的抛物线

$$\begin{cases}y^2=2pz\\ x=0\end{cases},$$

其中 $p>0$，绕着 z 轴旋转所得的旋转曲面方程.

解： 绕着 z 轴旋转所得的旋转曲面方程为

$$x^2+y^2=2pz,$$

称其为**旋转抛物面**，如图 3.5.6 所示.

例 3.5.5 在空间直角坐标系下，求 xOz 面上的圆

$$\begin{cases}(x-a)^2+z^2=r^2\\ y=0\end{cases},$$

其中 $0<r<a$，绕着 z 轴旋转所得的旋转曲面方程.

解： 绕着 z 轴旋转所得的旋转曲面方程为

$$\left(\pm\sqrt{x^2+y^2}-a\right)^2+z^2=r^2,$$

即

$$(x^2+y^2+z^2+a^2-r^2)^2=4a^2(x^2+y^2),$$

称其为**环面**，形如轮胎，如图 3.5.7 所示.

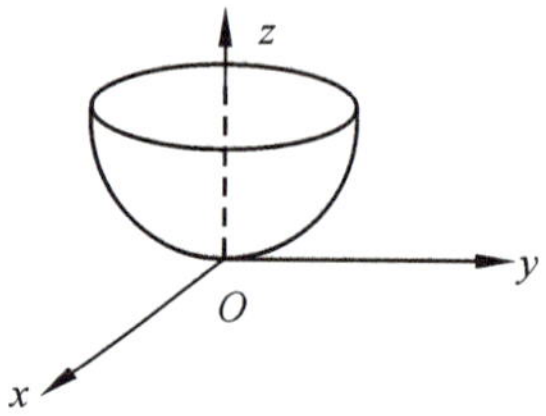

图 3.5.6

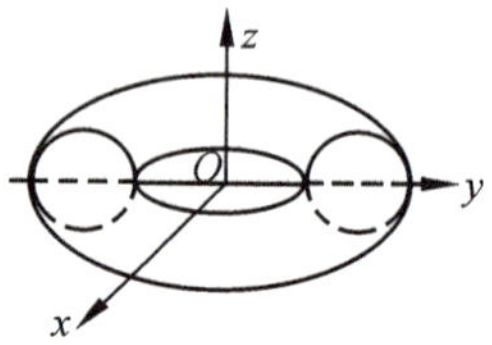

图 3.5.7

习题 3.5

1. 在空间直角坐标系下，求下列旋转曲面方程.

（1）两直线 l_1 和 l_2 的方程分别是 $\frac{x}{1}=\frac{y}{-1}=\frac{z}{2}$ 和 $\frac{x}{2}=\frac{y}{1}=\frac{z-1}{-1}$，$l_2$ 绕 l_1 形成的旋转曲面；

（2）直线 l 的方程是 $\frac{x-1}{1}=\frac{y}{-3}=\frac{z}{3}$，$l$ 绕 z 轴形成的旋转曲面；

（3）xOy 面上的椭圆 $\begin{cases}4x^2+3y^2=12\\ z=0\end{cases}$ 绕着 x 轴形成的旋转曲面；

（4）xOy 面上的双曲线 $\begin{cases}4x^2-3y^2=12\\ z=0\end{cases}$ 绕着 y 轴形成的旋转曲面；

（5）xOy 面上的圆 $\begin{cases}(x-3)^2+y^2=1\\ z=0\end{cases}$ 绕着 y 轴形成的旋转曲面.

2. 在空间直角坐标系下，设曲线 Γ 的方程是 $\begin{cases}z=x^2\\ x^2+y^2=1\end{cases}$，求 Γ 绕 z 轴形成的旋转曲面方程.

3. 在空间直角坐标系下，设曲线 Γ 的方程是 $\begin{cases}x^2+y^2-z^2=0\\ x^2+z^2=1\end{cases}$，求 Γ 绕 y 轴形成的旋转曲面方程.

4. 在空间直角坐标系下，将直线 $\frac{x}{\alpha}=\frac{y-\beta}{0}=\frac{z}{1}$ 绕着 z 轴旋转，求所得旋转曲面方程，并就 α 和 β 可能的取值讨论这是什么曲面？

5. 证明：在直角坐标系下，方程

$$x=\frac{2}{z^2+y^2}$$

表示一个旋转曲面，并求其旋转轴和一条母线.

6. 设旋转曲面 S 的母线 Γ 的参数方程是

$$\begin{cases} x=x(u) \\ y=y(u), \quad a\leqslant u\leqslant b, \\ z=z(u) \end{cases}$$

旋转轴为 z 轴. 证明 S 的参数方程为

$$\begin{cases} x=\sqrt{x^2(u)+y^2(u)}\cos v \\ y=\sqrt{x^2(u)+y^2(u)}\sin v, \quad a\leqslant u\leqslant b, \quad 0\leqslant v<2\pi. \\ z=z(u) \end{cases}$$

习题 3.5 答案

3.6 特殊二次曲面

前三节关于柱面、锥面和旋转曲面的讨论都是先有图形的特征，再来寻求方程．本节将反过来从方程出发来研究几何图形，用的方法是平行截线法，该方法的一个重要思想是等价方程表示相同的图像．在空间直角坐标系下，三元二次方程的一般形式为

$$a_{11}x^2+a_{22}y^2+a_{33}z^2+2a_{12}xy+2a_{13}xz+2a_{23}yz+2a_{14}x+2a_{24}y+2a_{34}z+a_{44}=0$$

其表示的图形称为**二次曲面**，其中二次项系数 a_{11}、a_{22}、a_{33}、a_{12}、a_{13} 和 a_{23} 不全为零．随着系数变化，上述三元二次方程表示图形的几何特征会受到影响，我们将讨论一些特殊的情形．

3.6.1 椭球面

球面和旋转椭球面的形状、产生过程及其方程已经清楚．本小节将学习一种更为一般的情形．

定义 3.6.1 在空间直角坐标系下，方程

$$\frac{x^2}{a^2}+\frac{y^2}{b^2}+\frac{z^2}{c^2}=1 \tag{3.6.1}$$

表示的曲面称为**椭球面**，方程（3.6.1）称为**椭球面的标准方程**，其中 a、b、c 均为大于零的常数．

当 a、b、c 相等时，式（3.6.1）表示以原点为球心，a 为半径的球面．当 a、b、c 中有两个相等时，式（3.6.1）表示旋转椭球面．为了方便，不失一般性，这里不妨假设 $a>b>c$，下面先讨论椭球面的一些简单的几何性质．

（1）对称性．在方程（3.6.1）中，如果将 x 换成 $-x$，方程没发生变化．所以坐标为 (x,y,z) 的点 P 在椭球面上，则坐标为 $(-x,y,z)$ 的点 Q 也在此椭球面上．注意到 P 和 Q 关于 yOz 面对称，于是椭球面关于 yOz 面对称．类似地，椭球面也会关于 xOy 面和 xOz 面对称．同理，当方程（3.6.1）的 x、y、z 中的任意两个或是三个都改变符号，方程也没发生变化．这说明椭球面关于 x 轴、y 轴、z 轴和坐标原点 O 都对称．综上所述，椭球面关于坐标面、坐标轴和坐标原点均对称，分别称它们为**主平面**、**主轴**和**中心**．

（2）顶点和范围．椭球面与主轴即坐标轴的交点的坐标分别是 $(\pm a,0,0)$、$(0,\pm b,0)$、$(0,0,\pm c)$，这些交点叫作椭球面的**顶点**．在 x 轴、y 轴、z 轴上两顶点构成的线段分别称为椭球面的**长轴**、**中轴**和**短轴**．由方程（3.6.1）可知

$$|x|\leqslant a,\quad |y|\leqslant b,\quad |z|\leqslant c.$$

因此椭球面在一个长方体里，该长方体的六个面是 $x=\pm a$，$y=\pm b$，$z=\pm c$．

接下来，我们运用平行截线法来探讨椭球面的形状. 所谓平行截线法是指通过考察一族平行平面与曲面的交线（称为**截线**）的变化情况来揭示曲面形状的方法. 通常情况下，选取与坐标平面平行的平面族来进行讨论.

考虑三个坐标面 $x=0, y=0, z=0$ 与椭球面的截线，方程分别是

$$\begin{cases}\dfrac{y^2}{b^2}+\dfrac{z^2}{c^2}=1\\ x=0\end{cases}（1）,\quad \begin{cases}\dfrac{x^2}{a^2}+\dfrac{z^2}{c^2}=1\\ y=0\end{cases}（2）和 \begin{cases}\dfrac{x^2}{a^2}+\dfrac{y^2}{b^2}=1\\ z=0\end{cases}（3）,$$

这些都是椭圆，统称为**主椭圆**.

选取平行于 xOy 面的平面族 $z=h(|h|\leqslant c)$，它们与椭球面的截线的方程为

$$\begin{cases}\dfrac{x^2}{a^2}+\dfrac{y^2}{b^2}+\dfrac{z^2}{c^2}=1\\ z=h\end{cases}$$

等价于

$$\begin{cases}\dfrac{x^2}{a^2}+\dfrac{y^2}{b^2}=1-\dfrac{h^2}{c^2}\\ z=h\end{cases}.$$

当 $|h|=c$ 时，此时 $x=y=0$，则相截于一个点（如果 $h=c$，则 $z=c$ 与椭球面截点坐标为 $(0,0,c)$；如果 $h=-c$，截点坐标为 $(0,0,-c)$）. 当 $|h|<c$ 时，截线均为椭圆，其顶点坐标为

$$\left(0,\pm b\sqrt{1-\frac{h^2}{c^2}},h\right)和\left(\pm a\sqrt{1-\frac{h^2}{c^2}},0,h\right).$$

以上顶点分别在主椭圆（1）和（2）上. 而且截线椭圆的长轴和短轴的长度分别为

$$2a\sqrt{1-\frac{h^2}{c^2}},\quad 2b\sqrt{1-\frac{h^2}{c^2}}.$$

于是可知，截线椭圆随着 $|h|$ 增大而减小，具体地：$|h|$ 越接近 0 时，截线椭圆越大；$|h|$ 越接近 c 时，截线椭圆越小. 类似地可讨论，与 yOz 面或 xOz 面平行的平面族与椭球面的截线情况.

综上所述，椭球面的形状基本清晰. 椭球面可以看成是由一族平行于 xOy 面的椭圆形成的，越接近 xOy 面时越大，在 xOy 面上达到最大为主椭圆，远离 xOy 面时越小，达到 $z=\pm c$ 时收缩为一个点. 而且这族椭圆的端点分别在主椭圆（1）和（2）上. 如图 3.6.1 所示.

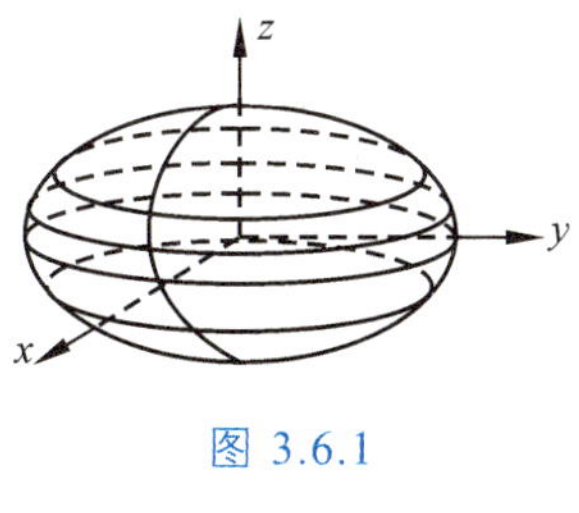

图 3.6.1

例 3.6.1 在空间直角坐标系下，椭球面的对称轴与坐标轴重合且经过椭圆

$$\begin{cases}\dfrac{x^2}{9}+\dfrac{y^2}{16}=1\\ z=0\end{cases}$$

和坐标为$(1,2,\sqrt{23})$的点 P，求椭球面方程.

解： 由已知条件可设椭球面方程为

$$\frac{x^2}{9}+\frac{y^2}{16}+\frac{z^2}{c^2}=1.$$

将点 P 的坐标代入以上方程得 $c^2=36$，因此椭球面方程为

$$\frac{x^2}{9}+\frac{y^2}{16}+\frac{z^2}{36}=1.$$

3.6.2 双曲面

在例 3.5.3 中，通过旋转产生了旋转单叶双曲面和旋转双叶双曲面. 它们分别是单叶双曲面和双叶双曲面的特殊情形.

定义 3.6.2 在空间直角坐标系下，方程

$$\frac{x^2}{a^2}+\frac{y^2}{b^2}-\frac{z^2}{c^2}=1 \tag{3.6.2}$$

表示的曲面称为**单叶双曲面**，方程（3.6.2）称为**单叶双曲面的标准方程**，其中 a、b、c 均为大于零的常数.

当 a 与 b 相等时，式（3.6.2）表示一个旋转单叶双曲面. 下面先来讨论单叶双曲面的一些简单的几何性质.

（1）对称性. 单叶双曲面与椭球面一样，都是关于坐标面、坐标轴和坐标原点对称.

（2）顶点和范围. 单叶双曲面与 z 轴没有交点，与 x 轴、y 轴的交点的坐标分别是$(\pm a,0,0)$、$(0,\pm b,0)$，这些交点叫作单叶双曲面的**顶点**. 由式（3.6.2）可知

$$\frac{x^2}{a^2}+\frac{y^2}{b^2}=1+\frac{z^2}{c^2}\geqslant 1.$$

因此单叶双曲面分布在椭圆柱面

$$\frac{x^2}{a^2}+\frac{y^2}{b^2}=1$$

及其外部.

我们用平行截线法来探讨单叶双曲面的形状. 为了方便，不失一般性假设 $a>b>c$. 考虑坐标面 $z=0$ 与单叶双曲面的截线，方程是

$$\begin{cases}\dfrac{x^2}{a^2}+\dfrac{y^2}{b^2}=1\\ z=0\end{cases},$$

这是一个椭圆，称为**腰椭圆**. 坐标面 $x=0$, $y=0$ 与单叶双曲面的截线的方程分别为

$$\begin{cases}\dfrac{y^2}{b^2}-\dfrac{z^2}{c^2}=1\\ x=0\end{cases}（4）和\begin{cases}\dfrac{x^2}{a^2}-\dfrac{z^2}{c^2}=1\\ y=0\end{cases}（5）,$$

这都是双曲线.

选取平行于 xOy 面的平面族 $z=h$，它们与单叶双曲面的交线的方程为

$$\begin{cases}\dfrac{x^2}{a^2}+\dfrac{y^2}{b^2}=1+\dfrac{h^2}{c^2}\\ z=h\end{cases}.$$

这些截线都是椭圆，顶点坐标为

$$\left(0,\pm b\sqrt{1+\frac{h^2}{c^2}},h\right)和\left(\pm a\sqrt{1+\frac{h^2}{c^2}},0,h\right).$$

以上顶点对应在截线（4）和（5）上，而且截线椭圆的长轴和短轴的长度分别为

$$2a\sqrt{1+\frac{h^2}{c^2}},\quad 2b\sqrt{1+\frac{h^2}{c^2}}.$$

由此可见，截线椭圆会随着 $|h|$ 增大而增大，具体地：当 $|h|$ 越接近 0 时，截线椭圆越小；当 $|h|$ 远离 0 时，截线椭圆越大.

综上所述，单叶双曲面是由一族平行于 xOy 面的椭圆所形成的，越接近 xOy 面时越小，在 xOy 面上达到最小为腰椭圆，而远离 xOy 面时会越来越大，可无限大，且这族椭圆的端点分别在截线（4）和（5）上. 如图 3.6.2 所示.

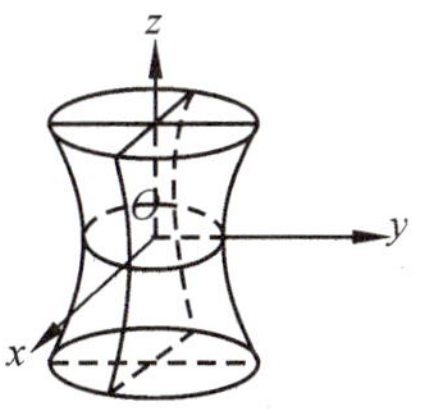

图 3.6.2

进一步，选取平行于 xOz 面的平面族 $y=h_1$，它们与单叶双曲面的截线方程为

$$\begin{cases}\dfrac{x^2}{a^2}-\dfrac{z^2}{c^2}=1-\dfrac{h_1^2}{b^2}\\ y=h_1\end{cases}.$$

当 $|h_1|<b$ 时，截线是双曲线，它们的实轴平行于 x 轴，虚轴平行于 z 轴，顶点坐标为

$$\left(0,\pm a\sqrt{1-\frac{h^2}{c^2}},h_1,0\right),$$

这些顶点在腰椭圆上.

当 $|h_1|>b$ 时，截线也是双曲线，它们的实轴平行于 z 轴，虚轴平行于 x 轴，顶点坐标为

$$\left(0,h_1,\pm c\sqrt{\frac{h^2}{c^2}-1}\right).$$

这些顶点都在截线（4）上.

当 $|h_1|=b$ 时，如果 $h_1=b$，此时截线方程为

$$\begin{cases}\dfrac{x^2}{a^2}-\dfrac{z^2}{c^2}=0\\ y=b\end{cases}$$

等价于

$$\begin{cases}\dfrac{x}{a}+\dfrac{z}{c}=0\\ y=b\end{cases}\text{或}\begin{cases}\dfrac{x}{a}-\dfrac{z}{c}=0\\ y=b\end{cases}.$$

它们表示两相交直线，交点是单叶双曲面的一个顶点，坐标为$(0,b,0)$. 而如果 $h_1=-b$，此时截线方程为

$$\begin{cases}\dfrac{x}{a}+\dfrac{z}{c}=0\\ y=-b\end{cases}\text{或}\begin{cases}\dfrac{x}{a}-\dfrac{z}{c}=0\\ y=-b\end{cases}.$$

它们也表示相交于单叶双曲面的一个顶点的两相交直线，但交点坐标为$(0,-b,0)$.

如果考虑平行于 yOz 面的平面族与单叶双曲面的截线，这与以上平行于 xOz 面的平面族进行的讨论类似，就不再赘述了，读者可自行思考. 最后，我们要提出，以下方程

$$\frac{x^2}{a^2}-\frac{y^2}{b^2}+\frac{z^2}{c^2}=1\text{或}-\frac{x^2}{a^2}+\frac{y^2}{b^2}+\frac{z^2}{c^2}=1$$

所表示的图像也称为**单叶双曲面**，他们也称为**单叶双曲面的标准方程**.

例 3.6.2 在空间直角坐标系下，已知单叶双曲面的方程为

$$\frac{x^2}{4}+\frac{y^2}{9}-\frac{z^2}{4}=1.$$

试求平行于 xOz 面的平面方程，使该平面与单叶双曲面的交线是一对相交直线.

解： 可设所求平面方程是椭球面方程为 $y=h_1$，则其与单叶双曲面的截线方程为

$$\begin{cases}\dfrac{x^2}{4}-\dfrac{z^2}{4}=1-\dfrac{h_1^{\,2}}{9} \\ y=h_1\end{cases}.$$

可见当且仅当 $h_1^{\,2}=9$ 时，交线才是一对相交直线. 因此所求平面方程为 $y=3$ 或 $y=-3$.

定义 3.6.3 在空间直角坐标系下，方程

$$-\frac{x^2}{a^2}+\frac{y^2}{b^2}-\frac{z^2}{c^2}=1 \tag{3.6.3}$$

表示的曲面称为**双叶双曲面**，式（3.6.3）称为**双叶双曲面的标准方程**，其中 a、b、c 均为大于零的数.

当 a 与 c 相等时，式（3.6.3）表示一个旋转双叶双曲面. 下面先来讨论双叶双曲面的一些简单的几何性质.

（1）对称性. 双叶双曲面同样关于坐标面、坐标轴和坐标原点对称.

（2）顶点和范围. 双叶双曲面与 x 轴、z 轴均没有交点，与 y 轴的交点的坐标是 $(0,\pm b,0)$，称为双叶双曲面的**顶点**. 由式（3.6.3）可知

$$\frac{y^2}{b^2}=1+\frac{x^2}{a^2}+\frac{z^2}{c^2}\geqslant 1,$$

即 $|y|\geqslant b$. 于是双叶双曲面的图形会分布在平面 $y=b$ 由 y 轴正向指向的一侧和平面 $y=-b$ 由 y 轴负向指向的一侧.

现在来探讨双叶双曲面的形状. 不失一般性假设 $a>b>c$. 考虑坐标面 $y=0$ 与双叶双曲面的截线，方程是

$$\begin{cases}-\dfrac{x^2}{a^2}-\dfrac{z^2}{c^2}=1 \\ y=0\end{cases}.$$

这是一个矛盾方程，所以不存在截线. 坐标面 $x=0$，$z=0$ 与双叶双曲面的截线方程分别为

$$\begin{cases}\dfrac{y^2}{b^2}-\dfrac{z^2}{c^2}=1 \\ x=0\end{cases}\ (6)\ \text{和}\ \begin{cases}\dfrac{x^2}{a^2}-\dfrac{z^2}{c^2}=1 \\ y=0\end{cases}\ (7),$$

这都表示双曲线.

选取平行于 xOz 面的平面族 $y=k\,(|k|\geqslant b)$，它们与双叶双曲面的截线的方程为

$$\begin{cases}\dfrac{x^2}{a^2}+\dfrac{z^2}{c^2}=\dfrac{k^2}{b^2}-1 \\ y=k\end{cases}.$$

当 $|k|=b$ 时，此时 $x=z=0$，则相截于一个点（如果 $k=b$，则 $y=b$ 与双叶双曲面的截点坐

标为$(0,b,0)$；如果 $k=-b$，则截点坐标为$(0,-b,0)$）．当$|k|>b$时，截线为椭圆，顶点坐标为

$$\left(0,k,+c\sqrt{\frac{k^2}{b^2}-1}\right)\text{和}\left(\pm a\sqrt{\frac{k^2}{b^2}-1},k,0\right).$$

以上顶点分别在截线（6）和（7）上，且截线椭圆的长轴和短轴的长度分别为

$$2a\sqrt{\frac{k^2}{b^2}-1}\text{，}\quad 2c\sqrt{\frac{k^2}{b^2}-1}.$$

从而知截线椭圆随着$|k|$增大而增大，具体地：当$|k|$越接近b时，截线椭圆越小；当$|k|$远离b时，截线椭圆越大．

综上所述，双叶双曲面可以看成是由一族平行于 xOz 面的椭圆所形成的．当$|k|$越接近b时，这些椭圆会越小，在$|k|=b$处达到最小为一个点．当$|k|$远离b时，这些椭圆会越大，可无限增大，且这族椭圆的端点分别在截线（6）和（7）上，如图 3.6.3 所示．

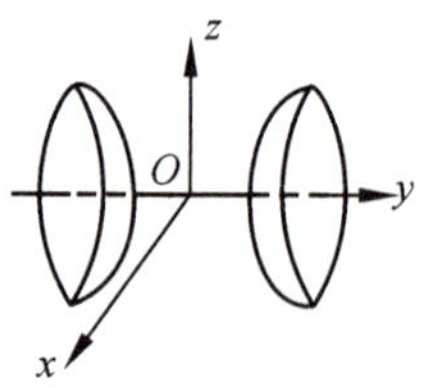

图 3.6.3

进一步，选取平行于 xOy 面的平面族 $z=k_1$，它们与双叶双曲面的截线方程为

$$\begin{cases}\dfrac{y^2}{b^2}-\dfrac{x^2}{a^2}=1+\dfrac{k_1^2}{c^2}\\ z=k_1\end{cases}.$$

这些截线都是双曲线，他们的实轴平行于 y 轴，虚轴平行于 x 轴，顶点的坐标为

$$\left(0,\pm b\sqrt{1+\frac{k_1^2}{c^2}},k_1\right).$$

上述顶点在截线（6）上．如果考虑平行于 yOz 面的平面族与双叶双曲面的截线，其与以上平行于 xOy 面的平面族进行的讨论类似，在此不再赘述．最后，要提出的是，以下方程

$$\frac{x^2}{a^2}-\frac{y^2}{b^2}-\frac{z^2}{c^2}=1\text{或}-\frac{x^2}{a^2}-\frac{y^2}{b^2}+\frac{z^2}{c^2}=1$$

所表示的图像也称为**双叶双曲面**，它们也称为**双叶双曲面的标准方程**．

例 3.6.3　在空间直角坐标系下，已知双叶双曲面的方程为

$$-\frac{x^2}{5}+\frac{y^2}{4}-\frac{z^2}{5}=1.$$

试求其与平面 $y-z+1=0$ 的交线对 xOz 面的投影．

解： 联立双叶双曲面和平面方程消去变量 y 得对 xOz 面的投影柱面为

$$4x^2-z^2+10z+15=0.$$

因此所求投影方程为

$$\begin{cases}4x^2-z^2+10z+15=0\\ y=0\end{cases}.$$

椭球面和双曲面标准方程可以统一写成

$$Ax^2+By^2+Cz^2=1.$$

其中，A、B、C 均为非零常数.

① 当 A、B、C 均大于零时，方程表示椭球面；

② 当 A、B、C 中只有一个大于零时，方程表示单叶双曲面；

③ 当 A、B、C 中只有两个大于零时，方程表示双叶双曲面；

④ 当 A、B、C 均小于零时，方程表示虚曲面.

例 3.6.4 在空间直角坐标系下，给定方程

$$\frac{x^2}{A-\lambda}+\frac{y^2}{B-\lambda}+\frac{z^2}{C-\lambda}=1\,(A>B>C>0),$$

试问当 λ 取异于 A、B、C 的各种数值时，它表示怎样的曲面？

解： 实数集被 A、B、C 分成四部分，如图 3.6.4 所示。

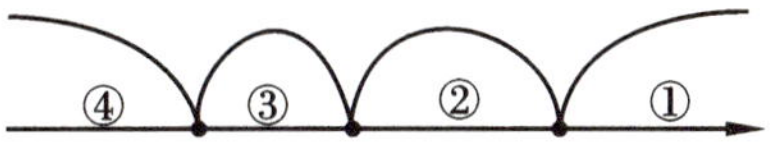

图 3.6.4

① 当 $\lambda>A$，此时 $A-\lambda$、$B-\lambda$、$C-\lambda$ 均小于零，方程表示虚曲面；

② 当 $B<\lambda<A$，此时 $A-\lambda>0$，而 $B-\lambda$、$C-\lambda$ 均小于零，方程表示双叶双曲面；

③ 当 $C<\lambda<B$，此时 $C-\lambda<0$，而 $A-\lambda$、$B-\lambda$ 均大于零，方程表示单叶双曲面；

④ 当 $\lambda<C$，此时 $A-\lambda$、$B-\lambda$、$C-\lambda$ 均大于零，方程表示椭球面.

3.6.3 抛物面

在空间直角坐标系下，方程 $x^2+y^2=2pz$ 表示旋转抛物面，其每个纬圆都平行于 xOy 面，见例 3.5.4. 我们将旋转抛物面的方程作一些推广，有以下定义.

定义 3.6.3 在空间直角坐标系下，方程

$$\frac{x^2}{a^2}+\frac{y^2}{b^2}=2z \tag{3.6.4}$$

表示的曲面称为**椭圆抛物面**，式（3.6.4）称为**椭圆抛物面的标准方程**，其中 a、b 均为大于零的数.

当 a 与 b 相等时，式（3.6.4）表示旋转抛物面. 下面先来讨论椭圆抛物面的一些简单的几何性质.

（1）对称性. 椭圆抛物面只关于 xOz 面、yOz 坐标面和 z 轴对称.

（2）顶点和范围. 椭圆抛物面与坐标轴的交点为原点 O，坐标是(0,0,0)，称为椭圆抛物面的**顶点**. 由式（3.6.4）可知

$$z=\frac{1}{2}\left(\frac{x^2}{a^2}+\frac{y^2}{b^2}\right)\geqslant 0\,.$$

于是，椭圆抛物面在平面 $z=0$ 的一侧（z 轴正向指向的那侧），即在 xOy 面由 z 轴正向指向的一侧.

现在来探讨椭圆抛物面的形状. 不失一般性假设 $a>b$. 坐标面 $x=0$ 及 $y=0$ 与椭圆抛物的截线方程分别为

$$\begin{cases}y^2=2b^2z\\x=0\end{cases}\ (8)\ 和\ \begin{cases}x^2=2a^2z\\y=0\end{cases}\ (9)\,.$$

这都是抛物线且开口指向 z 轴的正向，称为主抛物线.

选取平行于 xOy 面的平面族 $z=m\,(m\geqslant 0)$，他们与椭圆抛物面的截线的方程为

$$\begin{cases}\dfrac{x^2}{a^2}+\dfrac{y^2}{b^2}=2m\\z=m\end{cases}.$$

当 $m=0$ 时，此时 $x=y=0$，则截点恰好为原点；当 $m>0$ 时，截线为椭圆，顶点坐标为

$$(0,+b\sqrt{2m},m)\ 和\ (0,+a\sqrt{2m},0,m)\,.$$

以上顶点分别在截线（8）和（9）上，且截线椭圆的长轴和短轴的长度分别为

$$2a\sqrt{2m}\,,2b\sqrt{2m}\,.$$

从而知，截线椭圆随着 m 增大而增大，具体地：当 m 越接近 0 时，截线椭圆越小；当 m 远离 0 时，截线椭圆越大.

综上所述，椭圆抛物面可以看成是由一族平行于 xOy 面的椭圆所形成的. 当 m 越接近 0 时，这些椭圆会越小，在 $m=0$ 即 xOy 面处达到最小为一个点. 当 m 远离 0 时，这些椭圆会越大，可无限增大. 而且它们的端点分别在主抛物线（1）和（2）上，如图 3.6.5 所示.

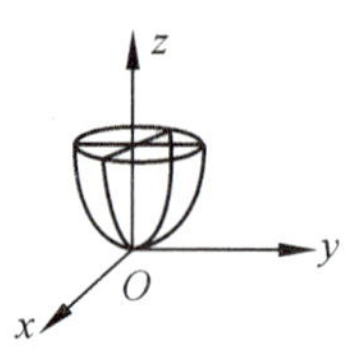

图 3.6.5

进一步，选取平行于 xOz 面的平面族 $y=m_1$，它们与椭圆抛物面的截线的方程为

$$\begin{cases}x^2=2a^2\left(z-\dfrac{m_1^{\,2}}{2b^2}\right)\\y=m_1\end{cases}.$$

这些截线都是抛物线，开口方向指向 z 轴正向，且平行于主抛物线（8），大小与（8）相同，顶点坐标为

$$\left(0,\ m_1,\frac{m_1^2}{2b^2}\right).$$

上述顶点在主抛物线（9）上. 如果考虑平行于 yOz 面的平面族与椭圆抛物面的截线，其与以上平行于 xOz 面的平面族进行的讨论类似.

于是，椭圆抛物面也可以看成是由一族平行的抛物线所形成的. 取两条抛物线，他们所在的平面垂直，顶点和轴重合，开口方向相同，让其中一条顶点始终保持在另一条上做平行滑动，运动轨迹便是一个椭圆抛物面.

最后，我们要提出，以下方程

$$\frac{x^2}{a^2}+\frac{y^2}{b^2}=-2z$$

所表示的图像也称为**椭圆抛物面**，他们也称为**椭圆抛物面的标准方程**.

定义 3.6.4 在空间直角坐标系下，方程

$$\frac{x^2}{a^2}-\frac{y^2}{b^2}=2z \qquad (3.6.5)$$

表示的曲面称为**双曲抛物面**（**或马鞍面**），式（3.6.5）称为**双曲抛物面的标准方程**，其中 a、b 均为大于零的数.

下面讨论双曲抛物面的一些简单的几何性质.

（1）对称性. 双曲抛物面与椭圆抛物面一样也只关于 xOz 面、yOz 坐标面和 z 轴对称.

（2）鞍点. 双曲抛物面与坐标轴的交点为原点 O，坐标是(0,0,0)，称为双曲抛物面的**鞍点**.

现在来探讨双曲抛物面的形状. 坐标面 $z=0$ 与双曲抛物面的截线的方程为

$$\begin{cases}\dfrac{x^2}{a^2}-\dfrac{y^2}{b^2}=0\\ z=0\end{cases}$$

等价于

$$\begin{cases}\dfrac{x}{a}+\dfrac{y}{b}=0\\ z=0\end{cases} \text{或} \begin{cases}\dfrac{x}{a}-\dfrac{y}{b}=0\\ z=0\end{cases}.$$

它们表示两相交直线，交点是鞍点，即坐标原点 O. 坐标面 $x=0$，$y=0$ 与双曲抛物面的截线的方程分别为

$$\begin{cases}y^2=-2b^2z\\ x=0\end{cases}\ (10)\ \text{和}\begin{cases}x^2=2a^2z\\ y=0\end{cases}\ (11),$$

它们都是抛物线，称为**主抛物线**，所在平面相互垂直，顶点也都为鞍点，但是开口相反，

一个指向 z 轴正向，另一个指向 z 轴负向.

选取平行于 xOy 面的平面族 $z=n\,(n\neq 0)$，它们与双叶双曲面的截线得方程为

$$\begin{cases}\dfrac{x^2}{a^2}-\dfrac{y^2}{b^2}=2n\\ z=n\end{cases}.$$

当 $n>0$ 时，截线为双曲线，顶点坐标为

$$\left(+a\sqrt{2n},0,n\right).$$

所以这些双曲线的实轴平行于 x 轴，虚轴平行于 y 轴. 而且上述顶点都在主抛物线（11）上.

当 $n<0$ 时，截线为双曲线，其顶点坐标为

$$\left(0,+b\sqrt{2n},n\right).$$

所以这些双曲线的实轴平行于 y 轴，虚轴平行于 x 轴. 而且上述顶点都在主抛物线（10）上.

综上所述，双曲抛物面由平行于 xOy 面的双曲线形成且被 xOy 面分成两部分. 由 z 轴正向指向的部分，双曲线顶点都在主抛物线（11）上朝 z 轴正向上升；由 z 轴负向指向的部分，双曲线顶点都在主抛物线（10）上朝 z 轴负向下降，如图 3.6.6 所示.

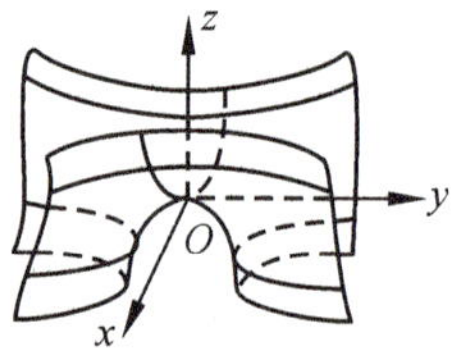

图 3.6.6

进一步，选取平行于 xOz 面的平面族 $y=n_1$，它们与双曲抛物面的截线的方程为

$$\begin{cases}x^2=2a^2\left(z+\dfrac{n_1^2}{2b^2}\right)\\ y=n_1\end{cases}.$$

可见，这些截线都是抛物线，开口方向指向 z 轴正向，且平行于主抛物线（11），大小与（11）相同，顶点坐标为

$$\left(0,m_1,\frac{m_1^2}{2b^2}\right).$$

上述顶点都在主抛物线（10）上. 如果考虑平行于 yOz 面的平面族与椭圆抛物面的截线情况，其与以上平行于 xOz 面的平面族进行的讨论类似.

于是，双曲抛物面也可以看成是由一族平行的抛物线所形成的. 取两条抛物线，他们所在的平面垂直，顶点和轴重合，但是开口方向相反，让其中一条作平行滑动，滑动过程顶点始终保持在另一条上，运动轨迹便是一个双曲抛物面.

还要指出，以下方程

$$\frac{x^2}{a^2}-\frac{y^2}{b^2}=-2z$$

所表示的图像也称为**双曲抛物面**，他们也是**双曲抛物面的标准方程**.

最后，无论是椭圆抛物面还是双曲抛物面，它们的标准方程可以统一写成

$$Ax^2+By^2=2z.$$

其中，A、B 均为非零常数.

① 当 A、B 同号时，方程表示椭圆抛物面；

② 当 A、B 异号时，方程表示双曲抛物面.

例 3.6.5 在空间直角坐标系下，给定方程

$$\frac{x^2}{A-\lambda}+\frac{y^2}{B-\lambda}=2z\ (A>B>0),$$

试问当 λ 取异于 A、B 的各种数值时，他表示怎样的曲面?

解： 类似于例题 3.6.4，实数集被 A、B 分成三部分，

① 当 $\lambda>A$，此时 $A-\lambda$、$B-\lambda$ 均小于零，方程表示椭圆抛物面；

② 当 $B<\lambda<A$，此时 $A-\lambda>0$，$B-\lambda<0$，方程表示双曲抛物面；

③ 当 $\lambda<B$，此时 $A-\lambda$、$B-\lambda$ 均大于零，方程表示椭圆抛物面.

习题 3.6

1. 在空间直角坐标系下，定点 P_0 的坐标为(1,0,0)，求到 P_0 的距离等于到平面 $x=4$ 的距离的一半的动点轨迹方程，并说明其表示的图像.

2. 在空间直角坐标系下，椭球面的对称轴与坐标轴重合且经过椭圆

$$\begin{cases}\dfrac{x^2}{4}+\dfrac{y^2}{3}=1\\ z=0\end{cases}$$

和坐标为 $\left(1,\dfrac{\sqrt{3}}{2},1\right)$ 的点 P，求椭球面方程.

3. 由椭球面

$$\frac{x^2}{a^2}+\frac{y^2}{b^2}+\frac{z^2}{c^2}=1$$

的中心沿着某一定方向到椭球面上的一点的距离是 r，设定方向的方向余弦分别为 λ、μ、ν，求证：

$$\frac{\lambda^2}{a^2}+\frac{\mu^2}{b^2}+\frac{\nu^2}{c^2}=\frac{1}{r^2}.$$

4. 在空间直角坐标系下，定点 P_0 的坐标为(4,0,0)，求到 P_0 的距离等于到平面 $x=1$ 的

距离的两倍的动点轨迹方程，并说明其表示的图像.

5. 在空间直角坐标系下，已知单叶双曲面的方程为

$$\frac{x^2}{16}+\frac{y^2}{9}-\frac{z^2}{4}=1.$$

试求平行于 xOz 面(或 yOz 面)的平面方程，使该平面与单叶双曲面的交线是一对相交直线.

6. 在空间直角坐标系下，给定方程

$$(A-\lambda)x^2+(B-\lambda)y^2+(C-\lambda)z^2=1\,(A>B>C>0).$$

试问当 λ 取异于 A、B、C 的各种数值时，它表示怎样的曲面？

7. 在空间直角坐标系下，求下列抛物面方程：

（1）椭圆抛物面，它的顶点是原点，关于 xOz 面和 yOz 面都对称，且经过坐标为 $(1,2,5)$ 和 $\left(\frac{1}{3},-1,1\right)$ 的点；

（2）双曲抛物面，它关于 xOz 面和 yOz 面都对称，且经过坐标为 $(1,2,0)$、$(2,0,2)$ 和原点.

8. 在空间直角坐标系下，给定方程

$$(A-\lambda)x^2+(B-\lambda)y^2=2z\,(A>B>0)$$

试问当 λ 取异于 A、B 的各种数值时，它表示怎样的曲面？

9. 在空间直角坐标系下，二次曲面关于 xOy 面和 yOz 面都对称，且经过两条抛物线

$$\begin{cases}x^2-6y=0\\ z=0\end{cases} \text{和} \begin{cases}z^2+4y=0\\ x=0\end{cases},$$

求其方程.

10. 用平行截线法讨论方程

$$\frac{x^2}{4}+\frac{y^2}{9}+z=1$$

表示的图形.

习题 3.6 答案

3.7 直纹面

在空间中，柱面和锥面的母线都是直线，这说明它们都是由直线所形成的曲面. 我们把由一族直线形成的曲面叫作**直纹曲面**，简称**直纹面**，这族直线叫作该直纹面的一族**直母线**. 柱面和锥面都是直纹面.

下面将探讨上节给出的五种特殊的二次曲面是否为直纹面. 椭球面封闭在一个长方体内部，所以其上不存在直线，说明椭球面不是直纹面. 双叶双曲面也不是直纹面，因为如果直线是穿越 xOy 面，显然有一段不在双叶双曲面上；如果直线平行于 xOy 面，那么其会落在平行于 xOy 面的平面中，而这样的平面与双叶双曲面的交线为椭圆，说明与 xOy 面平行的直线也不在双叶双曲面上. 类似地，可以说明椭圆抛物面不是直纹面. 本节将重点讨论单叶双曲面和双曲抛物面的直纹性.

设有单叶双曲面 S，其方程为

$$\frac{x^2}{a^2}+\frac{y^2}{b^2}-\frac{z^2}{c^2}=1, \tag{3.7.1}$$

其中 a、b、c 均为大于零的数. 将式（3.7.1）改写为

$$\left(\frac{x}{a}-\frac{z}{c}\right)\left(\frac{x}{a}+\frac{z}{c}\right)=\left(1+\frac{y}{b}\right)\left(1-\frac{y}{b}\right). \tag{3.7.2}$$

从而有

$$\frac{\dfrac{x}{a}+\dfrac{z}{c}}{1+\dfrac{y}{b}}=\frac{1-\dfrac{y}{b}}{\dfrac{x}{a}-\dfrac{z}{c}}. \tag{3.7.3}$$

引入不全为零的一对实数 u 、v，令以上比例等于 $\dfrac{u}{v}$，则有

$$\begin{cases} v\left(\dfrac{x}{a}+\dfrac{z}{c}\right)=u\left(1+\dfrac{y}{b}\right) \\ u\left(\dfrac{x}{a}-\dfrac{z}{c}\right)=v\left(1-\dfrac{y}{b}\right) \end{cases}. \tag{3.7.4}$$

上述方程组表示一族直线，记为 l_{uv}. 于是有

定理 3.7.1 单叶双曲面 S 是直纹面，l_{uv} 为其一族直母线.

证明： 我们需进行两方面的证明，一是直线族 l_{uv} 均在单叶双曲面 S 上，二是单叶双曲面 S 上的任意一点会落在直线族 l_{uv} 中的某条直线上.

（1）直线族 l_{uv} 上所有的点均在单叶双曲面 S 上. 如果实数 u 、v 均不为零，将式（3.7.4）

中的等式对应相乘再消去uv便有式（3.7.2）成立．如果实数对u、v中有一个为零，那么另外一个便不为零．不妨假设$u=0$，$v\neq 0$，由方程组（3.7.4）则

$$\frac{x}{a}+\frac{z}{c}=1-\frac{y}{b}=0.$$

于是式（3.7.2）也成立．

（2）S上任意一点必定在l_{uv}中的某一直线上．任取S上的一点P，设其坐标为(x_0, y_0, z_0)，则有

$$\left(\frac{x_0}{a}-\frac{z_0}{c}\right)\left(\frac{x_0}{a}+\frac{z_0}{c}\right)=\left(1+\frac{y_0}{b}\right)\left(1-\frac{y_0}{b}\right). \tag{3.7.5}$$

因为$1+\frac{y_0}{b}$与$1-\frac{y_0}{b}$不可能同时为零，不失一般性，假设$1-\frac{y_0}{b}\neq 0$，记

$$\frac{\frac{x_0}{a}-\frac{z_0}{c}}{1-\frac{y_0}{b}}=\frac{v_0}{u_0}, \tag{3.7.6}$$

即

$$u_0\left(\frac{x_0}{a}-\frac{z_0}{c}\right)=v_0\left(1-\frac{y_0}{b}\right),$$

其中u_0、v_0是不全为零的实数$(u_0\neq 0)$．将式（3.7.6）代入式（3.7.5）得

$$v_0\left(\frac{x_0}{a}+\frac{z_0}{c}\right)=u_0\left(1+\frac{y_0}{b}\right).$$

从而P的坐标满足式（3.7.4），即P在直线族l_{uv}中的某一直线上．

从式（3.7.2）也可以推出

$$\frac{\frac{x}{a}+\frac{z}{c}}{1-\frac{y}{b}}=\frac{1+\frac{y}{b}}{\frac{x}{a}-\frac{z}{c}}. \tag{3.7.7}$$

引入不全为零的另一对实数u'、v'，令以上比例等于$\frac{u'}{v'}$，则有

$$\begin{cases} v'\left(\frac{x}{a}+\frac{z}{c}\right)=u'\left(1-\frac{y}{b}\right) \\ u'\left(\frac{x}{a}-\frac{z}{c}\right)=v'\left(1+\frac{y}{b}\right) \end{cases}. \tag{3.7.8}$$

上述方程组表示一族直线，记为$l_{u'v'}$．我们也有

定理 3.7.2 直线族$l_{u'v'}$是单叶双曲面S的另一族直母线．

这说明直纹面的直母线未必唯一. 关于单叶双曲面 S 的这两族直母线 l_{uv} 和 $l_{u'v'}$，我们有以下性质.

定理 3.7.3 属于单叶双曲面 S 的不同族直母线的任意两条直线必定共面,属于单叶双曲面 S 的同一族直母线的任意两条直线必定异面. 这也说明两族直母线 l_{uv} 和 $l_{u'v'}$ 均没有公共直线.

证明：只针对定理的前半部分进行证明，后半部分可同理证明，留给读者. 分别取 l_{uv} 和 $l_{u'v'}$ 中的一条直线，记为 l 和 l'，方程如下

$$\begin{cases} v_1\left(\dfrac{x}{a}+\dfrac{z}{c}\right)=u_1\left(1+\dfrac{y}{b}\right) \\ u_1\left(\dfrac{x}{a}-\dfrac{z}{c}\right)=v_1\left(1-\dfrac{y}{b}\right) \end{cases} \text{和} \begin{cases} v_1'\left(\dfrac{x}{a}+\dfrac{z}{c}\right)=u_1'\left(1-\dfrac{y}{b}\right) \\ u_1'\left(\dfrac{x}{a}-\dfrac{z}{c}\right)=v_1'\left(1+\dfrac{y}{b}\right) \end{cases}.$$

其中，u_1 与 v_1、u_1' 与 v_1' 都是不全为零的任意一实数对. 经过 l 和 l' 的平面束可设为

$$\lambda_1\left(\frac{v_1}{a}x-\frac{u_1}{b}y+\frac{v_1}{c}z-u_1\right)+\mu_1\left(\frac{u_1}{a}x+\frac{v_1}{b}y-\frac{u_1}{c}z-v_1\right)=0,$$

$$\lambda_2\left(\frac{v_1'}{a}x+\frac{u_1'}{b}y+\frac{v_1'}{c}z-u_1'\right)+\mu_2\left(\frac{u_1'}{a}x-\frac{v_1'}{b}y-\frac{u_1'}{c}z-v_1'\right)=0.$$

取 $\lambda_1=v_1'$、$\mu_1=u_1'$ 与 $\lambda_2=v_1$、$\mu_2=u_1$ 代入以上平面束方程时会发现，它们完全相同，从而说明有同一个平面既经过 l，又经过 l'，因此 l 和 l' 共面.

设有双曲抛物面 S'，其方程为

$$\frac{x^2}{a^2}-\frac{y^2}{b^2}=2z, \tag{3.7.9}$$

其中 a、b 均为大于零的数. 将式（3.7.9）改写为

$$\left(\frac{x}{a}-\frac{y}{b}\right)\left(\frac{x}{a}+\frac{y}{b}\right)-2z. \tag{3.7.10}$$

对于任意实数 k，令

$$\frac{x}{a}-\frac{y}{b}=k, \tag{3.7.11}$$

则式（3.7.10）变为

$$k\left(\frac{x}{a}+\frac{y}{b}\right)=2z. \tag{3.7.12}$$

联立式（3.7.11）和式（3.7.12）得以下方程组

$$\begin{cases} \dfrac{x}{a}-\dfrac{y}{b}=k \\ k\left(\dfrac{x}{a}+\dfrac{y}{b}\right)=2z \end{cases}, \tag{3.7.13}$$

其表示一族直线，记为 l_k. 于是有

定理 3.7.4 双曲抛物面 S' 是直纹面，l_k 为其一族直母线.

证明： 与定理 3.7.1 的证明类似. 显然满足式（3.7.13）必定满足式（3.7.10），从而满足式（3.7.9），即直线族 l_k 均在双曲抛物面 S' 上. 以下说明双曲抛物面 S' 上的任意一点会落在直线族 l_k 中的某条直线上.

任取 S' 上的一点 P，设其坐标为(x_0, y_0, z_0)，则有

$$\left(\frac{x_0}{a}-\frac{y_0}{b}\right)\left(\frac{x_0}{a}+\frac{y_0}{b}\right)=2z_0. \tag{3.7.14}$$

记

$$c_0=\frac{x_0}{a}-\frac{y_0}{b},$$

再由式（3.7.14）有

$$c_0\left(\frac{x_0}{a}+\frac{y_0}{b}\right)=2z_0.$$

从而 P 的坐标满足式（3.7.13），即 P 在直线族 l_k 中的某一直线上.

对于任意实数 k'，令

$$\frac{x}{a}+\frac{y}{b}=k', \tag{3.7.15}$$

由式（3.7.10），得以下方程

$$\begin{cases}\dfrac{x}{a}+\dfrac{y}{b}=k' \\ k'\left(\dfrac{x}{a}-\dfrac{y}{b}\right)=2z\end{cases}, \tag{3.7.16}$$

其也表示一族直线，记为 $l_{k'}$. 容易证明

定理 3.7.5 直线族 $l_{k'}$ 是双曲抛物面 S' 的另一族直母线.

双曲抛物面的直母线具有以下性质.

定理 3.7.6 属于双曲抛物面 S' 的不同族直母线的任意两条直线必定共面（相交），属于双曲抛物面 S' 的同一族直母线的任意两条直线必定异面.

证明： 只针对直线族 l_k 中任意两直线必定异面进行证明，定理的其他情况可类似证明. 取 l_k 中两条直线，记为 l_1 和 l_2，方程分别如下

$$\begin{cases}\dfrac{x}{a}-\dfrac{y}{b}=k_1 \\ k_1\left(\dfrac{x}{a}+\dfrac{y}{b}\right)=2z\end{cases} \text{和} \begin{cases}\dfrac{x}{a}-\dfrac{y}{b}=k_2 \\ k_2\left(\dfrac{x}{a}+\dfrac{y}{b}\right)=2z\end{cases},$$

其中，k_1 和 k_2 是不同的实数. 证明 l_1 和 l_2 异面，只需要说明他们既不相交，也不平行即可.

因为 k_1 和 k_2 是不同的实数，所以

$$\frac{x}{a}-\frac{y}{b}=k_1 \text{ 和 } \frac{x}{a}-\frac{y}{b}=k_2$$

不可能同时成立，即 l_1 和 l_2 无交点.

由第 2.3 节直线一般方程化为标准方程的内容可知，直线 l_1 的方向向量 $\boldsymbol{s}_1$ 坐标为

$$\left\{\frac{2}{b},\frac{2}{a},\frac{2k_1}{ab}\right\},$$

直线 l_2 的方向向量 $\boldsymbol{s}_2$ 坐标为

$$\left\{\frac{2}{b},\frac{2}{a},\frac{2k_2}{ab}\right\}.$$

根据定理 1.3.4，则 $\boldsymbol{s}_1$ 和 $\boldsymbol{s}_2$ 不平行. 从而 l_1 和 l_2 不平行.

曲面的直纹性是非常重要的性质，在建筑中有广泛应用. 利用单叶双曲面的直纹性，人们建造了广州新电视塔（俗称小蛮腰）. 而成都露天公园的主舞台则是根据双曲抛物面的直纹性来建成的.

例 3.7.1 在空间直角坐标系下，求经过双曲抛物面

$$\frac{x^2}{4}-\frac{y^2}{9}=2z$$

上坐标为(4,0,2)的点 P_0 的直母线方程.

解： 双曲抛物面的两族直母线方程是

$$\begin{cases}\dfrac{x}{2}-\dfrac{y}{3}=k\\ k\left(\dfrac{x}{2}+\dfrac{y}{3}\right)=2z\end{cases} \text{和} \begin{cases}\dfrac{x}{2}+\dfrac{y}{3}=k'\\ k'\left(\dfrac{x}{2}-\dfrac{y}{3}\right)=2z\end{cases}.$$

把 P_0 的坐标代入以上两组方程得 $k=2$、$k'=2$. 从而经过 P_0 的两条直母线方程分别是

$$\begin{cases}3x-2y-12=0\\ 3x+2y-6z=0\end{cases} \text{和} \begin{cases}3x+2y-12=0\\ 3x-2y-6z=0\end{cases}.$$

习题 3.7

1. 在空间直角坐标系下，求经过单叶双曲面

$$\frac{x^2}{4}+\frac{y^2}{9}-\frac{z^2}{16}=1$$

上坐标为$(-2,3,4)$的点 P_0 的直母线方程.

2. 求直线族

$$\frac{x-k^2}{1}=\frac{y}{-1}=\frac{z-k}{0}$$

形成的曲面方程.

3. 在双曲抛物面

$$\frac{x^2}{16}-\frac{y^2}{4}=z$$

上求平行于平面 $3x+2y-2z+1=0$ 的直母线方程.

4. 在空间直角坐标系下，求与三直线

$$l_1:\begin{cases}x=1\\ y=z\end{cases},\quad l_2:\begin{cases}x=-1\\ y=-z\end{cases},\quad l_3:\frac{x-2}{-3}=\frac{y+1}{4}=\frac{z+2}{5}$$

都共面的直线所构成的曲面方程.

5. 在空间直角坐标系下，求与两直线

$$\frac{x-6}{3}=\frac{y}{2}=\frac{z-1}{1},\quad \frac{x}{3}=\frac{y-8}{2}=\frac{z+4}{-2}$$

相交，且平行于平面 $2x+3y-5=0$ 的直线所构成的曲面方程.

6. 在空间直角坐标系下，证明下列方程表示直纹面并求直母线.

（1）$x^2-y^2-z^2=0$；（2）$x^2+y^2+z^2-2xz-1=0$.

习题 3.7 答案

小 结

曲面和空间曲线在空间中更为常见，是空间解析几何的重点内容之一，它们分别是第 2 章学习的平面和空间直线的一般化．本章所有讨论都是在空间直角坐标系下进行的．曲面方程是关于其上点的坐标 x、y、z 的三元方程 $F(x,y,z)=0$．在求解曲面方程进行化简时，注意每步所得的方程必须是等价的，切记不可以忽视方程成立的条件，参见例 3.2.2. 另外要注意的是，如果曲面方程中的 $F(x,y,z)$ 能够因式分解为 $F(x,y,z)=f(x,y,z)\cdot g(x,y,z)$，那么此时曲面方程 $F(x,y,z)=0$ 应该等价为 $f(x,y,z)=0$ 或者 $g(x,y,z)=0$，而不是联立这两个方程.

空间曲线的一般方程是联立两个曲面方程

$$\begin{cases}F(x,y,z)=0\\G(x,y,z)=0\end{cases}.$$

但是反过来，上述方程组未必一定表示空间曲线，有可能表示虚曲面，也有可能只表示一个点.

除了上述方程外，曲面与空间曲线还有参数式方程，前者含有两个参数，而后者只含有一个参数．这分别与曲面的自由度为 2 和曲线的自由度为 1 是相符合的．如果将参数式方程中的参数消掉便可得到曲面和空间曲线的一般方程．当将一般方程化为参数式方程时，第 3.1 节所讨论的柱面坐标系与球面坐标系将会显得较为重要.

柱面、锥面和旋转曲面是非常有意义的曲面，在现实生活中很常见．柱面与锥面的母线都是直线，而旋转曲面的母线未必为直线，可以是曲线．这三种曲面的一个重点内容是求解它们的方程，所用的方法基本相同．寻找柱面和锥面方程时，第一是其上任意一点必在某母线上，第二是该母线与准线必会有交点，从而结合关系式消去交点的三个坐标便是所求方程．寻找旋转曲面方程的一个关键点是纬圆方程，另一点是纬圆与母线的交点，同样结合关系式消去交点的三个坐标也就是所求方程.

柱面和锥面的特殊情形分别是圆柱面和圆锥面，这两类特殊方程的求解可以用求柱面和锥面方程的一般方法，也可以利用它们自身的特殊性，即圆柱面上的点到对称轴的距离相等、圆锥面上的点与顶点构成的向量和对称轴的方向向量的夹角等于半顶角或半顶角的补角．柱面还有一类特殊情况．在空间中，如果关于 x、y、z 的三元方程只含有其中两个坐标，则该方程表示柱面，而且其母线平行于与缺失坐标同名的坐标轴．比如 $y=x^2$ 在空间中表示母线平行于 z 轴的抛物柱面，$y^2+z^2=1$ 在空间中表示母线平行于 x 轴的圆柱面.

旋转曲面的特殊情形是坐标面上的曲线 $\varGamma$ 绕着该坐标面上的坐标轴旋转所形成的旋转曲面．求解这类旋转曲面方程可以用其规律性，即将曲线 $\varGamma$ 一般方程中的那个只含有两个坐标的方程里的与旋转轴同名的坐标保留，然后将其他两个坐标的平方和的平方根代替另一坐标．比如，xOz 面上的曲线

$$\begin{cases} g(x,z)=0 \\ y=0 \end{cases}$$

绕着 x 轴旋转得到旋转曲面方程是

$$g\left(x,\pm\sqrt{y^2+z^2}\right)=0.$$

以上内容都是根据图形特征来求解其方程. 事实上，这只是空间解析几何中所关注的两个基本问题之一. 另一个问题是由方程讨论其表示的图形. 解决这个问题的一个主要方法是“平行截线法”，即通过考察一族平行平面与曲面的交线（称为截线）的变化情况来揭示曲面形状的方法，这是认识空间图像的重要方法. 通常情况下，选取与坐标面平行的平面族来进行讨论.

本章最后对一些三元二次方程表示的图形做了详细的讨论，包括椭球面、单叶双曲面、双叶双曲面、椭圆抛物面和双曲抛物面. 首先讨论了它们的简单几何性质对称性、顶点、范围等，其次利用“平行截线法”来分析图形.

第 4 章

平面二次曲线的分类

在平面上引入标架与坐标系，对其中的相关问题进行讨论，这就是平面解析几何. 与空间解析几何不同之处是，平面中任何点的坐标是一个二元有序实数组(x,y). 本章讨论的问题只局限于平面. 在平面直角坐标系下，二元二次方程的一般形式为

$$a_{11}x^2+2a_{12}xy+a_{22}y^2+2a_{13}x+2a_{23}y+a_{33}=0$$

其表示的图形称为二次曲线，这里二次项系数 a_{11}、a_{12} 和 a_{22} 不全为零.

圆锥曲线包括椭圆、抛物线和双曲线三种，是最常见的二次曲线，也是中学学习的重点内容之一. 除圆锥曲线外，是否存在其他的二次曲线？给定一个二元二次方程，如何判断它表示哪种类型的二次曲线？这是本章要重点讨论的两个问题.

本章第一节是关于二次曲线的几何特征，主要有二次曲线与直线的位置关系、二次曲线的中心与渐近线、平面二次曲线的切线与直径以及二次曲线的主直径与主方向. 这一切都是为给出二次曲线的所有类型和化简二次曲线方程做准备. 化简二次曲线方程的方法有两种，一是移轴和转轴法，二是不变量法. 其中，不变量法是一种重要的几何思想，涉及矩阵相关的知识，读者可参见附录，更详细的可查阅《高等代数》教材.

为了讨论方便，我们引入一些记号：

$$F(x,y)=a_{11}x^2+2a_{12}xy+a_{22}y^2+2a_{13}x+2a_{23}y+a_{33},$$

$$F_1(x,y)=a_{11}x+a_{12}y+a_{13},$$

$$F_2(x,y)=a_{12}x+a_{22}y+a_{23},$$

$$F_3(x,y)=a_{13}x+a_{23}y+a_{33},$$

$$\Phi(x,y)=a_{11}x^2+2a_{12}xy+a_{22}y^2.$$

这里进行一些说明. 如果将 $F(x,y)$ 表达式中的变量 y 当作常数，对其关于变量 x 求导数，结果恰恰等于 $2F_1(x,y)$. 这个操作就是求二元函数 $F(x,y)$ 对 x 的偏导数，参见《数学分析》多元函数章节. 借助偏导数的符号，则有

$$F_1(x,y)=\frac{1}{2}F_x'(x,y).$$

类似地，

$$F_2(x,y)=\frac{1}{2}F_y'(x,y).$$

我们容易验证

$$F(x,y)=xF_1(x,y)+yF_2(x,y)+F_3(x,y).$$

最后 $\Phi(x,y)$ 是 $F(x,y)$ 中的二次项.

进一步，再引入以下三个记号：

$$I_1=a_{11}+a_{22},\quad I_2=\begin{vmatrix}a_{11} & a_{12}\\ a_{12} & a_{22}\end{vmatrix},\quad I_3=\begin{vmatrix}a_{11} & a_{12} & a_{13}\\ a_{12} & a_{22} & a_{23}\\ a_{13} & a_{23} & a_{33}\end{vmatrix}.$$

4.1 平面二次曲线的几何特征

平面中最简单的几何图形莫过于直线．讨论圆锥曲线与直线的位置关系在中学的学习中十分常见也很重要．本节我们将探讨平面二次曲线与平面直线的位置关系．

4.1.1 平面二次曲线与平面直线的位置关系

与空间直线的讨论类似，平面上一定点和一定方向可以确定平面内一条直线，其中定方向称为直线的一个方向向量．在平面上建立直角坐标系后，设定点 P_0 和非零向量 $\boldsymbol{v}$ 的坐标分别为(x_0,y_0)、$\{m,n\}$，则它们所确定的直线 l 的参数方程是

$$\begin{cases} x = x_0 + mt \\ y = y_0 + nt \end{cases}, \quad t \in \mathbf{R}. \tag{4.1.1}$$

上式消去参数 t 可得点方向式方程为

$$\frac{x - x_0}{m} = \frac{y - y_0}{n}. \tag{4.1.2}$$

经过化简整理又有点斜式方程

$$y - y_0 = \frac{n}{m}(x - x_0),$$

于是直线 l 的斜率 k 与方向向量坐标的关系为

$$k = \frac{n}{m}.$$

现在讨论二次曲线 $\varGamma$：

$$F(x,y) = a_{11}x^2 + 2a_{12}xy + a_{22}y^2 + 2a_{13}x + 2a_{23}y + a_{33} = 0 \tag{4.1.3}$$

与直线 l 的位置关系．将式（4.1.1）代入式（4.1.3）可得

$$(a_{11}m^2 + 2a_{12}mn + a_{22}n^2)t^2 + 2[(a_{11}x_0 + a_{12}y_0 + a_{13})m + (a_{12}x_0 + a_{22}y_0 + a_{23})n]t +$$
$$(a_{11}{x_0}^2 + 2a_{12}x_0y_0 + a_{22}{y_0}^2 + 2a_{13}x_0 + 2a_{23}y_0 + a_{33}) = 0.$$

用已给记号改写为

$$\varPhi(m,n)t^2 + 2[F_1(x_0,y_0)m + F_2(x_0,y_0)n]t + F(x_0,y_0) = 0. \tag{4.1.4}$$

从而二次曲线 $\varGamma$ 与直线 l 的位置关系反应为关于 t 的方程（4.1.4）的解的存在性上．我们将分情况进行讨论．

（1）$\varPhi(m,n) \neq 0$．方程（4.1.4）是关于 t 的一元二次方程，其解的情况与判别式

$$\Delta=4\{[F_1(x_0,y_0)m+F_2(x_0,y_0)n]^2-\Phi(m,n)F(x_0,y_0)\}$$

有关. 因此,

① $\Delta>0$. 方程(4.1.4)有两个不相等的实根, 即二次曲线 Γ 与直线 l 有两个不相同的交点.

② $\Delta=0$. 方程(4.1.4)有两个相等的实根, 即二次曲线 Γ 与直线 l 有两个相同的交点.

③ $\Delta<0$. 方程(4.1.4)没有实根, 即二次曲线 Γ 与直线 l 没有交点.

(2) $\Phi(m,n)=0$. 方程(4.1.4)变成

$$2[F_1(x_0,y_0)m+F_2(x_0,y_0)n]t+F(x_0,y_0)=0. \tag{4.1.5}$$

此时, 式(4.1.5)的解与其包含 t 的一次项系数和常数项有关.

① $F_1(x_0,y_0)m+F_2(x_0,y_0)n\neq0$. 方程(4.1.5)有唯一实根, 即二次曲线 Γ 与直线 l 只有唯一的交点.

② $F_1(x_0,y_0)m+F_2(x_0,y_0)n=0$, $F(x_0,y_0)\neq0$. 方程(4.1.5)不可能成立, 从而无解, 即二次曲线 Γ 与直线 l 无交点.

③ $F_1(x_0,y_0)m+F_2(x_0,y_0)n=F(x_0,y_0)=0$. 方程(4.1.5)恒成立, 即整条直线 l 都在二次曲线 Γ 上.

*以上讨论中,(1)的②和(2)的①都是交点情况只有一个, 但是它们有所不同. 考虑直线 l 做平行移动的情况, 此时方向向量 $\boldsymbol{v}$ 坐标始终为 $\{m,n\}$, 则"$\Phi(m,n)$ 等于零与否"保持不变, 而点 P_0 的坐标 (x_0,y_0) 会随着平行移动而改变. 在(2)的①中, 由多元函数的连续性, 如果 $F_1(x_0,y_0)m+F_2(x_0,y_0)n\neq0$, 在那么 P_0 的很小范围内这个式子仍然保持不等于 0, 说明在微小的平行移动过程中二次曲线 Γ 与直线 l 始终是一个交点, 即(2)的①是一种稳定的情况. 对于(1)的②, 如果直线 l 发生微小的平行移动, 那么"Δ 等于零"可能变成"Δ 大于零"或"Δ 小于零", 即说明(1)的②是不稳定的. 因此为了作区分, 我们总是说(1)的②为"有两个相同的交点", 而(2)的①为"只有唯一交点".

例 4.1.1 求二次曲线 $2x^2-2xy-y^2-2x-2y+3=0$ 与直线 $x-y-1=0$ 的交点.

解: 由二次曲线方程可知

$$F(x,y)=2x^2-2xy-y^2-2x-2y+3,\quad F_1(x,y)=2x-y-1,$$

$$F_2(x,y)=-x-y-1,\quad \Phi(x,y)=2x^2-2xy-y^2.$$

将直线化为参数方程有

$$\begin{cases} x=t \\ y=-1+t \end{cases},\quad t\in\mathbf{R}. \tag{4.1.6}$$

从而 $x_0=0$, $y_0=-1$, $m=1$, $n=1$. 于是方程(4.1.4)为

$$-t^2+4=0.$$

以上方程有两个不相等的实根 $t_1=2$, $t_2=-2$. 再根据参数方程(4.1.6), 从而两个不相同的交点坐标为 $(2,1)$ 和 $(-2,-3)$.

4.1.2　平面二次曲线的中心与渐近线

二次曲线的中心与渐近线是具有密切关系的一组概念. 渐近线是一条通过中心的直线，但是对方向有一些要求. 我们首先对直线的方向做一些说明. 设直线 l 的一个方向向量为 $\boldsymbol{v}$，坐标是 $\{m,n\}$. 因为 $\boldsymbol{v}$ 是非零向量，所以 m 和 n 中至少有一个不等于零. 如果 $m\neq 0$，那么直线的所有方向向量可以表示为

$$k\left\{1,\frac{n}{m}\right\},$$

其中，k 为任意非零实数. 如果 $n\neq 0$，那么直线的所有方向向量可以表示为

$$k\left\{\frac{m}{n},1\right\}.$$

可见，决定直线的方向 l，只需要明确 $m:n$ 这个比例即可. 因此，$m:n$ 被称为直线的方向.

二次曲线 $\varGamma$ 的方程为式（4.1.3），从 4.1.1 节的讨论可知，如果 $\varPhi(m,n)=0$，那么直线 l 与二次曲线 $\varGamma$ 的交点情况是：只有一个交点，无交点或整条直线都在二次曲线上. 并不可能会相交于两个点. 为此，引入以下定义.

定义 4.1.1　满足 $\varPhi(m,n)=0$ 的方向 $m:n$ 称为二次曲线 $\varGamma$ 的**渐近方向**；否则称为**非渐近方向**.

下面我们来确定二次曲线 $\varGamma$ 的渐近方向 $m:n$. 由上述定义，渐近方向要满足方程

$$a_{11}m^2+2a_{12}mn+a_{22}n^2=0. \tag{4.1.7}$$

因为二次项系数 a_{11}、a_{12} 和 a_{22} 不全为零，所以：

（1）如果 $a_{11}\neq 0$，此时 $n\neq 0$. 在方程（4.1.7）两边同时除以 n^2，则有

$$a_{11}\left(\frac{m}{n}\right)^2+2a_{12}\frac{m}{n}+a_{22}=0.$$

由求根公式得 $\dfrac{m}{n}=\dfrac{-a_{12}\pm\sqrt{-I_2}}{a_{11}}$.

（2）如果 $a_{22}\neq 0$，此时 $m\neq 0$. 在方程（4.1.7）两边同时除以 m^2，则有

$$a_{22}\left(\frac{n}{m}\right)^2+2a_{12}\frac{n}{m}+a_{11}=0.$$

由求根公式得 $\dfrac{n}{m}=\dfrac{-a_{12}\pm\sqrt{-I_2}}{a_{22}}$.

（3）如果 $a_{11}=a_{22}=0$，那么 $a_{12}\neq 0$. 方程（4.1.7）为 $2a_{12}mn=0$，所以渐近方向 $m:n=1:0$ 或 $0:1$. 此时直接计算有 $I_2=-a_{12}{}^2<0$.

由此可知，二次曲线最多只有两个渐近方向. 更详细的有：二次曲线没有渐近方向当且仅当 $I_2>0$；二次曲线有一个渐近方向当且仅当 $I_2=0$；二次曲线有两个不同的渐近方向当且仅当 $I_2<0$.

定义 4.1.2 没有渐近方向的二次曲线叫作**椭圆型曲线**，有一个渐近方向的二次曲线叫作**抛物型曲线**，有两个渐近方向的二次曲线叫作**双曲型曲线**.

如果直线与二次曲线有两个不同的交点，那么这两交点所连成的线段叫作**二次曲线的弦**. 由 4.1.1 节知，弦所在直线的方向必定为非渐近方向. 如果 $\boldsymbol{v}$ 是弦的方向向量，坐标是 $\{m,n\}$，则有

$$\Phi(m,n)=a_{11}m^2+2a_{12}mn+a_{22}n^2\neq 0. \tag{4.1.8}$$

定义 4.1.3 如果点 P_0 是某二次曲线上通过它的所有弦的中点，则称点 P_0 是该二次曲线的**中心**.

由定义可见二次曲线的对称点就是其一个中心. 所以圆心是圆的中心，椭圆的长轴与短轴的交点是椭圆的中心，双曲线的实轴与虚轴的交点是双曲线的中心. 以下定理给出求二次曲线中心的方法.

定理 4.1.1 点 P_0 是二次曲线 Γ 的中心当且仅当其坐标（x_0,y_0）同时满足 $F_1(x_0,y_0)=F_2(x_0,y_0)=0$，即

$$\begin{cases}a_{11}x_0+a_{12}y_0+a_{13}=0\\ a_{12}x_0+a_{22}y_0+a_{23}=0\end{cases}. \tag{4.1.9}$$

证明：任取过 P_0 的弦，设弦所在直线的方向向量是 $\boldsymbol{v}$，则该直线的参数方程为式(4.1.1)，代入二次曲线 Γ 的方程可得式（4.1.4）. 记 t_1 和 t_2 为式（4.1.4）的两个不相同的实根，对应两个交点，即弦的端点为 P_1 和 P_2. 从式（4.1.1）可知，P_1 和 P_2 的坐标分别是 (x_0+mt_1, y_0+mt_1)、(x_0+nt_2, y_0+nt_2). 所以 P_0 是 P_1 和 P_2 的中点当且仅当

$$t_1+t_2=0,$$

即方程（4.1.4）两根之和等于零. 从而有

$$F_1(x_0,y_0)m+F_2(x_0,y_0)n=0.$$

平面上至多只有两个渐近方向，其余均为非渐近方向. 由于 $\boldsymbol{v}$ 可以取任意非渐近方向，所以上式成立等价于 $F_1(x_0,y_0)=F_2(x_0,y_0)=0$.

定理 4.1.1 暗示二次曲线的中心存在与否等同于下列线性方程组解存在与否，

$$\begin{cases}a_{11}x+a_{12}y+a_{13}=0\\ a_{12}x+a_{22}y+a_{23}=0\end{cases}. \tag{4.1.10}$$

由线性方程组相关知识（查阅附录）得，

（1）系数行列式 $I_2=\begin{vmatrix}a_{11} & a_{12}\\ a_{12} & a_{22}\end{vmatrix}\neq 0$. 此时方程组（4.1.10）有唯一解，于是二次曲线有唯一的中心.

（2）系数行列式 $I_2=\begin{vmatrix}a_{11} & a_{12}\\ a_{12} & a_{22}\end{vmatrix}=0$. 因为二次曲线的二次项系数不全为零，不妨设不等

于零的系数在 I_2 的第二行，所以 $I_2=0$ 等价于 $\frac{a_{11}}{a_{12}}=\frac{a_{12}}{a_{22}}$. 此时，如果

$$\frac{a_{11}}{a_{12}}=\frac{a_{12}}{a_{22}}\neq\frac{a_{13}}{a_{23}},$$

则方程组（4.1.10）无解，从而二次曲线没有中心. 如果

$$\frac{a_{11}}{a_{12}}=\frac{a_{12}}{a_{22}}=\frac{a_{13}}{a_{23}}.$$

则方程组（4.1.10）实质上只是一个方程 $a_{12}x+a_{22}y+a_{23}=0$，表示一条直线，称为中心直线. 坐标满足中心直线方程的所有的点均可以作为二次曲线的中心.

定义 4.1.4 有唯一中心的二次曲线叫作**中心二次曲线**，没有中心的二次曲线叫作**无心二次曲线**，有一条中心直线的二次曲线叫作**线心二次曲线**，其中无心二次曲线和线心二次曲线统称为非中心二次曲线.

结合渐近方向的讨论，我们会有：椭圆型曲线和双曲型曲线均是中心二次曲线，有唯一的中心. 而抛物型曲线是非中心二次曲线，既可能是无心二次曲线，也可能是线性二次曲线.

定义 4.1.5 通过二次曲线的中心且以渐近方向为方向的直线叫作该二次曲线的渐近线.

显然，抛物型中的无心二次曲线和椭圆型曲线都没有渐近线；双曲型曲线有两条渐近线. 进一步，对于抛物型中的线心二次曲线，其只有一条渐近线，就是他的中心直线. 该论断只需说明中心直线的方向就是渐近方向. 事实上，此时 $I_2=0$，由关于渐近方向的分类讨论可知，a_{11} 和 a_{22} 必有一个不为零. 不妨设 a_{22} 不为零，此时渐近方向 $m:n=a_{22}:(-a_{12})$. 再由关于中心的分类讨论中的（2）知，中心直线为 $a_{12}x+a_{22}y+a_{23}=0$，其斜率为 $-\frac{a_{12}}{a_{22}}$. 于是中心直线的方向也是 $a_{22}:(-a_{12})$.

最后，渐近线与二次曲线的位置关系是：或没有交点或整条渐近线都在二次曲线上. 一定成立的是，中心的坐标 (x_0,y_0) 满足 $F_1(x_0,y_0)=F_2(x_0,y_0)=0$，渐近线的方向满足 $\Phi(m,n)=0$. 如果中心不在二次曲线上，即 $F(x_0,y_0)\neq 0$，根据 4.1.1 节讨论中的（2）②知，此时渐近线与二次曲线无交点. 如果中心在二次曲线上，即 $F(x_0,y_0)=0$，根据 4.1.1 节讨论中的（2）③知，此时整条渐近线都在二次曲线上.

例 4.1.2 求 $6x^2-xy-y^2+3x+y-1=0$ 的渐近线.

解： 由题可知

$$F_1(x,y)=6x-\frac{1}{2}y+\frac{3}{2},$$

$$F_2(x,y)=-\frac{1}{2}x-y+\frac{1}{2}.$$

令 $F_1(x,y)=F_2(x,y)=0$ 得中心的坐标是 $\left(-\frac{1}{5},\frac{3}{5}\right)$.

又渐近方向 $m:n$ 满足

$$6\left(\frac{m}{n}\right)^2-\frac{m}{n}-1=0,$$

所以 $m:n=1:2$ 或 $(-1):3$.

因此渐近线方程为

$$y-\frac{3}{5}=2\left(x+\frac{1}{5}\right) \text{或} \ y-\frac{3}{5}=-3\left(x+\frac{1}{5}\right),$$

即 $2x-y+1=0$ 或 $3x+y=0$.

4.1.3 平面二次曲线的切线与直径

本小节将关注二次曲线的切线和直径，首先有以下概念.

定义 4.1.6 如果直线与二次曲线有两个相同的交点，那么称该直线是**二次曲线的切线**，此时相同的交点叫作**切点**. 如果直线在二次曲线上也称其为**二次曲线的切线**，此时直线上的任何点都是**切点**. 切线的方向叫作**切方向**.

切点是二次曲线上的点，要给出切线方程，只需找到切方向即可. 设二次曲线 Γ 上的切点的坐标是(x_0,y_0)，此时的切方向为 $m:n$，则切线的参数方程仍可用式（4.1.1）表示，将其代入二次曲线 Γ 的方程（4.1.3）得式（4.1.4）. 注意到切点必定在二次曲线上，因此总有 $F(x_0,y_0)=0$.

如果切方向 $m:n$ 是非渐近方向，即 $\Phi(m,n)\neq 0$，由切线的定义，则式（4.1.4）的判别式 $\Delta=0$，从而

$$F_1(x_0,y_0)m+F_2(x_0,y_0)n=0. \tag{4.1.11}$$

如果切方向 $m:n$ 是渐近方向，即 $\Phi(m,n)=0$，由 4.1.1 节中的讨论（2）的③也有上式成立. 所以当 $F_1(x_0,y_0)$ 和 $F_2(x_0,y_0)$ 不全为零时，切方向

$$m:n=-F_2(x_0,y_0):F_1(x_0,y_0). \tag{4.1.12}$$

进一步，切线方程为

$$y-y_0=-\frac{F_1(x_0,y_0)}{F_2(x_0,y_0)}(x-x_0),$$

即

$$F_1(x_0,y_0)(x-x_0)+F_2(x_0,y_0)(y-y_0)=0. \tag{4.1.13}$$

当 $F_1(x_0,y_0)$ 和 $F_2(x_0,y_0)$ 为零时，则切方向 $m:n$ 任意取值都有式（4.1.11）恒成立，说明任意方向都是切方向. 于是此时经过切点的任何直线都是切线.

定理 4.1.2 设二次曲线 Γ 上点 P 的坐标是(x_0,y_0). 如果 P 不是中心，即 $F_1(x_0,y_0)$ 和 $F_2(x_0,y_0)$ 不全为零，那么通过 P 的切线方程为式（4.1.13）；如果 P 是中心，那么通过 P 的任何直线都是切线.

注：切点是二次曲线上的点，即坐标(x_0,y_0)满足$F(x_0,y_0)=0$，可以是二次曲线的中心，也可以不是二次曲线的中心. 而中心是坐标(x,y)同时满足$F_1(x,y)=F_2(x,y)=0$的点，未必在二次曲线上.

例 4.1.3 求二次曲线$5x^2+7xy+y^2-x+2y=0$在原点处的切线方程.

解：显然原点在二次曲线上，令

$$F(x,y)=5x^2+7xy+y^2-x+2y,$$

则

$$F_1(x,y)=5x+\frac{7}{2}y-\frac{1}{2},\quad F_2(x,y)=\frac{7}{2}x+y+1.$$

又因为

$$F_1(0,0)=-\frac{1}{2},\quad F_2(0,0)=1,$$

从而切向量方向$m:n=2:1$. 因此切线方程为

$$y=\frac{1}{2}x.$$

圆中一族平行弦的中点会在同一条直线上，它们的轨迹就是圆的直径. 对于一般的二次曲线有同样的结论.

定理 4.1.3 二次曲线的一族平行弦的中点必定在同一条直线上.

证明：设$\boldsymbol{v}$是二次曲线Γ的平行弦的方向向量，坐标是$\{m,n\}$，则有$\Phi(m,n)\neq 0$. 又任取这族平行弦中一弦的中点，记为P，坐标为(x_0,y_0)，那么该弦的端点由方程（4.1.4）的两个不相同的实根t_1和t_2决定. 从而有

$$F_1(x_0,y_0)m+F_2(x_0,y_0)n=0,$$

即

$$(a_{11}m+a_{12}n)x_0+(a_{12}m+a_{22})y_0+a_{13}m+a_{23}n=0.$$

因此P的坐标满足

$$(a_{11}m+a_{12}n)x+(a_{12}m+a_{22})y+a_{13}m+a_{23}n=0. \tag{4.1.14}$$

我们声称$a_{11}m+a_{12}n$与$a_{12}m+a_{22}n$均不等于零. 如果$a_{11}m+a_{12}n=a_{12}m+a_{22}n=0$，此时

$$\Phi(m,n)=a_{11}m^2+2a_{12}mn+a_{22}n^2=(a_{11}m+a_{12}n)m+(a_{12}m+a_{22}n)n=0.$$

这是一个矛盾，因此式（4.1.14）是一条平面直线方程.

由此可以给出二次曲线直径的定义.

定义 4.1.7 二次曲线的平行弦中点的轨迹称为**直径**，这些平行弦称为共轭于直径的**共轭弦**，该直径称为是**共轭于平行弦方向的直径**.

根据定理 4.1.3 的证明，一旦平行弦方向给定，那么直径所在直线的方程便确定了.

定理 4.1.4 假设二次曲线Γ的一族平行弦的方向是$m:n$，则共轭于该平行弦方向的直径所在直线的方程为

$$F_1(x,y)m+F_2(x,y)n=0\ , \tag{4.1.15}$$

即为方程（4.1.14）. 而如果二次曲线 Γ 的一族平行弦的斜率是 k，则直径所在直线的方程为

$$F_1(x,y)+kF_2(x,y)=0\ .$$

例 4.1.4 已知二次曲线方程为 $3x^2+7xy+5y^2+4x+5y+1=0$，求

（1）与 x 轴平行的弦的中点轨迹满足的方程；

（2）与直线 $x+y+1=0$ 平行的弦的中点轨迹满足的方程.

解： 由条件，令

$$F(x,y)=3x^2+7xy+5y^2+4x+5y+1\ ,$$

则

$$F_1(x,y)=3x+\frac{7}{2}y+2\ ,\quad F_2(x,y)=\frac{7}{2}x+5y+\frac{5}{2}\ .$$

（1）此时平行弦方向向量为$\{1,0\}$，由定理 4.1.4 得平行的弦的中点轨迹满足的方程为

$$6x+7y+4=0\ .$$

（2）此时平行弦的斜率为 -1，由定理 4.1.4 得平行的弦的中点轨迹满足的方程为

$$x+3y+1=0\ .$$

4.1.4 平面二次曲线的主直径与主方向

二次曲线的直径是由平行弦的方向来决定的，这个方向必定为非渐近方向. 设平行弦方向是 $m:n$，由方程（4.1.14）知共轭于 $m:n$ 的直径的方向

$$m':n'=-(a_{12}m+a_{22}n):(a_{11}m+a_{12}n) \tag{4.1.16}$$

上述方向叫作 $m:n$ 的共轭方向，注意只有非渐近方向才有共轭直径，因此，只有非渐近方向才谈共轭方向. 直接计算有

$$\begin{aligned}\Phi(m',n')&=a_{11}(a_{12}m+a_{22}n)^2+2a_{12}(a_{12}m+a_{22}n)(a_{11}m+a_{12}n)+a_{22}(a_{11}m+a_{12}n)^2\\&=(a_{11}a_{22}-a_{12}{}^2)(a_{11}m^2+2a_{12}mn+a_{22}n^2)\\&=I_2\Phi(m,n)\ .\end{aligned}$$

方向 $m:n$ 是非渐近方向，所以 $\Phi(m,n)\neq 0$. 于是，当 $I_2\neq 0$ 时，$\Phi(m',n')\neq 0$，即中心二次曲线的非渐近方向的共轭方向仍然是非渐近方向. 而当 $I_2=0$ 时，$\Phi(m',n')=0$，即非中心二次曲线的非渐近方向的共轭方向是渐近方向.

另一方面，式（4.1.16）成立等价于

$$a_{11}mm'+a_{12}(mn'+m'n)+a_{22}nn'=0\ . \tag{4.1.17}$$

如果将 m 与 m' 互换，且 n 与 n' 互换，式（4.1.17）没有变化. 从而，如果将 m 与 m' 互

换，且 n 与 n' 互换，式（4.1.16）仍成立. 因此，共轭方向是相互的，即对于中心二次曲线，$m:n$ 的共轭方向是 $m':n'$，$m':n'$ 的共轭方向是 $m:n$.

进一步，有以下定义.

定义 4.1.8 二次曲线的与共轭弦垂直的直径叫作二次曲线的**主直径**，此时主直径的方向与共轭弦的方向统称为二次曲线的**主方向**.

讨论二次曲线 Γ 的主直径和主方向. 如果能确定主方向中的平行弦方向，那么由式（4.1.15）便可以得到主直径方程. 设平行弦方向是 $m:n$，则其共轭方向 $m':n'$ 由式（4.1.16）给出. 因为方向 $m':n'$ 垂直于方向 $m:n$ 当且仅当

$$m'm+n'n=0,$$

即

$$m:n=-n':m'.$$

结合式（4.1.16），从而

$$m:n=(a_{11}m+a_{12}n):(a_{12}m+a_{22}n).$$

于是，存在非零实数 λ 使得

$$\begin{cases}a_{11}m+a_{12}n=\lambda m\\a_{12}m+a_{22}n=\lambda n\end{cases},\tag{4.1.18}$$

即

$$\begin{cases}(a_{11}-\lambda)m+a_{12}n=0\\a_{12}m+(a_{22}-\lambda)n=0\end{cases}.$$

这是一个关于 m、n 的齐次线性方程组，由于 m 和 n 不全为零，所以方程组的系数行列式等于零，从而有

$$\lambda^2-I_1\lambda+I_2=0.\tag{4.1.19}$$

以上方程称为二次曲线 Γ 的**特征方程**，其根称为**特征根**. 关于特征根，我们有

定理 4.1.5 二次曲线 Γ 的特征根一定是实数，且不全为零.

证明： 直接计算特征方程的判别式

$$\Delta=I_1^{\ 2}-4I_2=(a_{11}-a_{22})^2+4a_{12}^{\ 2}\geqslant 0.$$

所以特征根一定是实根. 下证实根不能全为零. 不然，有

$$I_1=I_2=0,$$

即

$$a_{11}+a_{22}=0,\quad a_{11}a_{22}-a_{12}^{\ 2}=0.$$

显然会有 $a_{11}=a_{22}=a_{12}=0$，这与 Γ 为二次曲线矛盾.

进一步，我们将特征根代入式（4.1.18）便得方向 $m:n$．如果该方向为非渐近方向，那么这就是平行弦方向，于是再由式（4.1.15）便得到对应的主直径方程．如果该方向为渐近方向，那么它不能作为平行弦方向，此时也就没有对应的主直径．

通过特征根，由式（4.1.18）求出的方向是否为非渐近方向呢？其实，这完全由特征根决定．

定理 4.1.6 设二次曲线 Γ 的特征根为 λ．如果 $\lambda \neq 0$，那么将其代入式（4.1.18）求出的方向一定是非渐近方向；如果 $\lambda = 0$，那么将其代入式（4.1.18）求出的方向一定是渐近方向．

证明： 因为

$$\begin{aligned}\Phi(m,n) &= a_{11}m^2 + 2a_{12}mn + a_{22}n^2 \\ &= (a_{11}m + a_{12}n)m + (a_{12}m + a_{22}n)n\end{aligned},$$

由式（4.1.18）和上式，可得

$$\Phi(m,n) = \lambda(m^2 + n^2).$$

因此，当 $\lambda \neq 0$，那么 $\Phi(m,n) \neq 0$，即 $m:n$ 是非渐近方向．如果 $\lambda = 0$，那么 $\Phi(m,n) \neq 0$，即 $m:n$ 是渐近方向．

通过上述讨论，我们便有以下求主直径和主方向的步骤．

（1）写出二次曲线的特征方程，并求特征根；

（2）将非零特征根代入式（4.1.18）找到平行弦方向 $m:n$；

（3）由式（4.1.15）便得到主直径方程 $F_1(x,y)m + F_2(x,y)n = 0$；

（4）写出主方向，方向 $m:n$ 与主直径的方向均为主方向．

注： 步骤（2）中如果代入非零特征根，式（4.1.18）恒成立，则说明任意方向 $m:n$ 均为平行弦方向，其中 m 和 n 不全为零．

例 4.1.5 求二次曲线 $x^2 - 2xy + y^2 - 4x = 0$ 的主方向与主直径满足的方程．

解： 由条件知 $a_{11} = 1$，$a_{12} = -1$，$a_{22} = 1$，所以

$$I_1 = 1 + 1 = 2,\quad I_2 = \begin{vmatrix} 1 & -1 \\ -1 & 1 \end{vmatrix} = 0.$$

从而特征方程为 $\lambda^2 - 2\lambda = 0$，则特征根 $\lambda_1 = 2$，$\lambda_2 = 0$．

把 $\lambda_1 = 2$ 带入式（4.1.18）得平行弦方向 $m:n = -1:1$．因此共轭于该方向的主直径满足的方程是

$$-(x - y - 2) + (-x + y) = 0,$$

即

$$x - y - 1 = 0.$$

于是，主方向为 $-1:1$ 和 $1:1$．

习题 4.1

1. 求二次曲线 $x^2-2xy-3y^2-4x-6y+3=0$ 与直线 $5x-y-5=0$ 的交点.

2. 试确定 k 的值，使得

（1）直线 $\begin{cases}x=t\\y=5+t\end{cases}$ 与二次曲线 $x^2-3x+y+k=0$ 有两个不同的交点；

（2）直线 $\begin{cases}x=1+kt\\y=t\end{cases}$ 与二次曲线 $y^2-2xy-(k-1)y-1=0$ 有两个相同的交点；

（3）直线 $x-ky+k^2-1=0$ 与二次曲线 $x^2+3y^2-4xy-y=0$ 只有唯一交点.

3. 当满足什么条件时，二次曲线

$$x^2+6xy+ay^2+3x+by-4=0$$

（1）是中心二次曲线；（2）是无心二次曲线；（3）是线心二次曲线.

4. 求下列二次曲线的渐近线.

（1）$2xy-4x-2y+3=0$；

（2）$x^2-3xy+2y^2+x-3y+4=0$；

（3）$x^2+2xy+y^2+2x+2y-4=0$.

5. 设点 P_1、P_2、P_3 的坐标是 $(2,3)$、$(4,2)$、$(1,5)$，求经过 P_1、P_2、P_3 且以坐标为 $(0,1)$ 的点为中心的二次曲线方程.

6. 求二次曲线 $x^2-xy+y^2+2x-4y-3=0$ 在 $(2,1)$ 处的切线方程.

7. 求二次曲线 $x^2+4xy+3y^2-5x-6y+3=0$ 平行于直线 $x+4y=0$ 的切线方程.

8. 已知二次曲线经过原点，且分别与直线 $4x+3y+2=0$ 和 $x-y-1=0$ 相切于坐标为 $(1,-2)$ 和 $(0,-1)$ 的点，求该二次曲线方程.

9. 已知二次曲线方程为 $3x^2+7xy+5y^2+4x+5y+1=0$，求

（1）与 y 轴平行的弦的中点轨迹满足的方程；

（2）与直线 $2x+y+1=0$ 平行的弦的中点轨迹满足的方程.

10. 求下列二次曲线的直径方程.

（1）二次曲线 $x^2+2y^2-4x-2y-6=0$ 通过坐标为 $(8,0)$ 的直径；

（2）二次曲线 $xy-y^2-2x+3y-1=0$ 与 y 轴平行的直径.

11. 求下列二次曲线的主方向与主直径满足的方程.

（1）$x^2-xy+y^2-1=0$；

（2）$5x^2+8xy+5y^2-18x-18y+9=0$；

（3）$9x^2-24xy+16y^2-18x-101y+19=0$；

（4）$9x^2+y^2+4x-2y+1=0$.

12. 证明二次曲线不同特征值对应的主方向（共轭弦方向）相互垂直.

习题 4.1 答案

4.2 平面直角坐标变换

本节将讨论平面直角坐标变换，这是化简二次曲线方程基本且重要的一个方法. 类似于空间坐标系，在 1.3 节中我们建立了平面坐标系. 设$[O;\ \boldsymbol{e}_1、\boldsymbol{e}_2]$为平面坐标系，如果由$\boldsymbol{e}_1$逆时针转向$\boldsymbol{e}_2$且转角小于 180°，则称该坐标系为**右手系**，否则称为**左手系**. 接下来只关注平面直角坐标下的坐标变换，分别是移轴变换和转轴变换.

在平面π上，取两直角坐标系$[O;\ \boldsymbol{i}、\boldsymbol{j}]$和$[O';\ \boldsymbol{i}、\boldsymbol{j}]$，其中$O$与$O'$是空间不同的点. 现考虑$\pi$上一点$P$在这两直角坐标系下的坐标关系. 设$P$在$[O;\ \boldsymbol{i}、\boldsymbol{j}]$和$[O';\ \boldsymbol{i}、\boldsymbol{j}]$下的坐标分别是$(x,y)$、$(x',y')$，$O'$在$[O;\ \boldsymbol{i}、\boldsymbol{j}]$下的坐标是$(a,b)$，则

$$\overrightarrow{OP}=x\boldsymbol{i}+y\boldsymbol{j}, \tag{4.2.1}$$

$$\overrightarrow{O'P}=x'\boldsymbol{i}+y'\boldsymbol{j}, \tag{4.2.2}$$

$$\overrightarrow{OO'}=a\boldsymbol{i}+b\boldsymbol{j}. \tag{4.2.3}$$

由于

$$\overrightarrow{OP}=\overrightarrow{OO'}+\overrightarrow{O'P},$$

所以

$$\begin{cases}x=x'+a\\ y=y'+b\end{cases}. \tag{4.2.4}$$

从而

$$\begin{cases}x'=x-a\\ y'=y-b\end{cases}. \tag{4.2.5}$$

称式（4.2.4）和式（4.2.5）均为**移轴变换公式**.

移轴变换是将坐标系整体进行平行移动，即在不改变坐标向量的情况下，仅仅将原点做一个移动. 经过转轴变换后，平面上同一个点在原坐标系和新坐标系下的坐标会发生改变，如式（4.2.4）. 假设在$[O;\ \boldsymbol{i}、\boldsymbol{j}]$下二次曲线方程为

$$x^2+y^2+2x+4y+4=0.$$

经过配方上述方程也可以写成

$$(x+1)^2+(y+2)^2=1.$$

取$[O;\ \boldsymbol{i}、\boldsymbol{j}]$中坐标为$(-1,-2)$的点为新坐标原点$O'$，那么经过移轴变换

$$\begin{cases} x = x' - 1 \\ y = y' - 2 \end{cases},$$

原二次曲线方程在[O' ; $\boldsymbol{i}$、$\boldsymbol{j}$]下可简化为

$$(x')^2 + (y')^2 = 1.$$

取两直角坐标系[O; $\boldsymbol{i}$、$\boldsymbol{j}$]和[O; $\boldsymbol{i}'$ 、 $\boldsymbol{j}'$]，其中 $\boldsymbol{i}'$ 和 $\boldsymbol{j}'$ 分别是 $\boldsymbol{i}$ 和 $\boldsymbol{j}$ 绕着原点 O 逆时针旋转 α 角度而得到的. 这里使用极坐标为工具来探讨经过转轴变换后，同一点 Q 在老坐标系[O;$\boldsymbol{i}$、$\boldsymbol{j}$]和新坐标系[O; $\boldsymbol{i}'$ 、$\boldsymbol{j}'$]下坐标的关系. 如果 Q 在[O; $\boldsymbol{i}'$ 、$\boldsymbol{j}'$]下的直角坐标是(x', y')，极坐标为(r, θ)，那么

$$\begin{cases} x' = r\cos\theta \\ y' = r\sin\theta \end{cases}.$$

因为转轴变换没有改变原点，只是将坐标轴逆时针旋转，所以 Q 在[O; $\boldsymbol{i}$、$\boldsymbol{j}$]下的极坐标是$(r, \theta+\alpha)$，从而在此坐标系下的直角坐标(x,y)满足

$$\begin{cases} x = r\cos(\theta+\alpha) \\ y = r\sin(\theta+\alpha) \end{cases}.$$

将上式三角函数展开，于是

$$\begin{cases} x = x'\cos\alpha - y'\sin\alpha \\ y = x'\sin\alpha + y'\cos\alpha \end{cases}. \qquad (4.2.6)$$

从而

$$\begin{cases} x' = x\cos\alpha + y\sin\alpha \\ y' = -x\sin\alpha + y\cos\alpha \end{cases}. \qquad (4.2.7)$$

称式（4.2.6）和式（4.2.7）均为**转轴变换公式**.

例 4.2.1 利用转轴变换简化掉以下二次曲线方程

$$3x^2 + 4xy + 2 = 0$$

中的交叉项.

解： 将转轴变换式（4.2.6）代入已知二次曲线方程得

$$(x')^2(3\cos^2\alpha + 2\sin 2\alpha) + (y')^2(3\sin^2\alpha - 2\sin 2\alpha) + x'y'(4\cos 2\alpha - 3\sin 2\alpha) + 2 = 0$$

于是要使上述变换后的二次曲线方程没有交叉项，则需要

$$\cot 2\alpha = \frac{3}{4}.$$

可以取 α 使得 $\cos 2\alpha = \dfrac{3}{5}$，进一步满足

$$\sin\alpha=\frac{1}{\sqrt{5}},\quad \cos\alpha=\frac{2}{\sqrt{5}}.$$

因此经过转轴变换

$$\begin{cases} x=\dfrac{2}{\sqrt{5}}x'-\dfrac{1}{\sqrt{5}}y' \\ y=\dfrac{1}{\sqrt{5}}x'+\dfrac{2}{\sqrt{5}}y' \end{cases},$$

二次曲线方程简化为

$$4(x')^2-(y')^2+2=0.$$

平面坐标变换只是改变坐标系，或者是移动坐标原点，或者是绕坐标原点旋转坐标轴，整个过程并不改变平面二次曲线的图形，但二次曲线的方程一般会发生变换．因此我们可以通过坐标变换来化简二次曲线方程，从而由简化的方程来确定原二次曲线的图形.

习题 4.2

1. 利用移轴变换化简下列二次曲线，写出移轴变换公式，并说明它们表示的图形.

（1）$x^2+y^2-2x+2y=0$；

（2）$x^2-y^2+4x-2y+2=0$；

（3）$x^2+2x-2y-3=0$.

2. 利用转轴变换消去以下二次曲线方程中的交叉项，写出转轴变换公式.

（1）$3y^2+4xy+2=0$；

（2）$4x^2+3xy+2=0$；

（3）$x^2-xy+y^2+2x-4y=0$.

习题 4.2 答案

4.3 应用坐标变换法化简二次曲线方程

本节我们将利用坐标变换法，即移轴变换和转轴变换，分类任意二次曲线方程，并进一步清楚其表示的图形. 通过上节相关的例题知道，移轴变换可以消去例子中二次曲线方程中的一次项，而转轴变换可以消去例子中二次曲线方程中的交叉项. 事实上，对于任意二次曲线方程，移轴变换和转轴变换都可以分别起到以上的化简效果.

设二次曲线 Γ 方程为

$$F(x,y)=a_{11}x^2+2a_{12}xy+a_{22}y^2+2a_{13}x+2a_{23}y+a_{33}=0. \tag{4.3.1}$$

考虑移轴变换对二次曲线 Γ 方程中各个系数的影响. 将移轴公式（4.2.4）代入式（4.3.1），化简得

$$a'_{11}(x')^2+2a'_{12}x'y'+a'_{22}(y')^2+2a'_{13}x'+2a'_{23}y'+a'_{33}=0, \tag{4.3.2}$$

其中

$$\begin{cases} a'_{11}=a_{11},\ a'_{12}=a_{12},\ a'_{22}=a_{22}, \\ a'_{13}=a_{11}a+a_{12}b+a_{13}, \\ a'_{23}=a_{12}a+a_{22}b+a_{23}, \\ a'_{33}=a_{11}a^2+2a_{12}ab+a_{22}b^2+2a_{13}a+2a_{23}b+a_{33}. \end{cases}$$

因此，有

定理 4.3.1 经过移轴变换（4.2.4）后，二次曲线方程（4.3.2）的各个系数符合以下规律

（1）二次项系数与原二次曲线方程（4.3.1）一样，保持不变；

（2）一次项 x' 和 y' 的系数分别为 $2F_1(a,b)$ 与 $2F_2(a,b)$；

（3）常数项变为 $F(a,b)$.

从而式（4.3.2）可改写为

$$a_{11}(x')^2+2a_{12}x'y'+a_{22}(y')^2+2F_1(a,b)x'+2F_2(a,b)y'+F(a,b)=0. \tag{4.3.3}$$

现在考虑转轴变换对二次曲线 Γ 方程中各个系数的影响. 将转轴公式（4.2.6）代入式（4.3.1），化简得

$$a''_{11}(x')^2+2a''_{12}x'y'+a''_{22}(y')^2+2a''_{13}x'+2a''_{23}y'+a''_{33}=0. \tag{4.3.4}$$

其中

$$\begin{cases} a''_{11} = a_{11}\cos^2\alpha + 2a_{12}\sin\alpha\cos\alpha + a_{22}\sin^2\alpha\ , \\ a''_{12} = (a_{22}-a_{11})\sin\alpha\cos\alpha + a_{12}(\cos^2\alpha - \sin^2\alpha)\ , \\ a''_{22} = a_{11}\sin^2\alpha - 2a_{12}\sin\alpha\cos\alpha + a_{22}\cos^2\alpha\ , \\ a''_{13} = a_{13}\cos\alpha + a_{23}\sin\alpha,\ a''_{23} = -a_{13}\sin\alpha + a_{23}\cos\alpha,\ a''_{33} = a_{33}. \end{cases}$$

因此，经过转轴变换（4.2.6）后，二次曲线方程（4.3.4）的各个系数符合以下规律.

（1）常数项保持不变，与式（4.3.1）一样. 一次项系数只与原一次项系数和移轴变换中的转角 α 有关，如下

$$\begin{cases} a''_{13} = a_{13}\cos\alpha + a_{23}\sin\alpha \\ a''_{23} = -a_{13}\sin\alpha + a_{23}\cos\alpha \end{cases}. \tag{4.3.5}$$

如果将一次项系数看成是平面上点的坐标，根据转轴公式可知，新一次项系数(a''_{13}, a''_{23})是原一次项系数(a_{13}, a_{23})经过转角为 α 的转轴变换所得到的. 容易看出只有当 a_{13} 与 a_{23} 同时为零时，a''_{13} 与 a''_{23} 才为零，即经过转轴变换不能去掉方程的一次项.

（2）二次项系数只与原方程的二次项系数和移轴变换中的转角 α 有关，其中 $a''_{11} = \Phi(\cos\alpha, \sin\alpha)$，$a''_{22} = \Phi(-\sin\alpha, \cos\alpha)$. 下面对交叉项系数做进一步讨论. 当 $a_{12} = 0$ 时，即原方程没有交叉项，那么只用移轴变换化简方程，因为这样可以保持交叉项系数仍为零. 当 $a_{12} \neq 0$ 时，即原方程有交叉项，需要转轴变换使得新方程交叉项消失，也就是

$$a''_{12} = (a_{22}-a_{11})\sin\alpha\cos\alpha + a_{12}(\cos^2\alpha - \sin^2\alpha) = 0. \tag{4.3.6}$$

上式可简化为

$$(a_{22}-a_{11})\sin 2\alpha + 2a_{12}\cos 2\alpha = 0. \tag{4.3.7}$$

因此式（4.3.6）成立等价于

$$\cot 2\alpha = \frac{a_{11}-a_{22}}{2a_{12}}. \tag{4.3.8}$$

由于转角 α 具有任意性，所以总能找到 α 使得式（4.3.8）成立，从而变换后的新方程没有交叉项. 由此，可得

命题 4.3.1 通过适当的转轴变换，二次曲线方程总可以简化为

$$a_{11}x^2 + a_{22}y^2 + 2a_{13}x + 2a_{23}y + a_{33} = 0. \tag{4.3.9}$$

为了后续讨论方便，式（4.3.9）中所有系数省略了右上角的“″”，变量 x 和 y 省略了右上角的“′”. 以上讨论（2）中，当 $a_{12} \neq 0$ 时，如果交叉项 $a''_{12} = 0$，即

$$a''_{12} = (a_{22}-a_{11})\sin\alpha\cos\alpha + a_{12}(\cos^2\alpha - \sin^2\alpha) = 0,$$

则 $a''_{11} = 0$ 与 $a''_{22} = 0$ 不能同时为零，不然

$$a''_{11} = a_{11}\cos^2\alpha + 2a_{12}\sin\alpha\cos\alpha + a_{22}\sin^2\alpha = 0,$$

$$a''_{22} = a_{11}\sin^2\alpha - 2a_{12}\sin\alpha\cos\alpha + a_{22}\cos^2\alpha = 0.$$

上两式相加得 $a_{22}=-a_{11}$，从而

$$\begin{cases}-a_{11}\sin 2\alpha+a_{12}\cos 2\alpha=0\\ a_{11}\cos 2\alpha+a_{12}\sin 2\alpha=0\end{cases}.$$

解得 $a_{12}=0$，矛盾. 于是式（4.3.9）中 $a_{11}=0$ 与 $a_{22}=0$ 不同时为零.

综合命题 4.3.1 和移轴变换相关讨论，便有以下定理.

定理 4.3.2 通过适当的坐标变换，二次曲线方程总可以简化成以下九种标准方程中的一种.

（1）椭圆，方程为 $\dfrac{x^2}{a^2}+\dfrac{y^2}{b^2}=1$；

（2）虚椭圆，方程为 $\dfrac{x^2}{a^2}+\dfrac{y^2}{b^2}=-1$；

（3）点，方程为 $\dfrac{x^2}{a^2}+\dfrac{y^2}{b^2}=0$；

（4）双曲线，方程为 $\dfrac{x^2}{a^2}-\dfrac{y^2}{b^2}=\pm 1$；

（5）一对相交直线，方程为 $\dfrac{x^2}{a^2}-\dfrac{y^2}{b^2}=0$；

（6）抛物线，方程为 $y^2=2px$（或 $x^2=2py$）；

（7）一对平行直线，方程为 $y^2=a^2$（或 $x^2=a^2$）；

（8）一对虚直线，方程为 $y^2=-a^2$（或 $x^2=-a^2$）；

（9）一对重合直线，方程为 $y^2=0$(或 $x^2=0$).

证明：由命题 4.3.1，式（4.3.9）成立，其中二次项系数 a_{11} 和 a_{22} 不全为零. 分类讨论：

（1）a_{11} 和 a_{22} 均不为零.

对式（4.3.9）进行配方得

$$a_{11}\left(x+\frac{a_{13}}{a_{11}}\right)^2+a_{22}\left(y+\frac{a_{23}}{a_{22}}\right)^2-\frac{{a_{13}}^2}{a_{11}}-\frac{{a_{23}}^2}{a_{22}}+a_{33}=0. \tag{4.3.10}$$

经过移轴变换

$$\begin{cases}x=x'-\dfrac{a_{13}}{a_{11}}\\ y=y'-\dfrac{a_{23}}{a_{22}}\end{cases},$$

可将式（4.3.10）简化为

$$a_{11}(x')^2+a_{22}(y')^2=c. \tag{4.3.11}$$

其中 $c=\dfrac{{a_{13}}^2}{a_{11}}+\dfrac{{a_{23}}^2}{a_{22}}-a_{33}$. 根据式（4.3.11）中各项系数的符号做进一步讨论.

① a_{11} 和 a_{22} 同号，且 c 与它们也同号.

在式（4.3.11）两边同时除以 c 得

$$\frac{(x')^2}{a^2}+\frac{(y')^2}{b^2}=1.$$

其中

$$a^2=\frac{c}{a_{11}}\text{，}\quad b^2=\frac{c}{a_{22}}\text{，}$$

这是椭圆.

② a_{11} 和 a_{22} 同号，且 c 与它们异号.

在式（4.3.10）两边同时除以 $-c$ 得

$$\frac{(x')^2}{a^2}+\frac{(y')^2}{b^2}=-1.$$

其中

$$a^2=-\frac{c}{a_{11}}\text{，}\quad b^2=-\frac{c}{a_{22}}\text{，}$$

这是虚椭圆.

③ a_{11} 和 a_{22} 同号，且 $c=0$.

当 a_{11} 和 a_{22} 均为正数，取

$$a^2=\frac{1}{a_{11}}\text{，}\quad b^2=\frac{1}{a_{22}}.$$

当 a_{11} 和 a_{22} 均为负数，取

$$a^2=-\frac{1}{a_{11}}\text{，}\quad b^2=-\frac{1}{a_{22}}.$$

从而式（4.3.11）总可化为

$$\frac{(x')^2}{a^2}+\frac{(y')^2}{b^2}=0\text{，}$$

这表示坐标原点.

④ a_{11} 和 a_{22} 异号，且 c 与 a_{11} 同号（或异号）.

在式（4.3.11）两边同时除以 c(或 $-c$)得

$$\frac{(x')^2}{a^2}-\frac{(y')^2}{b^2}=\pm 1.$$

其中

$$a^2=\frac{c}{a_{11}}\text{，}\quad b^2=-\frac{c}{a_{22}}\left(\text{或}a^2=-\frac{c}{a_{11}},b^2=\frac{c}{a_{22}}\right)\text{，}$$

这是双曲线.

⑤ a_{11} 和 a_{22} 异号，且 $c=0$.

类似于以上③的讨论可得

$$\frac{(x')^2}{a^2}-\frac{(y')^2}{b^2}=0,$$

这是一对相交直线.

（2）a_{11} 和 a_{22} 中有一个为零，不妨设 $a_{11}=0$，$a_{22}\neq 0$. 此时式（4.3.9）为

$$a_{22}y^2+2a_{13}x+2a_{23}y+a_{33}=0. \tag{4.3.12}$$

对上式进行配方得

$$a_{22}\left(y+\frac{a_{23}}{a_{22}}\right)^2+2a_{13}x+a_{33}-\frac{a_{23}{}^2}{a_{22}}=0. \tag{4.3.13}$$

① $a_{13}\neq 0$.

经过移轴变换

$$\begin{cases} x=x'-\dfrac{a_{33}}{2a_{13}}+\dfrac{a_{23}{}^2}{2a_{13}a_{22}} \\ y=y'-\dfrac{a_{23}}{a_{22}} \end{cases},$$

则式（4.3.13）可化为

$$a_{22}(y')^2+2a_{13}x'=0. \tag{4.3.14}$$

以上方程等价于

$$(y')^2=2px', \tag{4.3.15}$$

其中 $p=-\dfrac{a_{13}}{a_{22}}$，这是抛物线.

② $a_{13}=0$.

经过移轴变换

$$\begin{cases} x=x' \\ y=y'-\dfrac{a_{23}}{a_{22}} \end{cases},$$

则式（4.3.13）简化为

$$(y')^2=c'. \tag{4.3.16}$$

其中，$c'=\dfrac{a_{23}{}^2-a_{22}a_{33}}{a_{22}{}^2}$. 关于 c' 的情况，如下结论：

a. 当 $c'>0$ 时，式（4.3.16）表示一对平行直线；

b. 当 $c'<0$ 时，式（4.3.16）表示一对虚直线；

c. 当 $c'=0$ 时，式（4.3.16）表示一对重合直线.

注：以上证明过程中的分类讨论（2），我们不妨假设 $a_{11}=0$，$a_{22}\neq 0$.而如果是 $a_{11}\neq 0$，$a_{22}=0$，情况完全类似，结果见定理 4.3.2 的结论的括号部分. 事实上，括号中的情形也可以不写出来. 因为当 $a_{11}\neq 0$，$a_{22}=0$时，此时式（4.3.9）为

$$a_{11}x^2+2a_{13}x+2a_{23}y+a_{33}=0. \tag{4.3.17}$$

对该方程进行以下转角为 $\dfrac{\pi}{2}$ 的转轴变换

$$\begin{cases} x=x'\cos\dfrac{\pi}{2}-y'\sin\dfrac{\pi}{2}=-y' \\ y=x'\sin\dfrac{\pi}{2}+y'\cos\dfrac{\pi}{2}=x' \end{cases},$$

便可化为

$$a_{11}(y')^2+2a_{23}x'-2a_{13}y'+a_{33}=0.$$

以上方程与式（4.3.12）在形式上是一致的，所以最终的标准方程完全相同.

最后，我们对上述 9 种标准方程做一些说明，它们都是基于转轴变换后的方程（4.3.9），如下

$$a_{11}x^2+a_{22}y^2+2a_{13}x+2a_{23}y+a_{33}=0$$

分类讨论而来的，整个过程分了两大类. 一大类为前 5 种，标准方程中均只具有 x 和 y 的平方项和常数项. 它们都是式（4.3.9）经过移轴变换化为式（4.3.11）后讨论而来的，因此有以下统一方程

$$A(x')^2+B(y')^2+C=0, \tag{4.3.18}$$

其中，A 和 B 均不为零. 直接计算 I_2 有

$$I_2=\begin{vmatrix} A & 0 \\ 0 & B \end{vmatrix}\neq 0.$$

根据渐近方向数的分类，（1）、（2）、（3）为椭圆型曲线，（4）、（5）为双曲型曲线.

另一大类是后 4 种，标准方程中二次项只含有 x 和 y 的平方项中的一项. 它们是式（4.3.9）经过移轴变换化为式（4.3.13）后讨论而来的，因此有以下统一方程

$$A(y')^2+B(x')+C=0, \tag{4.3.19}$$

其中，A 不为零. 直接计算 I_2 有

$$I_2=\begin{vmatrix} 0 & 0 \\ 0 & A \end{vmatrix}=0.$$

因此这一类只有一个渐近方向，即（6）、（7）、（8）、（9）都为抛物型曲线.

例 4.3.1 利用坐标变换化简二次曲线方程

$$x^2+2xy+y^2+2x+2y=0.$$

解：由条件知

$$a_{11}=a_{22}=a_{13}=a_{23}=1\text{，}\quad a_{12}=1\text{，}$$

$$\Phi(x,y)=x^2+2xy+y^2\text{，}$$

$$F_1(x,y)=F_1(x,y)=x+y+1.$$

首先，使用转角为α的转轴变换消去交叉项，则

$$\cot 2\alpha=\frac{1-1}{2}=0.$$

于是取$\alpha=\frac{\pi}{4}$，那么经过转轴变换

$$\begin{cases} x=\dfrac{\sqrt{2}}{2}x'-\dfrac{\sqrt{2}}{2}y' \\ y=\dfrac{\sqrt{2}}{2}x'+\dfrac{\sqrt{2}}{2}y' \end{cases}\text{，}$$

二次曲线方程可化为

$$(x')^2+\sqrt{2}x'=0.$$

对上式进行配方有

$$\left(x'+\frac{\sqrt{2}}{2}\right)^2=\frac{1}{2}.$$

从而经过移轴变换

$$\begin{cases} x'=x''-\dfrac{\sqrt{2}}{2} \\ y'=y'' \end{cases}$$

二次曲线方程可进一步简化为

$$2(x'')^2-1=0.$$

因此二次曲线方程表示一对平行直线.

习题 4.3

利用坐标变换化简下列二次曲线，写出移轴变换公式，并说明他们表示的图形.

（1）$x^2+4xy+4y^2+12x-y+1=0$；

（2）$x^2-xy+y^2+2x-4y=0$；

（3）$x^2+2xy+y^2-4x+y-1=0$；

（4）$5x^2+4xy+2y^2-24x-12y+18=0$.

习题 4.3 答案

4.4 应用不变量法化简二次曲线方程*

平面二次曲线的所有可能的类型有 9 种，分别是椭圆、虚椭圆、点、双曲线、一对相交直线、抛物线、一对平行直线、一对虚直线和一对重合直线. 通过坐标变换法总可以将任何二次曲线方程转化为上述 9 种情形中的一种，进而判断出其几何形状. 这种方法虽然具有很好的几何直观，但是变换过程略显复杂而且也不够直接. 所以一个自然的问题是：有没有更为直接的方法，只通过二次曲线方程的系数就可以辨别其几何形状？本节将做重点讨论，这里需要读者熟悉矩阵和行列式相关知识，包括有矩阵的乘法、矩阵的行列式、行列式的性质和相似矩阵等.

设二次曲线 Γ 方程为

$$F(x,y)=a_{11}x^2+2a_{12}xy+a_{22}y^2+2a_{13}x+2a_{23}y+a_{33}=0. \tag{4.4.1}$$

首先将以上方程做一些改进，记

$$\boldsymbol{X}=\begin{pmatrix}x\\y\end{pmatrix},\quad \boldsymbol{A}=\begin{pmatrix}a_{11}&a_{12}\\a_{12}&a_{22}\end{pmatrix},\quad \delta=\begin{pmatrix}a_{13}\\a_{23}\end{pmatrix}.$$

由矩阵的乘法，则

$$\Phi(x,y)=(x\quad y)\boldsymbol{A}\begin{pmatrix}x\\y\end{pmatrix}=\boldsymbol{X}^{\mathrm{T}}\boldsymbol{A}\boldsymbol{X},$$

$$F(x,y)=\boldsymbol{X}^{\mathrm{T}}\boldsymbol{A}\boldsymbol{X}+2\delta^{\mathrm{T}}\boldsymbol{X}+a_{33}.$$

因此(4.4.1)可表示为矩阵形式

$$F(x,y)=\boldsymbol{X}^{\mathrm{T}}\boldsymbol{A}\boldsymbol{X}+2\delta^{\mathrm{T}}\boldsymbol{X}+a_{33}=0. \tag{4.4.2}$$

进一步，记

$$\boldsymbol{X}'=\begin{pmatrix}x'\\y'\end{pmatrix},\quad \boldsymbol{X}_0=\begin{pmatrix}a\\b\end{pmatrix},\quad \boldsymbol{P}=\begin{pmatrix}\cos\alpha&-\sin\alpha\\\sin\alpha&\cos\alpha\end{pmatrix},$$

则移轴变换公式（4.2.4）和转轴变换公式（4.2.6）也可以转化为矩阵形式

$$\boldsymbol{X}=\boldsymbol{X}_0+\boldsymbol{X}_1,\quad \boldsymbol{X}=\boldsymbol{P}\boldsymbol{X}_1.$$

进行移轴变换后，二次曲线方程中的一次项系数和常数项一般要变化，但二次项系数

* 本节为选学内容.

不改变. 而进行转轴变换后，二次项系数和一次项系数一般要变化，但是常数项不变. 所以，对于坐标变换前后保持不变的量，可引入以下概念.

定义 4.4.1 设由二次曲线 Γ 方程中各个系数决定的非常值函数为 $f(a_{11},a_{12},a_{22},a_{13},a_{23},a_{33})$. 经过坐标变换后，则由新二次曲线方程中各个系数决定的非常值函数为 $f(a'_{11},a'_{12},a'_{22},a'_{13},a'_{23},a'_{33})$. 如果

$$f(a_{11},a_{12},a_{22},a_{13},a_{23},a_{33})=f(a'_{11},a'_{12},a'_{22},a'_{13},a'_{23},a'_{33}).$$

那么称函数 f 为二次曲线在坐标变换下的**不变量**. 如果某函数只在转轴变换下保持不变，那么称其为**半不变量**.

下面将讨论二次曲线 Γ 的三个不变量和一个半不变量，并通过这些量对二次曲线进行分类，这个方法称为**不变量法**.

定理 4.4.1 二次曲线 Γ 的三个不变量分别是 I_1，I_2，I_3.

证明：（1）移轴变换 $X=X_0+X_1$.

因为 I_1 和 I_2 均是由二次项系数所构成，所以在移轴变换下保持不变. 接下来证明 I_3 也不变. 将移轴变换公式 $X=X_0+X_1$ 代入式（4.4.2）得

$$\boldsymbol{X}_1{}^{\mathrm{T}}\boldsymbol{A}\boldsymbol{X}_1+2(\boldsymbol{X}_0{}^{\mathrm{T}}\boldsymbol{A}+\delta^{\mathrm{T}})\boldsymbol{X}_1+\boldsymbol{X}_0{}^{\mathrm{T}}\boldsymbol{A}\boldsymbol{X}_0+2\delta^{\mathrm{T}}\boldsymbol{X}_0+a_{33}=0.$$

直接计算有

$$\begin{vmatrix}\boldsymbol{A} & \boldsymbol{A}\boldsymbol{X}_0+\delta\\ \boldsymbol{X}_0{}^{\mathrm{T}}\boldsymbol{A}+\delta^{\mathrm{T}} & \boldsymbol{X}_0{}^{\mathrm{T}}\boldsymbol{A}\boldsymbol{X}_0+2\delta^{\mathrm{T}}\boldsymbol{X}_0+a_{33}\end{vmatrix}=\left|\begin{pmatrix}\boldsymbol{E} & \boldsymbol{0}\\ \alpha_0{}^{\mathrm{T}} & 1\end{pmatrix}\begin{pmatrix}\boldsymbol{A} & \delta\\ \delta^{\mathrm{T}} & a_{33}\end{pmatrix}\begin{pmatrix}\boldsymbol{E} & \alpha_0\\ \boldsymbol{0} & 1\end{pmatrix}\right|$$

$$=\left|\begin{pmatrix}\boldsymbol{A} & \delta\\ \delta^{\mathrm{T}} & a_{33}\end{pmatrix}\right|=I_3,$$

其中，$\boldsymbol{E}$ 是二阶单位矩阵，即 I_3 在移轴变换下保持不变.

（2）转轴变换 $\boldsymbol{X}=\boldsymbol{P}\boldsymbol{X}_1$.

将转轴变换公式 $\boldsymbol{X}=\boldsymbol{P}\boldsymbol{X}_1$ 代入式（4.4.2）得

$$\boldsymbol{X}_1{}^{\mathrm{T}}(\boldsymbol{P}^{T}\boldsymbol{A}\boldsymbol{P})\boldsymbol{X}_1+2(\delta^{\mathrm{T}}\boldsymbol{P})\boldsymbol{X}_1+a_{33}=0.$$

对于 I_1，

$$a'_{11}+a'_{22}=\Phi(\cos\alpha,\sin\alpha)+\Phi(-\sin\alpha,\cos\alpha)=a_{11}+a_{22}=I_1.$$

对于 I_2，由于

$$|P|=\begin{vmatrix}\cos\alpha & -\sin\alpha\\ \sin\alpha & \cos\alpha\end{vmatrix}=1,$$

所以

$$\begin{vmatrix}a'_{11} & a'_{12}\\ a'_{12} & a'_{22}\end{vmatrix}=\left|\boldsymbol{P}^{\mathrm{T}}\boldsymbol{A}\boldsymbol{P}\right|=\left|\boldsymbol{P}^{\mathrm{T}}\right|\left|\boldsymbol{A}\right|\left|\boldsymbol{P}\right|=\left|\boldsymbol{P}\right|^2\left|\boldsymbol{A}\right|=\left|\boldsymbol{A}\right|=I_2.$$

对于 I_3，

$$\begin{vmatrix} a'_{11} & a'_{12} & a'_{13} \\ a'_{12} & a'_{22} & a'_{23} \\ a'_{13} & a'_{23} & a'_{33} \end{vmatrix} = \begin{vmatrix} \boldsymbol{P}^{\mathrm{T}}\boldsymbol{AP} & \boldsymbol{P}^{\mathrm{T}}\delta \\ \delta^{\mathrm{T}}\boldsymbol{P} & a_{33} \end{vmatrix} = \left|\begin{pmatrix} \boldsymbol{P}^{\mathrm{T}} & 0 \\ 0 & 1 \end{pmatrix}\begin{pmatrix} \boldsymbol{A} & \delta \\ \delta^{\mathrm{T}} & a_{33} \end{pmatrix}\begin{pmatrix} \boldsymbol{P} & 0 \\ 0 & 1 \end{pmatrix}\right|$$

$$= \left|\begin{pmatrix} A & \delta \\ \delta^{\mathrm{T}} & a_{33} \end{pmatrix}\right| = I_3 .$$

因此 I_1， I_2， I_3 在转轴变换下不变.

引入记号

$$\boldsymbol{B} = \begin{pmatrix} a_{11} & a_{12} & a_{13} \\ a_{12} & a_{22} & a_{23} \\ a_{13} & a_{23} & a_{33} \end{pmatrix},$$

用 K_1 表示矩阵 $\boldsymbol{B}$ 中元素 a_{11} 与 a_{22} 的余子式之和，则

$$K_1 = \begin{vmatrix} a_{11} & a_{13} \\ a_{13} & a_{33} \end{vmatrix} + \begin{vmatrix} a_{22} & a_{23} \\ a_{23} & a_{33} \end{vmatrix}.$$

定理 4.4.2 二次曲线 Γ 的一个半不变量是 K_1. 并且当 $I_2 = I_3 = 0$ 时，K_1 在移轴变换下也不变.

证明：先证明定理的前半部分. 由 K_1 的定义，则

$$K_1 = (a_{11}a_{33} - a_{13}{}^2) + (a_{22}a_{33} - a_{23}{}^2) = (a_{11} + a_{22})a_{33} - (a_{13}{}^2 + a_{23}{}^2) = I_1 a_{33} - \delta^{\mathrm{T}}\delta .$$

上节已经讨论了转轴变换对一次项系数和常数项的影响，经过转轴变换 $\boldsymbol{X} = \boldsymbol{PX}_1$，由式（4.3.5）可知

$$\begin{pmatrix} a'_{13} \\ a'_{23} \end{pmatrix} = \begin{pmatrix} \cos\alpha & \sin\alpha \\ -\sin\alpha & \cos\alpha \end{pmatrix}\begin{pmatrix} a_{13} \\ a_{23} \end{pmatrix} = \boldsymbol{P}^{\mathrm{T}}\begin{pmatrix} a_{13} \\ a_{23} \end{pmatrix}.$$

然后

$$\begin{vmatrix} a'_{11} & a'_{13} \\ a'_{13} & a'_{33} \end{vmatrix} + \begin{vmatrix} a'_{22} & a'_{23} \\ a'_{23} & a'_{33} \end{vmatrix} = (a'_{11} + a'_{22})a'_{33} - (a'_{13}{}^2 + a'_{23}{}^2) = I_1 a_{33} - \begin{pmatrix} a'_{13} & a'_{23} \end{pmatrix}\begin{pmatrix} a'_{13} \\ a'_{23} \end{pmatrix}$$

$$= I_1 a_{33} - (P^{\mathrm{T}}\delta)^{\mathrm{T}}(P^{\mathrm{T}}\delta)$$

$$= I_1 a_{33} - \delta^{\mathrm{T}}(PP^{\mathrm{T}})\delta$$

$$= I_1 a_{33} - \delta^{\mathrm{T}}\delta = K_1 ,$$

即 K_1 在转轴变换下不变.

现在证明定理的后半部分. 由 $I_2 = 0$ 知， $a_{11}a_{22} = a_{12}{}^2$. 因为方程为二次曲线方程，故该式暗示 a_{11} 和 a_{22} 中至少有一个不为零. 不妨设 $a_{22} \neq 0$ ，则

$$a_{11}=\frac{a_{12}{}^2}{a_{22}}.$$

如果记

$$\frac{a_{12}}{a_{22}}=\lambda,$$

那么 $a_{12}=\lambda a_{22}$. 由上式又有 $a_{11}=\lambda a_{12}=\lambda^2 a_{22}$ ，从而

$$I_3=\begin{vmatrix}a_{11}&a_{12}&a_{13}\\a_{12}&a_{22}&a_{23}\\a_{13}&a_{23}&a_{33}\end{vmatrix}=\begin{vmatrix}\lambda^2a_{22}&\lambda a_{22}&a_{13}\\\lambda a_{22}&a_{22}&a_{23}\\a_{13}&a_{23}&a_{33}\end{vmatrix}\xlongequal{r_1-\lambda r_2}\begin{vmatrix}0&0&a_{13}-\lambda a_{23}\\\lambda a_{22}&a_{22}&a_{23}\\a_{13}&a_{23}&a_{33}\end{vmatrix}$$

$$=(a_{13}-\lambda a_{23})\begin{vmatrix}\lambda a_{22}&a_{22}\\a_{13}&a_{23}\end{vmatrix}\xlongequal{c_1-\lambda c_2}(a_{13}-\lambda a_{23})\begin{vmatrix}0&a_{22}\\a_{13}-\lambda a_{23}&a_{23}\end{vmatrix}$$

$$=-a_{22}(a_{13}-\lambda a_{23})^2.$$

因为 $I_3=0$ 且 $a_{22}\neq 0$. 所以 $a_{13}=\lambda a_{23}$.

经过移轴变换 $\boldsymbol{X}=\boldsymbol{X}_0+\boldsymbol{X}_1$，由定理 4.3.1 可得

$$\begin{vmatrix}a'_{11}&a'_{13}\\a'_{13}&a'_{33}\end{vmatrix}=\begin{vmatrix}a_{11}&F_1(a,b)\\F_1(a,b)&F(a,b)\end{vmatrix}$$

$$=\begin{vmatrix}a_{11}&a_{11}a+a_{12}b+a_{13}\\a_{11}a+a_{12}b+a_{13}&a_{11}a^2+2a_{12}ab+a_{22}b^2+2a_{13}a+2a_{23}b+a_{33}\end{vmatrix}$$

$$\xlongequal{r_2-ar_1}\begin{vmatrix}a_{11}&a_{11}a+a_{12}b+a_{13}\\a_{12}b+a_{13}&a_{12}ab+a_{22}b^2+a_{13}a+2a_{23}b+a_{33}\end{vmatrix}$$

$$\xlongequal{c_2-ac_1}\begin{vmatrix}a_{11}&a_{12}b+a_{13}\\a_{12}b+a_{13}&a_{22}b^2+2a_{23}b+a_{33}\end{vmatrix}. \qquad (4.4.3)$$

$$\begin{vmatrix}a'_{22}&a'_{23}\\a'_{23}&a'_{33}\end{vmatrix}=\begin{vmatrix}a_{22}&F_2(a,b)\\F_2(a,b)&F(a,b)\end{vmatrix}$$

$$=\begin{vmatrix}a_{22}&a_{12}a+a_{22}b+a_{23}\\a_{12}a+a_{22}b+a_{23}&a_{11}a^2+2a_{12}ab+a_{22}b^2+2a_{13}a+2a_{23}b+a_{33}\end{vmatrix}$$

$$\xlongequal{r_2-br_1}\begin{vmatrix}a_{22}&a_{11}a+a_{22}b+a_{23}\\a_{12}a+a_{23}&a_{11}a^2+a_{12}ab+2a_{13}a+a_{23}b+a_{33}\end{vmatrix}$$

$$\xlongequal{c_2-bc_1}\begin{vmatrix}a_{22}&a_{11}a+a_{23}\\a_{11}a+a_{23}&a_{11}a^2+2a_{13}a+a_{33}\end{vmatrix}. \qquad (4.4.4)$$

接下来针对式（4.4.3）进行讨论，分情况，如下：

（1）$\lambda=0$. 因为 $a_{11}=\lambda a_{12}=\lambda^2 a_{22}$ ，$a_{12}=\lambda a_{22}$ ，$a_{13}=\lambda a_{23}$ ，所以 $a_{11}=a_{12}=a_{13}=0$. 显然

此时

$$\begin{vmatrix} a_{11} & a_{13} \\ a_{13} & a_{33} \end{vmatrix} = 0 .$$

由式（4.4.3），则

$$\begin{vmatrix} a'_{11} & a'_{13} \\ a'_{13} & a'_{33} \end{vmatrix} = \begin{vmatrix} a_{11} & a_{12}b + a_{13} \\ a_{12}b + a_{13} & a_{22}b^2 + 2a_{23}b + a_{33} \end{vmatrix} = 0 .$$

（2）$\lambda \neq 0$. 由（4.4.3）式，有

$$\begin{vmatrix} a'_{11} & a'_{13} \\ a'_{13} & a'_{33} \end{vmatrix} = \begin{vmatrix} a_{11} & a_{12}b + a_{13} \\ a_{12}b + a_{13} & a_{22}b^2 + 2a_{23}b + a_{33} \end{vmatrix}$$

$$= \begin{vmatrix} a_{11} & \dfrac{a_{11}}{\lambda}b + a_{13} \\ \dfrac{a_{11}}{\lambda}b + a_{13} & \dfrac{a_{11}}{\lambda^2}b^2 + \dfrac{2a_{13}}{\lambda}b + a_{33} \end{vmatrix}$$

$$\xlongequal{r_2 - \frac{b}{\lambda}r_1} \begin{vmatrix} a_{11} & \dfrac{a_{11}}{\lambda}b + a_{13} \\ a_{13} & \dfrac{a_{13}}{\lambda}b + a_{33} \end{vmatrix}$$

$$\xlongequal{c_2 - \frac{b}{\lambda}c_1} \begin{vmatrix} a_{11} & a_{13} \\ a_{13} & a_{33} \end{vmatrix}$$

因此总有

$$\begin{vmatrix} a'_{11} & a'_{13} \\ a'_{13} & a'_{33} \end{vmatrix} = \begin{vmatrix} a_{11} & a_{13} \\ a_{13} & a_{33} \end{vmatrix}$$

同理针对式（4.4.4）进行讨论，可以证明$\begin{vmatrix} a'_{22} & a'_{23} \\ a'_{23} & a'_{33} \end{vmatrix} = \begin{vmatrix} a_{22} & a_{23} \\ a_{23} & a_{33} \end{vmatrix}$，所以

$$\begin{vmatrix} a'_{11} & a'_{13} \\ a'_{13} & a'_{33} \end{vmatrix} + \begin{vmatrix} a'_{22} & a'_{23} \\ a'_{23} & a'_{33} \end{vmatrix} = \begin{vmatrix} a_{11} & a_{13} \\ a_{13} & a_{33} \end{vmatrix} + \begin{vmatrix} a_{22} & a_{23} \\ a_{23} & a_{33} \end{vmatrix} = K_1 ,$$

即当 $I_2 = I_3 = 0$ 时，二次曲线的 K_1 在移轴变换后是不变的.

最后，我们利用以上不变量 I_1、I_2、I_3 和半不变量 K_1 来分类确定二次曲线的类型和形状. 由定理 4.3.2 知，任意二次曲线通过适当的坐标变换一定可以简化为 9 种标准方程中的一种. 再由定理 4.3.2 的说明，我们将这 9 种标准方程分为两大类，第一大类（椭圆型和双曲型曲线）对应的统一方程是式（4.3.18），如下

$$A(x')^2 + B(y')^2 + C = 0 \text{（其中 } A \text{ 和 } B \text{ 的均不为零）}.$$

第二大类（抛物型曲线）对应的统一方程为式（4.3.19），如下

$$A(y')^2+B(x')+C=0\text{（其中 }A\text{ 不为零），}$$

利用不变量或半不变量，如果能确定上述统一方程中的系数，那么二次曲线对应的标准方程也就显而易见了.

4.4.1　椭圆型和双曲型曲线（即 $I_2\neq 0$）

我们来确定统一方程（4.3.18）中的各个系数. 因为 I_1 和 I_2 是不变量，所以

$$\begin{cases}A+B=I_1\\ AB=I_2\end{cases},$$

即 A 和 B 恰好是特征方程 $\lambda^2-I_1\lambda+I_2=0$ 的两根. 设二次曲线的特征根为 λ_1，λ_2，则可取 $A=\lambda_1$，$B=\lambda_2$. 又因为 I_3 也是不变量，从而

$$I_3=\begin{vmatrix}A&0&0\\0&B&0\\0&0&C\end{vmatrix}=ABC=I_2C.$$

于是

$$C=\frac{I_3}{I_2}.$$

因此经过坐标变换后，二次曲线方程可化为

$$\lambda_1(x')^2+\lambda_2(y')^2+\frac{I_3}{I_2}=0.$$

此时对应的 5 种情形为：

（1）当 $I_2>0$ 时，若 I_3 与 I_2 异号，则二次曲线方程表示椭圆；

（2）当 $I_2>0$ 时，若 I_3 与 I_2 同号，则二次曲线方程表示虚椭圆；

（3）当 $I_2>0$ 时，若 $I_3=0$，则二次曲线方程表示一个点；

（4）当 $I_2<0$ 时，若 $I_3\neq 0$，则二次曲线方程表示双曲线；

（5）当 $I_2<0$ 时，若 $I_3=0$，则二次曲线方程表示一对相交直线.

4.4.2　抛物型曲线（即 $I_2=0$）

我们来确定统一方程（4.3.19）中的各个系数. 此时 $I_1=A$，$I_2=\begin{vmatrix}0&0\\0&A\end{vmatrix}=0$，$I_3=\begin{vmatrix}0&0&B\\0&A&0\\B&0&C\end{vmatrix}=-AB^2=-I_1B^2$. 于是 $B^2=-\dfrac{I_3}{I_1}$. 可取 $B=\sqrt{-\dfrac{I_3}{I_1}}$，于是式（4.3.19）为

$$I_1(y')^2+\sqrt{-\frac{I_3}{I_1}}(x')+C=0. \tag{4.4.5}$$

为了进一步确定系数C，分情况讨论.

如果$I_3\neq 0$，对方程（4.4.5）进行以下移轴变换

$$\begin{cases}x'=x''-\dfrac{C}{\sqrt{-\dfrac{I_3}{I_1}}},\\ y'=y''\end{cases}$$

此时二次曲线方程可化为

$$I_1(y'')^2+\sqrt{-\frac{I_3}{I_1}}x''=0,$$

这是抛物线.

如果$I_3=0$，那么式（4.4.5）变为

$$I_1(y')^2+C=0. \tag{4.4.6}$$

因为$I_2=I_3=0$，所以此时K_1在坐标变换下是保持不变的. 由式（4.4.6）知，

$$K_1=\begin{vmatrix}I_1 & 0\\ 0 & C\end{vmatrix}+\begin{vmatrix}0 & 0\\ 0 & C\end{vmatrix}=I_1C.$$

因此

$$C=\frac{K_1}{I_1},$$

即二次曲线方程可化为

$$I_1(y')^2+\frac{K_1}{I_1}=0.$$

综上讨论，我们有

（1）当$I_3\neq 0$时，则二次曲线为抛物线；

（2）当$I_3=0$时，若$K_1<0$，则二次曲线方程表示一对平行直线；

（3）当$I_3=0$时，若$K_1>0$，则二次曲线方程表示一对虚直线；

（4）当$I_3=0$时，若$K_1=0$，则二次曲线方程表示一对重合直线.

关于不变量法确定二次曲线的形状，可以抓几个关键点. 任给二次曲线方程，首先计算出I_2.

如果$I_2\neq 0$，那么经过坐标变换二次曲线一定可以化为

$$\lambda_1(x')^2+\lambda_2(y')^2+\frac{I_3}{I_2}=0\,.$$

其中，λ_1，λ_2为二次曲线的特征根.

如果$I_2=0$，此时计算I_3. 当$I_3\neq 0$时，经过坐标变换二次曲线一定可以化为

$$I_1(y'')^2+\sqrt{-\frac{I_3}{I_1}}x''=0\,.$$

当$I_3=0$时，经过坐标变换二次曲线一定可以化为

$$I_1(y')^2+\frac{K_1}{I_1}=0\,.$$

例 4.4.1 利用不变量法确定二次曲线

$$5x^2+4xy+2y^2-24x-12y+18=0$$

的形状.

解： 由条件知

$$I_2=\begin{vmatrix}a_{11} & a_{12}\\ a_{12} & a_{22}\end{vmatrix}=\begin{vmatrix}5 & 2\\ 2 & 2\end{vmatrix}=6\neq 0\,,$$

从而二次曲线为椭圆型曲线. 又$I_1=a_{11}+a_{12}=5+2=7$，则二次曲线的特征方程为$\lambda^2-7\lambda+6=0$，可解得特征根为

$$\lambda_1=6\,,\quad \lambda_2=1\,.$$

直接计算

$$I_3=\begin{vmatrix}a_{11} & a_{12} & a_{13}\\ a_{12} & a_{22} & a_{23}\\ a_{13} & a_{23} & a_{33}\end{vmatrix}=\begin{vmatrix}5 & 2 & -12\\ 2 & 2 & -6\\ -12 & -6 & 18\end{vmatrix}=-72\,,$$

于是

$$C=\frac{I_3}{I_2}=-12\,.$$

所以二次曲线方程可化为

$$6x'^2+y'^2-12=0\,,$$

即

$$\frac{x'^2}{2}+\frac{y'^2}{12}=1\,.$$

因此该二次曲线表示椭圆.

习题 4.4

利用不变量法确定下列二次曲线的形状.

（1）$x^2-3xy+y^2+10x-10y+21=0$；

（2）$x^2+4xy+4y^2-20x+10y-50=0$；

（3）$x^2+2xy+y^2-4x+y-1=0$；

（4）$8x^2+8xy+2y^2-6x-3y-5=0$.

习题 4.4 答案

小 结

本章关注的是平面上的二次曲线. 首先, 我们讨论了平面二次曲线的几何特征, 包括有直线与二次曲线的位置关系、渐近方向、中心、渐近线、直径和主直径等. 二次曲线的渐近方向至多有两个,这是一个非常关键的量. 利用渐近方向的数目可以将二次曲线分成椭圆型曲线、双曲型曲线和抛物型曲线, 它们分别对应零个渐近方向、两个渐近方向和一个渐近方向. 中心和主直径是一对重要的几何量,它们分别是二次曲线的对称中心和对称轴.

任意给一个二次曲线方程, 很自然的问题是如果确定它的形状. 这里我们采用了两种方法进行探讨, 一是坐标变换法, 二是不变量法. 二次曲线的标准方程有 9 种, 经过坐标变换任何二次曲线一定可以化为这 9 种之一. 坐标变换法有较好的几何直观, 分为移轴变换和转轴变换. 其中, 移轴变换是在不改变坐标向量的情况下, 把坐标原点做一个平行移动; 而转轴变换是保持坐标原点不动, 将整个坐标轴进行逆时针旋转. 所以坐标变换法不会改变二次曲线的图形, 仅仅化简了方程. 虽然这种方法计算量略大, 但是是最基本的确定二次曲线标准方程的方式, 体现了几何与代数的有机结合.

不变量法是通过三个不变量 I_1、I_2、I_3 和一个半不变量 K_1 来确定二次曲线的标准方程和形状. 相比而言, 它比坐标变换法计算量要小, 但要充分理解两个统一方程和确定统一方程系数的方式. 上述不变量和半不变量都是只由二次曲线的系数所构成的, 这在一定意义上反映了数与形的关系. 不变量法需要读者对行列式和矩阵等相关知识有所了解, 如果是初学者, 这节内容可以作为选学.

附　录

行列式、矩阵以及线性方程组理论在解析几何的发展中起着重要的作用. 本附录只针对书中所需的知识点做一个简要的介绍，而不涉及相关定理的证明. 如果读者有进一步的要求，可以查阅《高等代数》.

附录 1　行列式

行列式起源于线性方程组的求解问题，是推动后续矩阵等相关研究的有力工具，在高等代数中占有重要地位. 本章从排列的逆序数出发，介绍行列式的定义、性质、计算以及克莱姆法则.

1　行列式的概念

定义行列式的方法有二十多种，我们介绍其中一种，需要用到 n 阶排列的逆序数. 所以首先介绍 n 阶排列及其逆序数的概念.

定义 1　由 1，2，…，n 排成的一个有序数组，称为一个 n 阶排列.

例如，321 为一个 3 级排列，14235 为一个 5 级排列.

定义 2　任选排列中的两个数，按在排列中的先后位置，如果大数排在小数的前面，则称他们为一个逆序. 一个排列中逆序的总数称为这个排列的逆序数. 对于任意一个 n 阶排列 $a_1a_2\cdots a_n$，我们用 $\tau(a_1a_2\cdots a_n)$ 来表示排列 $a_1a_2\cdots a_n$ 的逆序数.

例如，排列 13425 的逆序只有 32、42 两个，从而 $\tau(13425)=2$.

定义 3　由 n^2 个数排成 n 行 n 列，两边加上竖线的如下式子

$$\begin{vmatrix} a_{11} & a_{12} & \cdots & a_{1n} \\ a_{21} & a_{22} & \cdots & a_{2n} \\ \vdots & \vdots & & \vdots \\ a_{n1} & a_{n2} & \cdots & a_{nn} \end{vmatrix}$$

称为 n 阶行列式，其值等于

$$\sum_{j_1j_2\cdots j_n}(-1)^{\tau(j_1j_2\cdots j_n)}a_{1j_1}a_{2j_2}\cdots a_{nj_n}$$

其中，$j_1j_2\cdots j_n$ 是 n 阶排列，Σ 是对 $j_1j_2\cdots j_n$ 取遍所有的 n 阶排列求和. 数 $a_{ij}(i,j=1,2,\cdots,n)$ 称为行列式的元素，i 是元素的行标，j 是元素的列标. 通常，我们把行列式记为 $\det(a_{ij})$.

例 1 计算行列式

$$D=\begin{vmatrix} 0 & 0 & 1 \\ 0 & 2 & 0 \\ 3 & 0 & 0 \end{vmatrix}$$

解： 由定义 3，有 $D=\sum_{j_1j_2j_3}(-1)^{\tau(j_1j_2j_3)}a_{1j_1}a_{2j_2}a_{3j_3}$，其中 $j_1j_2j_3$ 是 3 阶排列. 因为当 $j_1\neq 3$ 时，$a_{1j_1}=0$；因此以上求和中的非零项一定要求 j_1 只能等于 3. 同理 j_2 和 j_3 只能分别等于 2 和 1. 所以 $D=(-1)^{\tau(321)}a_{13}a_{22}a_{31}=(-1)^3 1\cdot 2\cdot 3=-6$.

例 2 计算行列式

$$D=\begin{vmatrix} a_{11} & 0 & 0 & \cdots & 0 \\ a_{21} & a_{22} & 0 & \cdots & 0 \\ \vdots & \vdots & \vdots & & \vdots \\ a_{n1} & a_{n2} & a_{n3} & \cdots & a_{nn} \end{vmatrix},$$

这种类型的行列式称为下三角行列式.

解： 由定义 3，有 $\sum_{j_1j_2\cdots j_n}(-1)^{\tau(j_1j_2\cdots j_n)}a_{1j_1}a_{2j_2}\cdots a_{nj_n}$，其中 $j_1j_2\cdots j_n$ 是 n 阶排列. 因为当 $j_1\neq 1$ 时，$a_{1j_1}=0$；因此以上求和中的非零项一定要求 j_1 只能等于 1. 对于 j_2 而言，由于 $j_1=1$，所以 $j_2\neq 1$. 又当 $j_2\neq 1,2$ 时，$a_{1j_2}=0$，从而 j_2 只等于 2. 依次类推最终 $D=(-1)^{\tau(12\cdots n)}a_{11}a_{22}\cdots a_{nn}=a_{11}a_{22}\cdots a_{nn}$.

2 行列式的性质

行列式的计算是一个重要的问题. 一般而言，如果只用定义来计算行列式，会是十分困难的. 本节将简介行列式的性质，他们可以用来简化行列式的计算，并且对相关的理论研究具有十分重要的意义.

设有 n 阶行列式

$$D=\begin{vmatrix} a_{11} & a_{12} & \cdots & a_{1n} \\ a_{21} & a_{22} & \cdots & a_{2n} \\ \vdots & \vdots & & \vdots \\ a_{n1} & a_{n2} & \cdots & a_{nn} \end{vmatrix},$$

将它的行、列互换，得到一个新的行列式

$$\begin{vmatrix} a_{11} & a_{21} & \cdots & a_{n1} \\ a_{12} & a_{22} & \cdots & a_{n2} \\ \vdots & \vdots & & \vdots \\ a_{1n} & a_{2n} & \cdots & a_{nn} \end{vmatrix},$$

记为 D^{T}，称为 D 的转置行列式.

性质 1　行列式与其转置行列式相等，即 $D=D^{\mathrm{T}}$.

性质 1 说明行列式中的行与列具有同等的地位. 换一句话说，如果行具有某一性质，那么列也具有相同该性质. 进一步，联合第一节的例 2，我们会有

$$D=\begin{vmatrix} a_{11} & a_{12} & a_{13} & \cdots & a_{1n} \\ 0 & a_{22} & a_{23} & \cdots & a_{2n} \\ \vdots & \vdots & \vdots & & \vdots \\ 0 & 0 & 0 & \cdots & a_{nn} \end{vmatrix}=a_{11}a_{22}\cdots a_{nn},$$

这种类型的行列式称为上三角行列式.

性质 2　行列式中某一行(列)的公因子可以提出来，以行为例，如下

$$\begin{vmatrix} a_{11} & a_{12} & \cdots & a_{1n} \\ \vdots & \vdots & & \vdots \\ ka_{i1} & ka_{i2} & \cdots & ka_{in} \\ \vdots & \vdots & & \vdots \\ a_{n1} & a_{n2} & \cdots & a_{nn} \end{vmatrix}=k\begin{vmatrix} a_{11} & a_{12} & \cdots & a_{1n} \\ \vdots & \vdots & & \vdots \\ a_{i1} & a_{i2} & \cdots & a_{in} \\ \vdots & \vdots & & \vdots \\ a_{n1} & a_{n2} & \cdots & a_{nn} \end{vmatrix}.$$

推论 1　如果行列式有一行(列)元素为零，则此行列式为零.

性质 3　若行列式某一行(列)的所有元素都是两项之和,则此行列式等于将这一行元素拆开分别作为相应行(列)的元素，而其余各行(列)元素不变的两个行列式之和，即

$$\begin{vmatrix} a_{11} & a_{12} & \cdots & a_{1n} \\ \vdots & \vdots & & \vdots \\ a_{i1}+a_{i1} & a_{i2}+b_{i2} & \cdots & a_{in}+b_{i2} \\ \vdots & \vdots & & \vdots \\ a_{n1} & a_{n2} & \cdots & a_{nn} \end{vmatrix}=\begin{vmatrix} a_{11} & a_{12} & \cdots & a_{1n} \\ \vdots & \vdots & & \vdots \\ a_{i1} & a_{i2} & \cdots & a_{in} \\ \vdots & \vdots & & \vdots \\ a_{n1} & a_{n2} & \cdots & a_{nn} \end{vmatrix}+\begin{vmatrix} a_{11} & a_{12} & \cdots & a_{1n} \\ \vdots & \vdots & & \vdots \\ b_{i1} & b_{i2} & \cdots & b_{in} \\ \vdots & \vdots & & \vdots \\ a_{n1} & a_{n2} & \cdots & a_{nn} \end{vmatrix}.$$

性质 4　交换行列式的两行(列)，行列式的值变号，即

$$
\begin{vmatrix} a_{11} & a_{11} & \cdots & a_{11} \\ \vdots & \vdots & & \vdots \\ a_{i1} & a_{i2} & \cdots & a_{in} \\ \vdots & \vdots & & \vdots \\ a_{j1} & a_{j2} & \cdots & a_{jn} \\ \vdots & \vdots & & \vdots \\ a_{n1} & a_{n2} & \cdots & a_{nn} \end{vmatrix} = - \begin{vmatrix} a_{11} & a_{11} & \cdots & a_{11} \\ \vdots & \vdots & & \vdots \\ a_{j1} & a_{j2} & \cdots & a_{jn} \\ \vdots & \vdots & & \vdots \\ a_{i1} & a_{i2} & \cdots & a_{in} \\ \vdots & \vdots & & \vdots \\ a_{n1} & a_{n2} & \cdots & a_{nn} \end{vmatrix}.
$$

推论 2 若行列式的两行(列)元素对应相同，则行列式为零.

性质 5 若行列式中两行(列)成比例，则行列式为零.

$$
\begin{vmatrix} a_{11} & a_{11} & \cdots & a_{11} \\ \vdots & \vdots & & \vdots \\ a_{i1} & a_{i2} & \cdots & a_{in} \\ \vdots & \vdots & & \vdots \\ ka_{i1} & ka_{i2} & \cdots & ka_{in} \\ \vdots & \vdots & & \vdots \\ a_{n1} & a_{n2} & \cdots & a_{nn} \end{vmatrix} = 0 .
$$

性质 6 把行列式的第 i 行(列)各元素乘以 k 倍加到第 j 行(列)对应各元素上去($i \neq j$)，行列式的值不改变，即

$$
\begin{vmatrix} a_{11} & a_{11} & \cdots & a_{11} \\ \vdots & \vdots & & \vdots \\ a_{i1}+ka_{j1} & a_{i2}+ka_{j2} & \cdots & a_{in}+ka_{jn} \\ \vdots & \vdots & & \vdots \\ a_{j1} & a_{j2} & \cdots & a_{jn} \\ \vdots & \vdots & & \vdots \\ a_{n1} & a_{n2} & \cdots & a_{nn} \end{vmatrix} = \begin{vmatrix} a_{11} & a_{11} & \cdots & a_{11} \\ \vdots & \vdots & & \vdots \\ a_{i1} & a_{i2} & \cdots & a_{in} \\ \vdots & \vdots & & \vdots \\ a_{j1} & a_{j2} & \cdots & a_{jn} \\ \vdots & \vdots & & \vdots \\ a_{n1} & a_{n2} & \cdots & a_{nn} \end{vmatrix}.
$$

我们给出计算行列式的方法：利用上述性质和推论将行列式化成上（下）三角行列式. 为方便描述，引入一些记号.

（1）以 r_i 表示行列式的第 i 行，以 c_j 表示行列式的第 j 列；

（2）交换 i，j 两行(列)记作 $r_i \leftrightarrow r_j$（$c_i \leftrightarrow c_j$）；

（3）第 i 行(列)提出公因子 k 记作 $r_i \div k$（$c_j \div k$）；

（4）以数 k 乘以第 i 行(列)加到第 j 行(列)上去，记作 $r_i + kr_j$（$c_i + kc_j$）.

例 1 计算行列式

$$
D = \begin{vmatrix} 3 & 1 & -1 \\ -5 & 1 & 3 \\ 2 & 0 & 1 \end{vmatrix}.
$$

解：

$$D=\begin{vmatrix}3&1&-1\\-5&1&3\\2&0&1\end{vmatrix}\xlongequal{c_1\leftrightarrow c_2}-\begin{vmatrix}1&3&-1\\1&-5&3\\0&2&1\end{vmatrix}\xlongequal{r_2-r_1}-\begin{vmatrix}1&3&-1\\0&-8&4\\0&2&1\end{vmatrix}\xlongequal{r_2\leftrightarrow r_3}$$

$$\begin{vmatrix}1&3&-1\\0&2&1\\0&-8&4\end{vmatrix}\xlongequal{r_3+4r_2}\begin{vmatrix}1&3&-1\\0&2&1\\0&0&8\end{vmatrix}=16.$$

3 行列式展开定理

首先，给出元素的余子式和代数余子式的概念.

定义 1 在 n 阶行列式

$$\begin{vmatrix}a_{11}&a_{12}&\cdots&a_{1n}\\a_{21}&a_{22}&\cdots&a_{2n}\\\vdots&\vdots&&\vdots\\a_{n1}&a_{n2}&\cdots&a_{nn}\end{vmatrix}$$

中将 a_{ij} 所在的第 i 行与第 j 列划去，剩下的元素按原来的先后次序构成一个 $n-1$ 阶行列式称为元素 a_{ij} 的余子式，记为 M_{ij}. 称 $A_{ij}=(-1)^{i+j}M_{ij}$ 为元素 a_{ij} 的代数余子式.

定理 1 n 阶行列式 $\det(a_{ij})$ 等于它的任一行(列)的各元素与它们对应的代数余子式乘积之和，即

$$\det(a_{ij})=a_{i1}A_{i1}+a_{i2}A_{i2}+\cdots+a_{in}A_{in}=\sum_{k=1}^{n}a_{ik}A_{ik}\ ,\quad i=1,2,\cdots,n\ ,$$

或者

$$\det(a_{ij})=a_{1j}A_{1j}+a_{2j}A_{2j}+\cdots+a_{nj}A_{nj}=\sum_{k=1}^{n}a_{kj}A_{kj}\ ,\quad j=1,2,\cdots,n\ .$$

以上定理称为行列式的展开定理，利用该定理很容易计算出 2 阶行列式和 3 阶行列式的值. 如下：

$$\begin{vmatrix}a_{11}&a_{12}\\a_{21}&a_{22}\end{vmatrix}=a_{11}a_{22}-a_{12}a_{21}\ .$$

$$\begin{vmatrix}a_{11}&a_{12}&a_{13}\\a_{21}&a_{22}&a_{23}\\a_{31}&a_{32}&a_{33}\end{vmatrix}=a_{11}\begin{vmatrix}a_{22}&a_{23}\\a_{32}&a_{33}\end{vmatrix}-a_{12}\begin{vmatrix}a_{21}&a_{23}\\a_{31}&a_{33}\end{vmatrix}+a_{13}\begin{vmatrix}a_{21}&a_{22}\\a_{31}&a_{32}\end{vmatrix}.$$

由展开定理可以得到一个有意思的推论.

推论 1　n 阶行列式 $\det(a_{ij})$ 中任一行列的各元素与它们对应的代数余子式乘积之和，即与另一行(列)相应元素的代数余子式乘积之和为零：

$$a_{i1}A_{j1}+a_{i2}A_{j2}+\cdots+a_{in}A_{jn}=0\,(i\neq j),$$

$$a_{1i}A_{1j}+a_{2i}A_{2j}+\cdots+a_{ni}A_{nj}=0\,(i\neq j).$$

4　克莱姆法则

克莱姆法则是应用行列式来求解线性方程组的方法，不过要求线性方程组未知量个数与所包含方程的个数相等. 设线性方程组

$$\begin{cases}a_{11}x_1+a_{12}x_2+\cdots+a_{1n}x_n=b_1\\a_{21}x_1+a_{22}x_2+\cdots+a_{2n}x_n=b_2\\\qquad\vdots\\a_{n1}x_1+a_{n2}x_2+\cdots+a_{nn}x_n=b_n\end{cases},\tag{1}$$

若常数项 $b_1,b_2,\cdots,b_n$ 不全为零，则称以上为非齐次线性方程组. 若常数项 $b_1,b_2,\cdots,b_n$ 全为零，即

$$\begin{cases}a_{11}x_1+a_{12}x_2+\cdots+a_{1n}x_n=0\\a_{21}x_1+a_{22}x_2+\cdots+a_{2n}x_n=0\\\qquad\vdots\\a_{n1}x_1+a_{n2}x_2+\cdots+a_{nn}x_n=0\end{cases}.\tag{2}$$

称其为齐次线性方程组.

定理 1　**（克莱姆法则）**如果线性方程组（1）的系数行列式

$$D=\begin{vmatrix}a_{11}&a_{12}&\cdots&a_{1n}\\a_{21}&a_{22}&\cdots&a_{2n}\\\vdots&\vdots&&\vdots\\a_{n1}&a_{n2}&\cdots&a_{nn}\end{vmatrix}\neq 0,$$

那么线性方程组（1）有唯一解，且解为

$$x_1=\frac{D_1}{D},x_2=\frac{D_2}{D},\cdots,x_n=\frac{D_n}{D},$$

其中，D_j 是把系数行列式 D 中第 j 列的元素用常数项 $b_1,b_2,\cdots,b_n$ 做替换所得到的 n 阶行列式，即

$$D_j = \begin{vmatrix} a_{11} & \cdots & a_{1,j-1} & b_1 & a_{1,j+1} & \cdots & a_{1n} \\ a_{21} & \cdots & a_{2,j-1} & b_2 & a_{2,j+1} & \cdots & a_{2n} \\ \vdots & & \vdots & \vdots & \vdots & & \vdots \\ a_{n1} & \cdots & a_{n,j-1} & b_n & a_{n,j+1} & \cdots & a_{nn} \end{vmatrix}.$$

如果线性方程组（1）的解是 $x_1 = x_2 = \cdots = x_n = 0$，我们把这种解称为方程组的零解，其他情形的解称为非零解. 对于齐次线性方程组（2），显然一定有零解. 所以人们感兴趣的问题是齐次线性方程组（2）什么时候有非零解？或者说有非零解的充要条件是什么？

定理 2 如果齐次线性方程组（2）有非零解，则其系数行列式等于零.

由此可见系数行列式等于零是齐次线性方程组有非零解的必要条件. 但事实上，有后续矩阵相关知识可以知道：系数行列式等于零是齐次线性方程组有非零解的充要条件.

附录 2 矩阵

矩阵是代数学的主要研究对象，在数学的其他分支以及信息科学、现代经济学和工程技术领域等方面都具有广泛的应用. 本章将介绍矩阵的概念、运算和矩阵的秩.

1 矩阵的概念及运算

许多实际问题都可以用一张数表来描述，在代数学中，我们把它称为矩阵. 更准确的概念如下.

定义 1 数域 P 上 $m \times n$ 个数排成 m 行 n 列的数表

$$\begin{bmatrix} a_{11} & a_{12} & \cdots & a_{1n} \\ a_{21} & a_{22} & \cdots & a_{2n} \\ \vdots & \vdots & & \vdots \\ a_{m1} & a_{m2} & \cdots & a_{mn} \end{bmatrix}$$

称为 P 上的 $m \times n$ 矩阵，其中 $a_{ij}(i = 1,2,\cdots,m; j = 1,2,\cdots,n)$ 称为矩阵的元素，而 i 叫作元素的行标，j 叫作元素的列标. 特别地，$n \times n$ 矩阵称为 n 阶方阵.

如果数域 P 为实数域，矩阵称为实矩阵，如果数域 P 为复数域，矩阵称为复矩阵. 本章所讨论的矩阵都是实矩阵. 通常矩阵用大写字母 $\boldsymbol{A},\boldsymbol{B},\boldsymbol{C},\cdots\cdots$ 或 $(a_{ij})_{m\times n}$，$(b_{ij})_{m\times n},\cdots$ 等来表示.

定义 2 如果矩阵的所有元素均为零，称其为零矩阵. 在不引起混淆的时候，记为 $\boldsymbol{O}$.

定义 3 设矩阵 $\boldsymbol{A} = (a_{ij})_{m\times n}$，$\boldsymbol{B} = (b_{ij})_{s\times t}$，若 $m = s$ 且 $n = t$，则称 $\boldsymbol{A}$ 与 $\boldsymbol{B}$ 为同型矩阵，如果 $\boldsymbol{A}$ 与 $\boldsymbol{B}$ 同型且满足 $a_{ij} = b_{ij}(i = 1,2,\cdots,m; j = 1,2,\cdots,n)$，那么称 $\boldsymbol{A}$ 与 $\boldsymbol{B}$ 相等，记为 $\boldsymbol{A} = \boldsymbol{B}$.

矩阵的运算是建立矩阵理论与应用的基础，在一定程度上体现了矩阵的重要性. 下面我们将介绍矩阵的运算及运算规律.

定义 4 设 $\boldsymbol{A}=(a_{ij})_{m\times n}=\begin{bmatrix} a_{11} & a_{12} & \cdots & a_{1n} \\ a_{21} & a_{22} & \cdots & a_{2n} \\ \vdots & \vdots & & \vdots \\ a_{m1} & a_{m2} & \cdots & a_{mn} \end{bmatrix}$，$\boldsymbol{B}=(b_{ij})_{m\times n}=\begin{bmatrix} b_{11} & b_{12} & \cdots & b_{1n} \\ b_{21} & b_{22} & \cdots & b_{2n} \\ \vdots & \vdots & & \vdots \\ b_{m1} & b_{m2} & \cdots & b_{mn} \end{bmatrix}$为两个 $m\times n$ 矩阵，则矩阵

$$\boldsymbol{C}=\begin{bmatrix} a_{11}+b_{11} & a_{12}+b_{12} & \cdots & a_{1n}+b_{1n} \\ a_{21}+b_{21} & a_{22}+b_{22} & \cdots & a_{2n}+b_{2n} \\ \vdots & \vdots & & \vdots \\ a_{m1}+b_{m1} & a_{m2}+b_{m2} & \cdots & a_{mn}+b_{mn} \end{bmatrix}$$

称为 $\boldsymbol{A}$ 与 $\boldsymbol{B}$ 的和，记为 $\boldsymbol{C}=\boldsymbol{A}+\boldsymbol{B}$，这便是矩阵的加法运算.

只有两个同型矩阵才能做加法，不是同型的矩阵不可以相加. 如果将矩阵 $\boldsymbol{A}$ 的所有元素都变成相反数，则所得新矩阵称为 $\boldsymbol{A}$ 的负矩阵，记为 $-\boldsymbol{A}$. 利用负矩阵可以定义两个矩阵的差，如下

定义 5 设 $\boldsymbol{A}$，$\boldsymbol{B}$ 为同型矩阵，则 $\boldsymbol{A}+(-\boldsymbol{B})$ 称为矩阵 $\boldsymbol{A}$ 与 $\boldsymbol{B}$ 的差，记为 $\boldsymbol{A}-\boldsymbol{B}$，这便是矩阵的减法运算.

只有两个同型矩阵才能做减法运算，不是同型的矩阵不可以做减法. 由以上定义知，两矩阵的差等于这两矩阵对应的元素相减后所得到的新矩阵.

设 $\boldsymbol{A},\boldsymbol{B},\boldsymbol{C}$ 为同型矩阵，不难验证矩阵得加法运算满足如下规律：

（1）$\boldsymbol{A}+\boldsymbol{B}=\boldsymbol{B}+\boldsymbol{A}$；

（2）$\boldsymbol{A}+(\boldsymbol{B}+\boldsymbol{C})=(\boldsymbol{A}+\boldsymbol{B})+\boldsymbol{C}$；

（3）$\boldsymbol{A}+\boldsymbol{O}=\boldsymbol{A}$；

（4）$\boldsymbol{A}+(-\boldsymbol{A})=\boldsymbol{O}$.

定义 6 设矩阵 $\boldsymbol{A}=\begin{bmatrix} a_{11} & a_{12} & \cdots & a_{1n} \\ a_{21} & a_{22} & \cdots & a_{2n} \\ \vdots & \vdots & & \vdots \\ a_{m1} & a_{m2} & \cdots & a_{mn} \end{bmatrix}$，$k\in\mathbf{R}$，记矩阵 $\begin{bmatrix} ka_{11} & ka_{12} & \cdots & ka_{1n} \\ ka_{21} & ka_{22} & \cdots & ka_{2n} \\ \vdots & \vdots & & \vdots \\ ka_{m1} & ka_{m2} & \cdots & ka_{mn} \end{bmatrix}$ 为 $k\boldsymbol{A}$，这便是矩阵的数乘运算.

矩阵的数乘具有如下运算规律：

（1）$1\boldsymbol{A}=\boldsymbol{A}$；

（2）$k(l\boldsymbol{A})=(kl)\boldsymbol{A}$；

（3）$(k+l)\boldsymbol{A}=k\boldsymbol{A}+l\boldsymbol{A}$；

（4）$k(\boldsymbol{A}+\boldsymbol{B})=k\boldsymbol{A}+k\boldsymbol{B}$.

矩阵的加法运算与数乘运算统称为矩阵的线性运算. 下面介绍一种矩阵的非线性运算，即矩阵的乘法.

定义 7 设 $\boldsymbol{A}=(a_{ij})_{m\times s}$，$\boldsymbol{B}=(b_{ij})_{s\times n}$，则矩阵 $\boldsymbol{C}=(c_{ij})_{m\times n}$ 称为矩阵 $\boldsymbol{A}$ 与 $\boldsymbol{B}$ 的乘积，记为

$C = AB$，其中

$$c_{ij} = a_{i1}b_{1j} + a_{i2}b_{2j} + \cdots + a_{is}b_{sj} = \sum_{k=1}^{s} a_{ik}b_{kj} \quad (i = 1,2,\cdots,m; j = 1,2,\cdots,n)$$

只有当 A 的列数与 B 的行数相等时，乘法运算 AB 才有意义，即两个矩阵做乘法运算，只有当左边矩阵的列数与右边矩阵的行数相等时才能够进行.

例 1 设 $A = \begin{bmatrix} 1 & 0 & 2 \\ -1 & 1 & 1 \end{bmatrix}$，$B = \begin{bmatrix} 1 & 0 & 0 \\ 0 & 1 & 0 \\ 0 & 0 & 1 \end{bmatrix}$，则

$$AB = \begin{bmatrix} 1\times1+0\times0+2\times0 & 1\times0+0\times1+2\times0 & 1\times0+0\times0+2\times1 \\ -1\times1+1\times0+1\times0 & -1\times0+1\times1+1\times0 & -1\times0+1\times0+1\times1 \end{bmatrix}$$

$$= \begin{bmatrix} 1 & 0 & 2 \\ -1 & 1 & 1 \end{bmatrix}.$$

但 BA 没有意义，因矩阵 B 的列数为 3，而矩阵 A 的行数为 2.

假设 A，B，C 之间可进行乘法运算，矩阵乘法运算满足以下规律：

（1）$(AB)C = A(BC)$；

（2）$\mu(AB) = (\mu A)B = A(\mu B)$（$\mu$ 为常数)；

（3）$A(B+C) = AB + AC$；

（4）$(B+C)A = BA + CA$.

定义 8 设矩阵 $A = \begin{bmatrix} a_{11} & a_{12} & \cdots & a_{1n} \\ a_{21} & a_{22} & \cdots & a_{2n} \\ \vdots & \vdots & & \vdots \\ a_{m1} & a_{m2} & \cdots & a_{mn} \end{bmatrix}$，将 A 的行依次换为列的新矩阵

$$\begin{bmatrix} a_{11} & a_{21} & \cdots & a_{m1} \\ a_{12} & a_{22} & \cdots & a_{m2} \\ \vdots & \vdots & & \vdots \\ a_{1n} & a_{2n} & \cdots & a_{mn} \end{bmatrix},$$

称其为 A 的转置，记为 A^{T}.

矩阵转置具有以下的运算规律：

（1）$(A^{\mathrm{T}})^{\mathrm{T}} = A$；

（2）$(A+B)^{\mathrm{T}} = A^{\mathrm{T}} + B^{\mathrm{T}}$；

（3）$(kA)^{\mathrm{T}} = kA^{\mathrm{T}}$；

（4）$(AB)^{\mathrm{T}} = B^{\mathrm{T}}A^{\mathrm{T}}$.

定义 9　n 阶方阵 $\begin{bmatrix} 1 & 0 & \cdots & 0 \\ 0 & 1 & \cdots & 0 \\ \vdots & \vdots & & \vdots \\ 0 & 0 & \cdots & 1 \end{bmatrix}$ 称为 n 阶单位矩阵，记为 $\boldsymbol{E}_n$，有时候可简写为 $\boldsymbol{E}$.

定义 10　设 n 阶方阵 $\boldsymbol{A}=\begin{bmatrix} a_{11} & a_{12} & \cdots & a_{1n} \\ a_{21} & a_{22} & \cdots & a_{2n} \\ \vdots & \vdots & & \vdots \\ a_{n1} & a_{n2} & \cdots & a_{nn} \end{bmatrix}$，则 $\begin{vmatrix} a_{11} & a_{12} & \cdots & a_{1n} \\ a_{21} & a_{22} & \cdots & a_{2n} \\ \vdots & \vdots & & \vdots \\ a_{n1} & a_{n2} & \cdots & a_{nn} \end{vmatrix}$ 称为方阵 $\boldsymbol{A}$ 的行列式，记为 $|\boldsymbol{A}|$ 或 $\det\boldsymbol{A}$.

定义 11　设 $\boldsymbol{A}$ 为 n 阶方阵，若 $|\boldsymbol{A}|\neq 0$，则称 $\boldsymbol{A}$ 为非奇异矩阵（或非退化矩阵）. 若 $|\boldsymbol{A}|=0$，则称 $\boldsymbol{A}$ 为奇异矩阵（或退化矩阵）.

方阵行列式具有如下性质.

设 $\boldsymbol{A},\boldsymbol{B}$ 为 n 阶方阵，λ 为实数，则有

（1）$|\boldsymbol{A}|=|\boldsymbol{A}^{\mathrm{T}}|$；

（2）$|\lambda\boldsymbol{A}|=\lambda^n|\boldsymbol{A}|$；

（3）$|\boldsymbol{A}\boldsymbol{B}|=|\boldsymbol{A}||\boldsymbol{B}|$.

性质（3）可推广为若干个方阵乘积的情形，设 $\boldsymbol{A}_1,\boldsymbol{A}_2,\cdots,\boldsymbol{A}_m$ 为 m 个 n 阶方阵，则

$$|\boldsymbol{A}_1\boldsymbol{A}_2\cdots\boldsymbol{A}_m|=|\boldsymbol{A}_1||\boldsymbol{A}_2|\cdots|\boldsymbol{A}_m|$$

2　矩阵的秩

矩阵的秩在矩阵学习中起着举足轻重的作用，并且与线性方程组解的存在唯一性理论息息相关. 本节将介绍矩阵的秩.

定义 1　在 $m\times n$ 矩阵 $\boldsymbol{A}$ 中任取 k 行 k 列（$k\leqslant\min(m,n)$），位于它们交叉点的元素保持原有的次序构成一个 k 阶行列式称为 $\boldsymbol{A}$ 的一个 k 阶子式.

例如，给定矩阵 $\boldsymbol{A}=\begin{bmatrix} 1 & 1 & 3 & 1 \\ 0 & 2 & -1 & 4 \\ 0 & 0 & 0 & 5 \\ 0 & 0 & 0 & 0 \end{bmatrix}$，选取它的 1，2，3 行和 1，2，4 列，得到 $\boldsymbol{A}$ 的一个三阶子式 $\begin{vmatrix} 1 & 1 & 1 \\ 0 & 2 & 4 \\ 0 & 0 & 5 \end{vmatrix}=10$.

定义 2　设矩阵 $\boldsymbol{A}$ 中有一个 r 阶子式 $D_r\neq 0$，而所有包含 D_r 的 $r+1$ 阶子式都等于 0，则矩阵称 $\boldsymbol{A}$ 的秩等于 r.

定理 1　一个矩阵的秩为 r 的充分必要条件为矩阵有一个 r 阶子式不为零，而所有 $r+1$ 阶子式为零.

推论 1　$r(\boldsymbol{A})\geqslant r$ 充分必要条件是矩阵 $\boldsymbol{A}$ 有一个 r 阶子式不为零.

推论 2　$r(\boldsymbol{A}) \leqslant r$ 充分必要条件是矩阵 $\boldsymbol{A}$ 所有 $r+1$ 阶子式全为零.

于是，对于 n 阶方阵 $\boldsymbol{A}$，其秩 $r(\boldsymbol{A})=n$ 当且仅当 $|\boldsymbol{A}| \neq 0$. 因此我们也称为非奇异矩阵（或非退化矩阵）为满秩矩阵.

附录 3　线性方程组

一般地，线性方程组所包含未知量个数与方程个数未必相等. 当他们相等时，可以考虑用克莱姆法则进行求解. 本章介绍一般线性方程组解的存在唯一性理论.

1　齐次线性方程组

设有齐次线性方程组

$$\begin{cases} a_{11}x_1 + a_{12}x_2 + \cdots + a_{1n}x_n = 0 \\ a_{21}x_1 + a_{22}x_2 + \cdots + a_{2n}x_n = 0 \\ \qquad\qquad \vdots \\ a_{m1}x_1 + a_{m2}x_2 + \cdots + a_{mn}x_n = 0 \end{cases}, \tag{1}$$

它的系数矩阵 $\boldsymbol{A}=(a_{ij})_{m\times n}$，记

$$\boldsymbol{X}=\begin{bmatrix} x_1 \\ x_2 \\ \vdots \\ x_n \end{bmatrix}_{n\times 1}, \qquad \boldsymbol{O}=\begin{bmatrix} 0 \\ 0 \\ \vdots \\ 0 \end{bmatrix}_{m\times 1},$$

则（1）可改写为方程

$$\boldsymbol{AX}=\boldsymbol{O}$$

若 $x_1=c_1, x_2=c_2, \cdots, x_n=c_n$ 是（1）的一个解，则

$$\xi=\begin{bmatrix} c_1 \\ c_2 \\ \vdots \\ c_n \end{bmatrix}$$

称为（1）的一个解向量. 下面是解向量的两个基本性质.

性质 1　设 ξ_1 和 ξ_2 是（1）的解向量，则 $\xi_1+\xi_2$ 也是（1）的解向量.

性质 2　若 ξ 是（1）的解向量，k 为实数，则 $k\xi$ 也是（1）的解向量.

齐次线性方程组（1）一定有零解. 由性质 2，如果其存在非零解，那么一定有无穷多个非零解. 可见齐次线性方程组解的情况只有两种：一是有唯一解，即只有零解. 二是有无穷多个解，即有非零解. 以上两种情况可以用系数矩阵的秩 $r(\boldsymbol{A})$ 和包含未知量个数 n 来

刻画.

定理 1 齐次线性方程组（1）只有零解的充要条件是 $r(\boldsymbol{A})=n$. 齐次线性方程组（1）有无穷多个解的充要条件是 $r(\boldsymbol{A})<n$.

推论 1 当齐次线性方程组（1）包含方程个数等于未知量个数时，即 $m=n$ 时，（1）只有零解的充要条件是 $|A|\neq 0$；（1）有非零解的充要条件是 $|\boldsymbol{A}|=0$.

2 非齐次线性方程组

设非齐次线性方程

$$\begin{cases} a_{11}x_1+a_{12}x_2+\cdots+a_{1n}x_n=b_1 \\ a_{21}x_1+a_{22}x_2+\cdots+a_{2n}x_n=b_2 \\ \qquad\vdots \\ a_{m1}x_1+a_{m2}x_2+\cdots+a_{mn}x_n=b_m \end{cases}, \tag{2}$$

其中 $b_1,b_2,\cdots,b_m$ 不全为零. 记

$$\overline{\boldsymbol{A}}=\begin{bmatrix} a_{11} & a_{12} & \cdots & a_{1n} & b_1 \\ a_{21} & a_{21} & \cdots & a_{21} & b_2 \\ \vdots & \vdots & & \vdots & \vdots \\ a_{m1} & a_{m2} & \cdots & a_{mn} & b_m \end{bmatrix},$$

称其为（2）的增广矩阵.

定理 2 非齐次线性方程组（2）有解的充要条件是其系数矩阵 $\boldsymbol{A}$ 的秩等于增广矩阵 $\overline{\boldsymbol{A}}$ 的秩，即 $r(\boldsymbol{A})=r(\overline{\boldsymbol{A}})$.

参考文献

[1] 丘维声. 解析几何[M]. 北京：北京大学出版社，2020.

[2] 吕林根，许子道. 解析几何[M].5 版. 北京：高等教育出版社，2021.

[3] 王萼芳. 高等代数教程 上[M]. 北京：清华大学出版社，2015.

[4] 王萼芳. 高等代数教程 下[M]. 北京：清华大学出版社，2015.

[5] 尤承业. 解析几何[M]. 北京：北京大学出版社，2022.